面向新工科数据科学与
大数据技术丛书

大数据
技术原理与案例应用

微课版

鄂海红 王冀彬 朱一凡 尚晶 宋美娜 陈乐 ◎编著

人民邮电出版社
北京

图书在版编目（ＣＩＰ）数据

大数据技术原理与案例应用：微课版 / 鄂海红等编
著. -- 北京：人民邮电出版社，2024.8
（面向新工科数据科学与大数据技术丛书）
ISBN 978-7-115-63899-1

Ⅰ. ①大… Ⅱ. ①鄂… Ⅲ. ①数据处理 Ⅳ.
①TP274

中国国家版本馆CIP数据核字(2024)第050414号

内 容 提 要

本书共 5 章，包括大数据技术及实训学习概述、大数据离线处理开发实践、大数据实时处理开发实践、大数据交互式 OLAP 多维分析开发实践、大数据可视化应用开发实践，系统介绍离线处理、实时处理、交互式 OLAP 多维分析、可视化应用开发的基础理论知识和工程实践方法。本书在基本概念、基本原理和操作方法的基础上，突出工程应用，结合中国移动梧桐大数据的资源，以中国移动的真实大数据分析工程为案例，详细讲解通过在线实训平台实现大数据处理开发的过程，力图做到基础理论知识成体系、结构与条理清晰、内容精炼、工程实践联系实际、重点突出、实操性强。

本书可作为数据科学与大数据技术、计算机科学与技术、软件工程、人工智能、网络空间安全、金融科技等专业大数据课程的教材；可供零基础大数据技术学习者使用；也可供有经验的软件工程师使用，帮助其掌握大数据综合工程实践的技术路线，更好地将相关知识运用于实际工作；还可供各行各业致力于使用大数据技术快速推动本行业数字化转型的相关科技人员参考。

◆ 编　著　鄂海红　王冀彬　朱一凡　尚晶　宋美娜　陈乐
　　责任编辑　刘　博
　　责任印制　陈　犇
◆ 人民邮电出版社出版发行　　北京市丰台区成寿寺路 11 号
　　邮编　100164　电子邮件　315@ptpress.com.cn
　　网址　https://www.ptpress.com.cn
　　三河市祥达印刷包装有限公司印刷
◆ 开本：787×1092　1/16
　　印张：17.5　　　　　　2024 年 8 月第 1 版
　　字数：422 千字　　　2024 年 8 月河北第 1 次印刷

定价：69.80 元

读者服务热线：(010)81055256　印装质量热线：(010)81055316
反盗版热线：(010)81055315
广告经营许可证：京东市监广登字 20170147 号

科教兴国，人才强国。党的二十大报告首次将科教兴国、人才强国、创新驱动发展三大战略统筹安排、一体部署，并强调要坚持教育优先发展、科技自立自强、人才引领驱动。《教育部关于一流本科课程建设的实施意见》要求以目标为导向加强课程建设，立足经济社会发展需求和人才培养目标，优化重构教学内容与课程体系。为全面提高人才自主培养质量，着力造就拔尖创新人才，为党育人、为国育才，高等院校紧扣国家发展需求，主动适应新一轮科技革命和产业变革，积极推进一流专业建设和一流课程建设。

人才培养，久久为功。北京邮电大学数据科学与大数据技术专业旨在培养具有良好的科学素养和社会责任感与使命感，具有宽广的国际视野，具有从事数据科学与大数据相关的软硬件及网络的研究、设计、开发以及综合应用的高级工程技术人才。2021年，北京邮电大学数据科学与大数据技术专业成功入选北京市一流本科专业建设点。为了进一步夯实前期课程建设和专业建设成果，紧扣时代育人需求，鄂海红教授、宋美娜教授等多位专业教师累计开展十余项教改项目，持续推动科教融汇、产教融合特色一流课程建设，不断完善协同育人和实践教学机制。

校企合作，持续创新。在北京邮电大学与众多知名企业开展的产教融合协同育人探索中，与中国移动梧桐大数据的合作有机地体现了双方对信息通信领域的深耕基础和长年合作互信，深入地实现了教育链、人才链与创新链、产业链有机衔接，成效显著。2022年以来，双方在科研领域深度合作的基础上，围绕产教融合协同育人，开展了以"大数据技术工程实训"课程为代表的校企联合实训营、以"大数据与数据经济前沿应用"课程为代表的企业专家上讲台、以"大数据技术实践训练"课程为代表的通信场景真任务等形式丰富、特色突出的高水平大数据人才培养创新实践。2023年，鄂海红教授与中国移动专家联合指导的三支学生团队，在第三届中国移动"梧桐杯"大数据创新大赛暨大数据创客马拉松大赛的决赛上，以智慧医疗、数据安全等领域的大数据创新应用作品斩获全国二等奖1项、全国三等奖2项，并跻身全国12强。可以说，这些已经开展的北京邮电大学-中国移动产学研协同育人合作，让高校数据科学与大数据技术专业教育真正实现了与数字技术业界的互联互通、即时交流和动态共享，使中国移动在大数据领域的前沿技术、丰富数据、充沛算力得以突破时空限制走进大学、走进课堂，让校园里的同学能够更快、更好地获得业界的优质学习资源。

多年成果，凝结成书。在大数据技术与大数据产业高速发展的浪潮中，北京邮电大学与中国移动梧桐大数据的合作，不仅是资源的互补，更是智慧的碰撞。双方共同致力于大数据拔尖创新人才培养，探索产教融合赋能大数据卓越工程师培养的无限可能。正是在这样的背景下，鄂海红教授带领教学团队与中国移动梧桐大数据的多位专家，携手将多年的教学实践成果转化为文字，编写了《大数据技术原理与案例应用（微课版）》一书。本书不仅是双方产学研合作的宝贵结晶，更是理论与实践融合的产物，不仅聚焦于大数据的核心技术和行业应用，更着眼于培育学生的实践能力和工匠精神。每个章节都紧密围绕真实的大数据工程案例展开，理论指导实践、实践反哺理论，使学生在动手操作中真切体会数据作为数字经济时代新型生产要素的特点、作用和价值，激发学生的创新精神和家国情怀。因此，本书不仅对大数据技术理论与实际应用进行全面梳理，还在大数据卓越工程师培养方面实践探索，希望能为更多高校的高水平大数据人才培养提供有益的参考。

民族复兴，校企何为？新一轮科技革命和产业变革深入发展，数字技术愈发成为驱动人类社会思维方式、组织架构和运作模式发生根本性变革、全方位重塑的引领力量。在这样的时代大背景下，有担当的企业、有担当的高校、有担当的教师，应当如何迎接挑战、抓住机遇，做好大数据人才培养？回答好这一时代问题，需要校企携手探索、同向同行。愿双方携手并肩、共同努力，为新时代中国青年扬好帆、助好力，实现中华民族伟大复兴的梦想。

北京邮电大学

苏 森

近年来，以大数据、人工智能、区块链、云计算等为代表的新一代信息技术加速创新，其速度之快、辐射之广、影响之深，日益融入经济社会各领域发展的全过程，它们以前所未有的速度推动着经济社会的发展。我们正身处一个由新一代信息技术所引领的崭新时代。在这场深刻的经济社会变革中，数据已成为至关重要的生产要素，它的价值日益凸显。

国家积极构建数据基础制度，以更好地发挥数据要素的作用。2022年年底，中共中央、国务院发布了《关于构建数据基础制度更好发挥数据要素作用的意见》，为我国数据要素的发展奠定了坚实基础。2023年，国家数据局的成立更是标志着我国数据基础制度建设进入了一个新的阶段。随着《"数据要素×"三年行动计划（2024—2026年）》的印发，我们期待看到数据在更多领域和场景中的智慧应用，进一步激活数据要素的潜能，提高资源配置效率，推动全行业的数字化转型。

数字化转型，关键在人。随着全球数字化浪潮持续推进，行业对数字化人才的需求与日俱增，数字化人才的高质量供给已成为经济全面转型和升级的关键。虽然我国数字化人才队伍不断发展壮大，但与国际一流水平相比还有一定差距，尚不能满足激烈的国际科技竞争和人才竞争的需要。为应对这些挑战，我们必须深入落实《数字中国建设整体布局规划》，加快数字化人才建设，为经济全面转型和升级提供坚实的人才保障。

在数字化人才的培养中，跨学科交叉不断深化，产学研用协同向纵深拓展，高校和企业发挥着至关重要的作用。高校作为人才高地和创新高地，拥有丰富的学术沉淀、科研资源和人才培养优势；企业作为科技创新主体，拥有海量数据和丰富场景，能够更好汇聚各领域创新资源。习近平总书记在党的二十大报告中指出："加强企业主导的产学研深度融合，强化目标导向，提高科技成果转化和产业化水平。"企业应积极与高校构建合作关系，整合双方资源优势，共同促进青年人才培养与科研成果转化。

好的教材是人才培养的基础，也是教学质量的重要保障。在这样的背景下，中国移动与北京邮电大学携手合作，共同推出了这本《大数据技术原理与案例应用（微课版）》教材。北京邮电大学作为新中国第一所邮电高等学府，是国家"双一流"建设高校，其"信息网络科学与技术"和"计算机科学与网络安全"两个学科群入选一流学科建设行列，是我国信息科技人才的重要培养基地，拥有雄厚的学科实力和教学实践经验。中国移动作为数字中国建设的主力，锚定建立"世界一流信息服务科技创新公司"的目标，创新构建"连接+算力+能力"新型信息服务体系，积极为数字中国建设贡献移动智慧、移动方案、移动力量。这本教材凝聚了校企双方多年的教学实践和科研成果，旨在为学生提供一套系统、全面、权威的大数据知识体系。教材融理论与实践为一体，实践案例借鉴了中国移动梧桐大数据在金融、交通、通信等领域的场景应用，旨在帮助学生将理论知识与实践相结合，培养他们的动手能力和实践兴趣。我相信，这本汇聚了多方优质资源的产教融合教材，将为广大学子提供一盏明灯，照亮他们在大数据领域的探索之路，并在大数据领域学科建设及人才培养方面发挥极具建设性的作用。

展望未来，中国移动将依托梧桐大数据和"梧桐·鸿鹄"校企合作平台，进一步构建校企协同育人新模式，持续推动产业数字化转型与数字化人才培养的良性循环，赋能高等教育高质量发展，培养兼具理论知识和实践技能的数字化人才，为数字中国建设添砖加瓦。

最后，衷心希望广大学子能够珍惜这本教材所提供的宝贵资源，努力学习大数据技术原理与案例应用知识。同时，也期待这本教材能够成为大数据学科建设的经典之作，为学子带来深刻启示和实用指导，为培育发展新质生产力贡献智慧和力量。

中国移动信息技术中心党委书记、总经理

经过编者的教学实践，我们得出，学习者要掌握大数据技术，需要有"分布式集群实验环境+海量真实世界大数据+工业界真实案例"，这是一种有效的方式。目前，市面上的大数据教材，其实践部分主要介绍单机伪分布式的环境安装和简单场景的数据处理开发，受缺少云平台在线支撑实践和教材篇幅的限制，无法跳过"软件安装"环节，也就不可能直接进阶到复杂、综合性较强的大数据实训环节。

针对大数据一线教学的困境，以及业界对大数据专业人才的迫切需求，编者诚挚邀请到中国移动"梧桐·鸿鹄"校企合作平台的企业专家参与本书编写，并得到了中国移动信息技术中心、中国移动通信集团各省公司及专业公司的大力支持。企业基于中国移动丰富的云平台算力资源、脱敏后的海量真实行业数据和真实行业大数据案例，高校基于10余年的大数据教学经验、前期出版教材、已有教学实验资源，两者强强联合、共同协作，编写了这本理论知识与真实案例相结合、提供在线实训平台及丰富实训案例支撑、富含多媒体教学资源的立体化、新形态教材。

本书的特色如下。

（1）内容全面，结构合理：本书根据大数据处理的经典方式，主要讲解大数据离线处理、实时处理、交互式 OLAP 多维分析，以及可视化应用这4种不同应用场景的架构、组件构成及基本理论、案例工程设计及实训。

（2）真实案例，实战实训：本书联合中国移动"梧桐·鸿鹄"校企合作平台，以"真案例、真数据、全流程、可视化"，达成大数据实践教学"四真"创新——"实践目标真、环境操作真、能力提升真、收获感受真"。

（3）注重应用，体现前沿：本书与科技发展紧密结合，用现实生活和工作中的具体实例印证书中讲述的前沿理论知识，让读者理解得更透彻。

编者建议读者在学习本书之前，能够先掌握数据分析相关基础知识，如数据结构、数据库、编程语言等，这将有助于在阅读过程中更容易理解本书的核心概念和实例。除第 1 章外，本书每章内容包括理论知识和案例实践两部分。以第 2 章为例，2.1 节到 2.5 节讲解大数据离线处理开发涉及的关键理论知识，即大数据离线批处理应用场景和技术栈演进、HDFS 的基本原理和操作实践、分布式计算框架 MapReduce 的基本原理和操作方法、分布式资源管理组件 YARN 的基本原理和操作方法、分布式内存计算框架 Spark 的基本原理和操作方法；2.6 节选用业界十分具有代表性的案例——金融行业"羊毛党"识别，梳理完整的大数据案例产业背景与需求、基础算法选型、数据方案设计，然后通过本书选择的中国移动梧桐·鸿鹄大数据实训平台进行运营商真实数据脱敏，并进行离线数据采集和清洗、文件存储、模型开发、模型训练、模型评价，完成完整的离线数据开发操作。本书精心编排理论知识部分的技术内容，让读者理解大数据实践中的底层分布式存储、计算、调度框架原理；在实践操作部分，本书通过精选的真实产业案例，为读者介绍详细的操作步骤，帮助读者动手实践，巩固所学知识。编者建议读者在学习本书的过程中，注重理论联系实际，积极参与实践操作，提高自己的实际动手能力。

本书的创作离不开集体的共同努力。在具体编写方面，鄂海红、朱一凡、宋美娜负责大数据技术理论部分的编写，王冀彬、尚晶、陈乐共同设计并完成大数据技术案例部分的编写，全书由鄂海红负责统稿。此外，北京邮电大学的黄加宇、彭诗耀、杨昊霖、汤子辰、麻程昊等同学，以及来自中国移动信息技术中心的何庆、吴以坤、李迪扬，中国移动河北公司的张佳佳、梁兴辉、刘毅、冯明等企业专家参与本书部分章节的编写及素材提供，在此一并表示感谢。

由于编者水平有限，书中难免存在不妥之处，因此，编者由衷希望广大读者能够拨冗提出宝贵的修改建议，修改建议可直接反馈至编者的电子邮箱：ehaihong@bupt.edu.cn。针对书中各章节配套的实践操作案例，也可将意见或需求反馈至中国移动"梧桐·鸿鹄"校企合作平台的电子服务邮箱：bigdata_service@chinamobile.com。

课程导引

编者

2024 年春于北京

目录
Contents

<table>
<tr><td>第 3 章

大数据实时处理开发实践</td><td>

</td></tr>
</table>

第 4 章

大数据交互式 OLAP 多维分析开发实践

第 5 章

大数据可视化应用开发实践

第 1 章

大数据技术及实训学习概述

随着数据的爆炸式增长和计算机技术的迅速发展，大数据技术迎来了前所未有的发展。大数据技术使人们的生活发生变化的同时，也给人们带来了许多挑战，包括存储、查询、计算这些海量数据等，因此构建统一的大数据平台尤为重要。目前业界普遍认为大数据平台应具有数据源、数据采集、数据存储、数据处理、数据分析、数据可视化及其应用这 6 个层次。

本章主要介绍大数据技术的概念以及大数据技术发展历史，结合国家数字经济发展战略，介绍数据要素的定义、国家战略布局、数字经济的含义及数字经济"四化"框架包含的内容。这样可使读者理解大数据技术发展的重要趋势，以及党和国家对数字经济、数字中国战略的规划。同时，本章将通过概括分析大数据平台的整个处理流程，阐述大数据平台架构包含的 6 个层次及每个层次的作用。通过大数据离线处理、实时处理、交互式 OLAP 多维分析和可视化应用这 4 种经典的大数据平台应用场景，概述开发大数据平台需要的架构。在大数据平台架构的基础上，为读者分析从事大数据工程开发应该掌握的基础技术和应用开发技术体系，为读者今后成长为优秀的大数据工程师指明学习方向。本章最后介绍在后续学习时要使用的中国移动梧桐·鸿鹄大数据实训平台的基本情况和功能模块，并结合开发案例帮助读者理解中国移动梧桐·鸿鹄大数据实训平台的使用步骤，为读者在后续章节的学习和实训实践奠定基础。

本章学习目标：

（1）了解大数据技术的基本概念，以及数据要素与数字经济发展趋势；

（2）熟悉大数据平台的基本概念，以及大数据离线处理架构、实时处理架构、交互式 OLAP 多维分析架构、大数据可视化应用框架的组成和特点；

（3）熟悉大数据工程学习技能树的组成，包括大数据工程开发的基础技术体系和大数据应用开发技术体系的不同层次技术要求；

（4）熟悉本书选择的大数据实训平台的功能，通过大数据实训开发案例，了解大数据开发过程；了解中国移动梧桐·鸿鹄校企合作平台及 IT 能力认证相关内容。

1.1 大数据技术概述

1.1.1 大数据概念与大数据技术发展历史简述

1.1 大数据技术概述

20 世纪 90 年代以来，随着计算机技术，尤其是互联网和移动通信技术的发展，人们能够获取的数据呈爆炸式增长，"大数据"概念应运而生。大数据是继云计算、物联网之后，信息技术产业的又一项重大革新技术，它让人们的生活发生了新的变化。

对于大数据，可以从"资源、技术、应用"3 个层面来理解：资源层面，大数据是具有体量大、结构多样、时效性强等特征的数据资源；技术层面，处理大数据需采用新型计算架构和智能算法等技术；应用层面，大数据的应用强调将新的理念应用于辅助决策、发现新的知识，更强调在线闭环的业务流程优化。因此，大数据不仅"大"，而且"新"，是新资源、新技术和新应用的综合体。

大数据技术的内涵伴随传统信息技术和数据应用的发展不断演进，而大数据技术体系的核心始终面向海量数据的存储、计算、处理等基础技术。数据存储与计算技术的发展历程如图 1-1-1 所示。

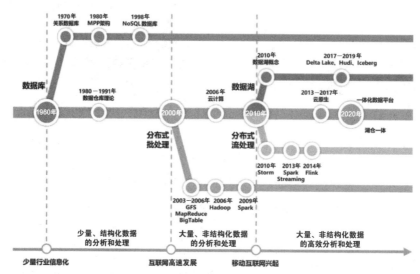

图 1-1-1　数据存储与计算技术的发展历程

支撑数据存储计算的软件系统起源于 1960 年的数据库；1970 年出现的关系数据库成为沿用至今的数据存储计算系统；1980—1991 年，专门面向数据分析决策的数据仓库理论被提出，成为接下来很长一段时间挖掘数据价值的主要工具和手段。

2000 年前后，在互联网高速发展的时代背景下，数据量急剧增大、数据类型愈加复杂，人们对数据处理速度的要求不断提高，大数据时代全面到来。因此，面向非结构化数据的 NoSQL 数据库兴起，其突破单机存储计算能力瓶颈的分布式存储计算架构成为主流。2006 年基于 Google 的 GFS、MapReduce、BigTable 理论诞生的 Hadoop 成为大数据技术的代名词，大规模并行处理（Massively Parallel Processing，MPP）架构也在此时期开始流行。

2010 年前后，移动互联网时代的到来进一步推动了大数据的发展，人们对实时交互的进一步的需求使得以 Storm、Spark Streaming、Flink 为代表的流处理框架进入大众视野，对于庞杂的不同类型的数据进行统一存储、使用的需求催生了"数据湖"的概念。同时，随着云计算技术的深入应用，具有资源集约化和应用灵活性优势的"云原生"概念产生，大数据技术完成了从私有化部署到云上部署，再到云原生的转变。

1.1.2　数据要素与数字经济发展趋势

2014 年 3 月，"大数据"一词首次写入我国《政府工作报告》，报告指出，要设立新兴产业创新创业平台，在大数据等方面赶超先进，引领未来产业发展。2015 年 8 月，《促进大数据发展行动纲要》（国发〔2015〕50 号）明确提出，数据已成为国家基础性战略资源，并对大数据整体发展进行了顶层设计和统筹布局。2016 年 3 月，《中华人民共和国国民经济和社会发展第十三个五年规划纲要》正式提出"实施国家大数据战略"。

2017 年,《政府工作报告》首提"数字经济":"要推动'互联网+'深入发展、促进数字经济加快成长。"2017 年 10 月,党的十九大报告提出推动大数据与实体经济深度融合。同年 12 月,中共中央政治局就实施国家大数据战略进行了集体学习,国内大数据产业开始全面、快速发展。

2020 年 3 月,**中共中央、国务院印发《关于构建更加完善的要素市场化配置体制机制的意见》,将数据与土地、劳动力、资本、技术并称为 5 种要素,提出"加快培育数据要素市场"。**同年 5 月 18 日,中共中央、国务院在《关于新时代加快完善社会主义市场经济体制的意见》中提出加快培育发展数据要素市场。这标志着数据要素市场化配置上升为国家战略,进一步完善我国现代化治理体系,对未来经济社会发展产生深远影响。

生产要素是对生产过程中为获得经济利益所投入资源的高度凝练的表述。将数据增列为生产要素的原因是它对推动生产力发展已显现出突出价值。大数据技术的发展伴随着数据应用需求的演变,影响着数据投入生产的方式和规模,数据也在相应技术和产业背景的演变中逐渐成为促进生产的关键要素。

因此,"数据要素"一词是面向数字经济的。在讨论生产力和生产关系的语境中对"数据"的指代,是对数据促进生产价值的强调,即数据要素指的是根据特定生产需求汇聚、整理、加工而成的计算机数据及其衍生形态。投入生产的原始数据集、标准化数据集、各类数据产品及以数据为基础产生的业务系统、信息和知识均为数据要素的主要表现形态,如图 1-1-2 所示。

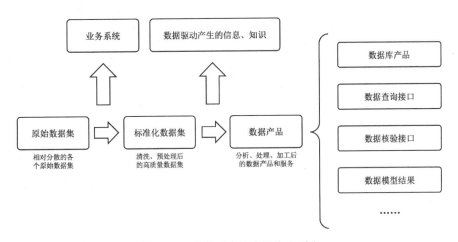

图 1-1-2　数据要素的主要表现形态

对于刚开始进行数字化转型的企业,原始数据集是维持业务系统运转、提高业务生产效率的基础资源。对于数字化较成熟的企业,其经过清洗、预处理后的标准化数据集具有更高质量,能够提供更准确、更全面、更有预测力的信息用于分析决策,可以为企业带来更大的效益。企业还可将自身持有的数据加工成多种多样的数据产品,在遵守法律的前提下向外流通,使其他企业利用数据蕴含的价值参与生产活动。

因此,随着信息技术的发展和产业应用的演进,数据要素投入生产并不断释放价值,如图 1-1-3 所示。数据要素投入生产的一次价值释放体现在企业信息化系统建设和应用中,数据支撑业务系统运转,推动业务数字化转型与贯通。数据要素投入生产的二次价值释放体现在通过数据的加工、分析、建模,揭示更深层次的关系和规律,支撑生产、经营、服务、治理等环节实现智能化决策。数据要素投入生产的三次价值释放体现在数据流通赋能，让不同来源的优质数据在新的业务需求和场景中汇聚融合，实现双赢、多赢。

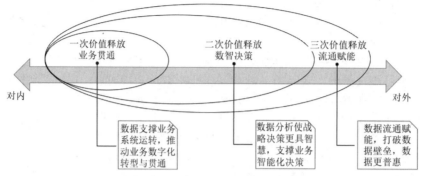

图 1-1-3　数据要素的多次价值释放

数据要素进入经济系统并逐步成为数字经济的关键生产要素。党的十八大以来，以习近平同志为核心的党中央高度重视发展数字经济，并将其上升为国家战略。习近平总书记多次发表重要讲话，深刻阐述了数字经济发展的趋势和规律，科学回答了为什么要发展数字经济、怎样发展数字经济的重大理论和实践问题，为我国数字经济发展指明了前进方向。

数字经济以数字化的知识和信息作为关键生产要素，以数字技术为核心驱动力量，以现代信息网络为重要载体，通过数字技术与实体经济深度融合，不断提高经济社会的数字化、网络化、智能化水平，加速重构经济发展与治理模式的新型经济形态。

《二十国集团数字经济发展与合作倡议》中给出数字经济定义：数字经济是指以使用数字化的知识和信息作为关键生产要素、以现代信息网络作为重要载体、以信息通信技术的有效使用作为效率提升和经济结构优化的重要推动力的一系列经济活动。

数字经济的"四化"框架如图 1-1-4 所示，其具体包括四大部分：**一是数字产业化**，即发展信息通信产业，包括基础电信业、电子信息制造业、软件及服务业、互联网行业等；**二是产业数字化**，即传统产业应用数字技术带来产出增加和效率提升，包括工业互联网、智能制造、车联网、平台经济等融合型新产业、新模式、新业态；**三是数字化治理**，包括多主体参与、以"数字技术+治理"为典型特征的技管结合，以及数字化公共服务等；**四是数据价值化**，包括数据采集、数据标准、数据确权、数据标注、数据定价、数据交易、数据流转、数据保护等。

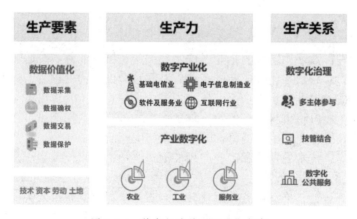

图 1-1-4　数字经济的"四化"框架

2022 年 12 月，习近平总书记在中央经济工作会议上再次强调"要大力发展数字经济"。数字经济在《政府工作报告》中的地位也不断提升，从 2017 年第一次提出"促进数字经济加快发展"，到 2022 年将"促进数字经济发展"单独成段，再到 2023 年"大力发展数字经济"，《政府工作报告》对"数字经济"的表述不断强化，并释放大力发展数字经济的积极政策信号。

在习近平总书记关于网络强国的重要思想指引下，我国数字经济顶层战略规划体系逐渐完备。《中华人民共和国国民经济和社会发展第十四个五年规划和 2035 年远景目标纲要》《"十四五"数字经济发展规划》《数字中国建设整体布局规划》相继出台，构成我国发展数字经济的顶层战略规划体系。

1.2 大数据平台架构

1.2 大数据平台架构

1.2.1 大数据平台概述

从大数据全生命周期看，从数据源经过挖掘到最终获得价值一般需要经过 5 个环节，包括数据采集、数据存储与管理、数据计算处理、数据挖掘分析和数据应用，如图 1-2-1 所示。因此，为了实现大数据全生命周期处理，大数据平台需具备对各种来源和各种类型的海量数据进行采集的能力、提供不同的存储模型以满足不同场景和需求的能力、提供多种数据处理和计算方式的能力、提供不同算法或方式的数据分析的能力、提供数据可视化并进行实际应用的能力。

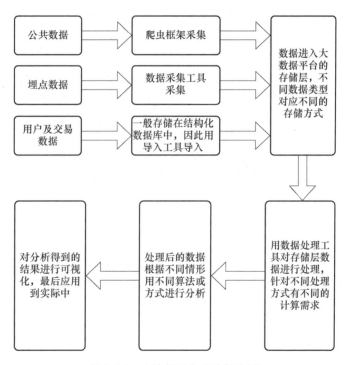

图 1-2-1　大数据平台的数据流图

随着数据的爆炸式增长和大数据技术的快速发展，很多国内外知名的互联网与信息服务企业，如国外的 Google、Facebook，国内的阿里巴巴、华为、腾讯、字节跳动等都构建了自己的大数据平台，不断完善大数据全生命周期各个环节的组件系统，同时发布开源版本，为大数据技术演进和产业生态发展做出了重要贡献。

根据这些知名企业的大数据平台以及图 1-2-1 所示的大数据平台的数据流图，可得出大数据平台架构应具有数据源层、数据集成层、数据存储层、数据处理层、数据分析层、数据可视化及其应用层这 6 个层次，如图 1-2-2 所示。

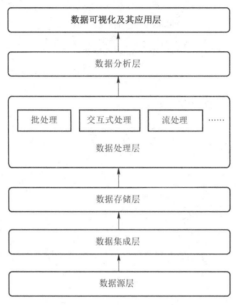

图 1-2-2　大数据平台架构

1．数据源层

数据源层如图 1-2-3 所示，一般有业务系统数据、服务器运维数据、通信数据、物联网数据等，如电商系统的订单记录、网站的访问日志、智能手机上网记录、物联网视频监控记录等。

图 1-2-3　数据源层

2．数据集成层

数据集成就是数据采集或数据同步，是大数据价值挖掘的第一环，其后的数据处理和数据分析都建立在数据集成的基础上。大数据的数据来源复杂，而且数据格式多样、数据量大。因此，大数据的集成需要实现将多源数据（来自不同业务信息系统，甚至不同机构的信息系统）、异构数据（例如结构化的关系数据库数据、半结构化的网页数据、非结构化的文本数据）、海量数据，同步至集中的大型分布式数据库、分布式文件存储数据库或对象存储数据库中持久化存储，或者通过持续的数据流方式采集、传输到实时数据处理程序中进行计算分析。

数据采集用到的工具有 Sqoop、Kafka、Flume、DataHub、DIS 等，如图 1-2-4 所示。其中 Sqoop 主要用于在 Hadoop 与传统的数据库间进行数据传递，可以将一个关系数据库中的数据导入 Hadoop 的存储系统中，也可以将 Hadoop 分布式文件系统（Hadoop Distributed File System，HDFS）中的数据导入关系数据库。Kafka 是一个分布式消息系统，是主要用于衔接数据生产者（上游数据源）和数据消费者（下游数据处理程序）的中间件，作用类似缓存，采用发布/订阅模式，让数据生产者和数据消费者实现解耦。Flume 是一个可用性高、可靠性高、分布式的海量日志采集、聚合和传输系统，它支持在日志系统中定制各类数据，用于收集数据。DataHub 是阿里巴巴开源的一款数据集成中间件，可实现异构数据传输、转换和同步，支持多种数据源的输入和输出，包括关系数据库、NoSQL 数据库、消息队列、分布式文件系统等，同时支持多种数据格式的转换和映射。数据接入服务（Data Ingestion Service，DIS）是华为云平台提供的离线和实时数据采集、集成服务，可以轻松收集、处理和分发实时流数据，可对接多种第三方数据采集工具，提供丰富的云服务 Connector 及 Agent/SDK，适用于物联网（Internet of Things，IoT）、互联网、媒体等行业的设备监控、实时推荐、日志分析等场景。

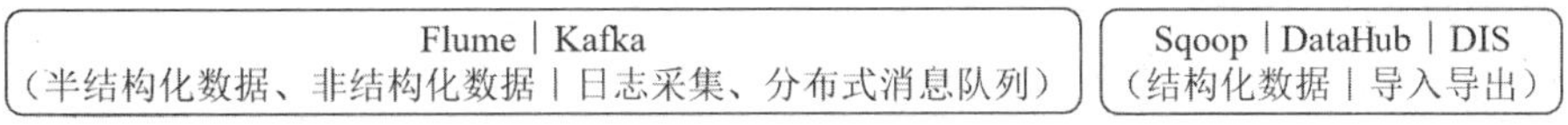

图 1-2-4　数据集成层

3．数据存储层

在大数据时代，数据类型复杂多样，以半结构化数据和非结构化数据为主，传统的关系数据库无法满足其存储需求。因此可以根据各种数据的存储特点选择合适的解决方案。对非结构化数据采用分布式文件系统进行存储，对半结构化数据采用列数据库、键值数据库或文档数据库等非关系数据库进行存储，对结构化数据采用关系数据库进行存储，如图 1-2-5 所示。

图 1-2-5　数据存储层

分布式文件系统有 HDFS 和 GFS 等。HDFS 是 Hadoop 分布式文件系统，是 Hadoop 体系中数据存储管理的基础。GFS 是 Google 研发的适用于大规模数据存储的可扩展分布式文件系统。

非关系数据库有列数据库 HBase、文档数据库 MongoDB、图数据库 Neo4j、键值数据库 Redis 等。HBase 是高可靠性、高性能、面向列、可伸缩的分布式列数据库。MongoDB 是可扩展、高性能、模式自由的文档数据库。Neo4j 是高性能的图数据库，它使用与图相关的概念来描述数据模型，把数据保存为图中的节点以及节点之间的关系。Redis 是支持网络、基于内存、可选持久性的键值数据库。

关系数据库有 Oracle、MySQL 等传统数据库。Oracle 是甲骨文公司推出的一款关系数据库，具有可移植性好、使用方便、功能强大等优点。MySQL 具有速度快、灵活性好等优点。

4．数据处理层

计算模式的出现有力地推动了大数据技术和应用的发展，然而，现实中的大数据处理问题的模式复杂多样，难以有一种单一的计算模式能满足所有类型的大数据处理需求。因此，针对不同的场景需求和大数据处理的多样性，诞生了适合大数据批处理的并行计算框架 MapReduce，基于内存计算的批处理框架 Spark 和微批处理框架 Spark Streaming，流处理框架 Storm 和批流一体处理框架 Flink 等，以及为这些计算框架提供集群资源管理的 YARN 和 Mesos、分布式协调管理的 Paxos 和 ZooKeeper，如图 1-2-6 所示。

图 1-2-6　数据处理层

　　MapReduce 是 Hadoop 体系中的分布式并行计算框架，采用批处理模式（适用于离线处理场景），实现大规模数据集的并行计算。Spark 也是批处理模式的并行计算框架，但是不同于 MapReduce，Spark 是基于内存计算的，性能更快。为了满足实时计算的需求，Spark 框架提供了流处理组件 Spark Streaming。Spark Streaming 针对实时计算需求提供流处理框架，采用微批处理的模式，实现高吞吐量、具备容错机制的实时流处理。Storm 是延迟极低的流处理框架，是早期实时计算系统的主要解决方案。Flink 作为分布式处理引擎，可用于对无界和有界数据流进行有状态计算。

　　Mesos 是开源的集群资源管理组件，负责集群资源的分配，可对多个集群中的资源进行弹性管理。ZooKeeper 是以简化的 Paxos 协议作为理论基础实现的分布式协调管理系统，它为分布式应用提供高效且可靠的分布式协调服务。

5．数据分析层

　　数据分析是指通过分析手段、方法和技巧对准备好的数据进行探索、分析，从中发现因果关系、内部联系和业务规律，从而提供决策参考的过程。在大数据时代，人们迫切希望在由普通机器组成的大规模集群上实现高性能的数据分析系统，为实际业务提供服务和指导，进而实现数据的最终价值。

　　常用的大数据分析工具有 Hive、Impala、Kylin 等，类库有 MLlib 和 SparkR 等，如图 1-2-7 所示。Hive 是数据仓库基础框架，主要用来进行数据的提取、转化和加载。Impala 是 Cloudera 公司主导开发的 MPP 系统，允许用户使用结构查询语句（Structure Query Language，SQL）处理存储在 Hadoop 中的数据。Kylin 是开源的分布式分析引擎，提供 SQL 查询接口及多维分析能力以支持超大规模数据的分析和处理。MLlib 是 Spark 计算框架中常用机器学习算法的实现库。SparkR 是 R 语言包，它提供轻量级的方式，使得我们可以在 R 语言中使用 Spark。

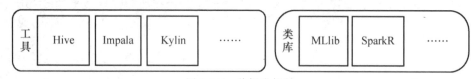

图 1-2-7　数据分析层

6．数据可视化及其应用层

　　数据可视化技术可以提供更加清晰、直观的数据表现形式，将数据和数据之间错综复杂的关系，通过图片、映射关系或表格，以简单、友好、易用的图形化、智能化的形式呈现给用户，供其分析使用。数据可视化是人们理解复杂现象、诠释复杂数据的重要手段和途径，可通过数据访问接口或商务智能门户，以直观的方式表达数据。数据可视化与数据可视化分析通过可视化交互界面进行分析、推理和决策，可从海量、动态、不确定，甚至相互冲突的数据中整合信息，获取对复杂情景更深层的理解，供人们检验已有预测信息、探索未知信息，同时提供快速、可检验、易理解的评估结果和更有效的交流手段。

大数据应用目前朝着两个方向发展：一种是以盈利为目的的商业大数据应用；另一种是不以盈利为目的，侧重于为公众提供服务的大数据应用。商业大数据应用以推出淘宝、抖音、快手等产品的各互联网公司，以及中国移动、中国联通、中国电信等运营商为代表，这些公司以自身拥有的海量用户信息、行为、位置等数据为基础，提供个性化广告推荐、精准化营销等数据服务，以及提供如热门景点人流分析、春运客流分析、城市公共交通规划等社会公共数据服务。

1.2.2 大数据离线处理架构

在大数据平台建设实战中，通常会根据处理数据的不同规模、处理数据的不同时延要求，归纳不同的大数据处理场景，进而对各层的大数据技术及工具组件进行合理选用。本节将简要介绍大数据离线处理架构的含义及技术框架选用的通用总结。

大数据离线处理主要用于复杂的批量数据处理场景，通常处理的时间为数十分钟到数小时。大数据离线处理架构侧重点在于处理海量数据的能力。

如图 1-2-8 所示，在大数据离线处理架构中，一般在数据存储层选择 HDFS 作为离线数据存储系统。随着云计算技术演进，在存储计算分离架构中还可以选择对象存储系统作为离线数据存储系统。在离线批处理的分布式计算框架中，可以选择 MapReduce、Spark等进行数据处理，选择 Hive、HBase 等进行结构化数据分析。离线处理的结果既可以写回HDFS 用于后续数据挖掘；也可以写入 Hive、MySQL 中，提供给上层应用通过 Java 数据库互连（Java Database Connectivity，JDBC）方式展现数据结果；还可以写入 HBase（分布式实时数据库）进行数据结果高效查询展示。

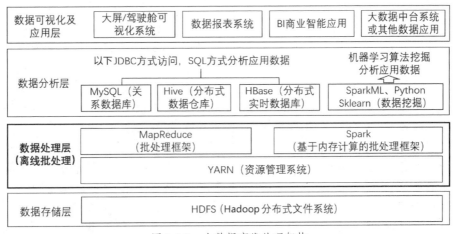

图 1-2-8　大数据离线处理架构

1.2.3 大数据实时处理架构

大数据实时处理主要用于实时数据流的数据处理场景，通常处理时间为数百毫秒到数秒。在实时推荐、广告系统、业务反作弊和金融风控等场景中，需要强实时性的数据处理性能。

如图 1-2-9 所示，在大数据实时处理架构中，数据流的采集和传输一般选择 Flume、Kafka。在实时处理的分布式计算框架中，可以选择 Storm、Spark Streaming、Flink、Slipstream 从 Kafka 中获取数据，进行实时流处理。整个流处理的过程中，可以将上游的流数据处理结果写入 Kafka，然后交予下游流处理程序进行加工，最后可以将加工结果写入数据仓库 Hive、关系数据库 MySQL、键值数据库 Redis、数据湖 Hudi、Iceberg、Delta Lake 等，基于 JDBC 进行数据展示。当然也可以将数据结果输出给 Impala、ClickHouse、Presto、Druid、Kylin 等分布式 OLAP 分析引擎。

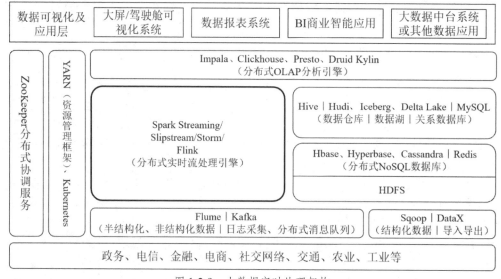

图 1-2-9　大数据实时处理架构

1.2.4　大数据交互式 OLAP 多维分析架构

大数据交互式多维分析主要用于历史数据的交互式查询场景，通常处理时间为数十秒到数十分钟。大数据平台的很多应用都需要对大数据处理后的历史数据根据不同的条件进行多维分析查询并及时返回结果，这就是交互式多维分析。

"数据交互式多维分析技术"相比"大数据技术"起源更早，从关系数据库演进到数据仓库，产生了"历史数据的交互查询"的应用场景和技术体系。这个过程最主流的就是数据仓库技术和多维联机分析处理（Online Analytical Processing，OLAP）技术，在 20 世纪 80 年代末，这些技术随着数据挖掘、商务智能的兴起，逐步发展并成熟。一个经典的应用案例：基于超市过去 10 年的销售数据，通过分析 10 年以来各厂商每季度的销售额占有比例的变化情况、去年各个地区各个产品的销售量和销售额、今年销售量下降的主要因素（时间、地区、部门、商品）……为高层管理人员的科学决策提供可靠依据。

针对"历史数据的交互查询"的交互式 OLAP 多维分析，随着业务系统用户交易等数据高速增长，传统单点部署的数据仓库无法高效完成海量历史数据的低延时交互查询。一方面，MPP 架构提供了在多节点上部署、彼此协同计算的功能，其作为整体提供数据库服务，满足了大数据交互分析需求。另一方面，随着互联网开源大数据技术的涌现，Hadoop 生态的各种技术栈和开源工具组件让"海量数据的交互式 OLAP 多维分析技术架构"焕发了新的活力。

在大数据交互式 OLAP 多维分析架构中，核心是数据分析层的数据仓库与 SQL 引擎，而数据处理层既可以是大数据离线处理引擎，也可以是大数据实时处理引擎，还可以将数据通过 ETL（Extract Transformation Load，抽取、转换、加载）工具直接存储到数据仓库或数据湖中，然后接上各种交互式查询分析引擎，例如 Impala、ClickHouse、Presto、Druid、Kylin 等。

1.2.5 大数据可视化应用架构

大数据平台中的数据通常经历从原始业务生产系统中产生，然后通过数据采集工具集成到数据平台进行存储、处理加工、挖掘分析，最终将数据结果展示给大数据平台的用户的过程。用户可以是公司的决策部门（大数据可视化应用展现形式是数据大屏、报表系统、数据交互式商务智能系统等），也可以是公司内部的数据应用部门或公司外部的数据消费方（大数据可视化应用展现形式是数据资产管理系统、数据开放服务平台、数据商城、数据交互式商务智能系统、可视化机器学习系统等）。

这些大数据可视化应用一般采用 Java Web 技术开发前后端应用系统，用 JDBC SQL 查询方式或者超文本传送协议（Hypertext Transfer Protocol，HTTP）的 RESTful 接口对数据分析层或数据处理层的数据发出请求，然后通过各种可视化图表技术（如 ECharts、AntV、D3 等）展示在 Web 界面中。

大数据平台的建设团队为了满足内部、外部用户的数据使用需求，一般会利用 Java Web 技术开发大屏可视化系统、报表系统、数据交互式商务智能系统、数据资产管理系统、数据开放服务平台、数据商城、可视化机器学习系统等。当然，随着各行各业的数字化转型，很多传统行业开始进行大数据建设，并希望能以低成本完成大数据可视化应用建设，这就催生了众多开源大数据可视化工具、数据交互式商务智能工具、可视化机器学习工具。

如图 1-2-10 所示，大数据可视化应用架构包括两种不同的实现方式：一种是自研 Java Web 系统实现大数据可视化应用；另一种是选择开源的具备各种能力的可视化工具。

图 1-2-10　大数据可视化应用架构

1.2.6 大数据工程学习技能树

1．大数据工程开发的基础技术体系

大数据工程开发在系统搭建上和传统的 Web 系统开发类似，都需要基于前后端开发技

术进行 Web 系统搭建，集成各种大数据生态工具组件，实现对海量数据的采集、存储、处理、分析和可视化应用。企业级 Web 系统开发的主流语言，以及大部分开源大数据组件都是使用 Java 开发的，比如 Hadoop、ZooKeeper、Hive、HBase、Flume、Sqoop、Flink 等，所以 Java 是从事大数据工程开发的必备语言，也是大数据系统开发的主流语言。企业级 Web 系统开发技术从 20 世纪 90 年代发展至今，已经非常成熟，目前比较主流的后端开发框架是 Spring Boot，其也是从事大数据工程开发的工作人员应该掌握的基础技术。

当然在数据处理层和数据分析层，因为结构化数据分析语言 SQL（起源于数据库时代，广泛应用于数据查询逻辑编写，具有标准规范、成熟、易读性好等）的多方面优势，SQL 的使用是十分频繁的。

在非结构化数据的清洗加工、机器学习以及深度学习模型算法的调用中，Python 因具备强大而丰富的函数包以及机器学习（深度学习）模型生态，成为数据分析、挖掘的主要语言。

要构建完整的 Web 系统，除了需要有 Java 后端以外，还需要有界面友好、美观的 Web 前端，因此要完整交付大数据应用系统，需要掌握 HTML5、CSS3、JavaScript 等前端开发语言、前端工程化开发框架（主要包括 Vue、React、Angular 等，读者选择一种学习和掌握即可）、前端开展组件库 Element UI、前端可视化 JavaScript 库（主要包括 ECharts、AntV、D3、DataV 等，读者选择一种或两种学习和掌握即可）。

2. 大数据应用开发技术体系

在行业大数据平台的建设和运营中，包括基础平台团队、数据开发团队、数据分析团队和数据产品团队。基础平台团队主要负责搭建稳定、可靠的大数据存储和计算平台。数据开发团队主要负责数据的清洗、加工、分类和管理等工作，构建企业的数据中心，为上层数据应用提供可靠的支持。数据分析团队主要负责将数据挖掘技术、机器学习技术与业务专家知识结合，为画像、推荐、广告计算、风控等提供算法支撑。数据产品团队主要负责为改善产品体验设计和商业决策提供数据支持。

其中基础平台团队和数据开发团队从事的主要是大数据工程开发工作，可以统称为大数据工程师，也可以进一步分为运维工程师、引擎开发工程师、数据平台工程师等。运维工程师负责大数据平台的日常运维工作；引擎开发工程师负责搭建、调优、维护和升级引擎等工作；数据平台工程师负责大数据平台系统的开发、维护。

大数据应用开发任务分层如图 1-2-11 所示。可以总结出大数据工程师的日常工作，从数据生产、数据采集和数据清洗角度来看，包括日志收集、业务数据库 ETL、数据清洗、任务调度等。从数据仓库及数据计算角度来看，包括维度建模、离线计算等。数据应用层包括实时监控、离线分析、精细化运营工具、智能预警及分析等。数据管理包括元数据管理、数据质量、调度工具等。

围绕大数据应用开发各层任务可知，大数据工程师除了需要掌握基础开发技术之外，还需要掌握大数据采集与传输技术（如 Flume、Kafka 等）、大数据处理技术（如 Spark、Flink 等）、大数据存储技术（如关系数据库 MySQL、非关系数据库 HBase、数据仓库 Hive 等）、大数据分析技术（如 ClickHouse 等）、大数据可视化应用技术（如前端工程化开发框架 Vue、前端可视化 JavaScript 库等）等。

数据 应用	实时监控	离线分析	精细化运营 工具	智能预警及 分析	邮件	分析	挖掘

数据 计算	业务描述	统计规则	调度平台	离线计算	实时计算

数据 仓库	维度建模	分层	ODS	DW	DM	DIM

数据 清洗	清洗规则	业务数据库 ETL	配置中心	调度系统	依赖展示	执行管理

数据 采集	Flume日志 收集	Kafka消息队 列	Storm流 计算	其他	业务DB拉取

数据 生产	接入流程	上报地址与 API对接	埋点规范	埋点内容	数据测试	业务DB

管理平台

开发管理
开发工具
……

数据管理
元数据管理
数据质量　调度工具

运维管理
告警监控
自动化运维

图 1-2-11　大数据应用开发任务分层

1.3　大数据开发案例实训学习介绍

1.3.1　梧桐·鸿鹄大数据实训平台介绍

本书得到了梧桐大数据的大力支持，可基于电信运营商丰富的算力资源、脱敏后的海量真实行业数据和行业大数据案例进行实践教学。梧桐大数据将向读者开放梧桐·鸿鹄大数据实训平台（以下简称 DPaaS 平台）资源，本书后续章节中的案例将通过 DPaaS 平台开发实现。

1.3　大数据开发
案例实训学习
介绍

1．DPaaS 平台简介

DPaaS 平台是集资源、数据、工具、运维、安全等服务为一体的大数据开放平台，包括四大核心支撑。

（1）平台资源充足：配置上万台高性能 x86 服务器且采用云化部署，覆盖 Hadoop、MPP、关系数据库、容器、虚拟机、物理机等储算资源。

（2）数据资产丰富：数百 PB 数据资产，汇聚移动全网、全域（如业务域、运营域、管理域）优质数据资源，且数据标签完整。

（3）工具组件多样：提供大数据计算、数据管理、数据开发等 10 大类组件工具服务，能满足多场景大数据应用开发需求。

（4）专业服务支撑：配备运营、运维、安全服务团队，提供实时运维监控和故障快速响应服务。

DPaaS 平台面向用户提供多样化的大数据云服务功能，其大数据开发业务流程如图 1-3-1 所示，各类服务按需申请，资源弹性"伸缩"，能满足各种大数据应用开发场景的需求，实现用户从数据接入到应用发布全流程支持。

图 1-3-1　DPaaS 平台大数据开发业务流程

2．DPaaS 平台数据管理工具：帮助用户进行数据产品的分析设计

DPaaS 平台数据管理工具预置了脱敏后的客户洞察、DPI 上网及位置数据等四类近 50 个数据模型。如图 1-3-2 所示，数据资产页面中每个数据模型都标注了数据类型、字段描述、数据样例等信息，能帮助用户更快地了解数据模型的具体内容。用户可根据实际业务场景，通过数据资产页面的搜索功能精准获取需要的数据。

序号	字段属性	字段名称	数据类型	字段描述
1	USER_ID	用户标识	STRING	用户标识
2	VOICE_BUSI_TYP_CODE	语音业务类型编码	STRING	语音业务类型编码
3	TOLL_TYP_CODE	长途类型编码	STRING	长途类型编码
4	MKIP_BUSI_TYP_CODE	拨打IP业务类型编码	STRING	拨打IP业务类型编码
5	ROAM_TYP_CODE	漫游类型编码	STRING	漫游类型编码
6	CALL_TYP_CODE	呼叫类型编码	STRING	呼叫类型编码
7	SMART_NTW_VPMN_CDR_ID	智能网vpmn话单标识	STRING	智能网vpmn话单标识
8	WILES_NTW_TYP	无线网络类型	STRING	无线网络类型
9	VISUAL_MBL_FLAG	可视电话标志	STRING	可视电话标志
10	COM_AREA	到访地	STRING	到访地

语音日汇总表-TO_D_BU_VOICE_SUM　字段属性　请输入　字段名称　请输入　查询　导出

图 1-3-2　数据资产页面

DPaaS 平台带有 SQL 编辑器，可帮助用户基于 SQL 进行数据分析。在 SQL 编辑器界面可以直接执行 SQL 语句，该界面支持分组统计或条件查询等常用操作，并可将查询的结果进行可视化显示，如图 1-3-3 所示。

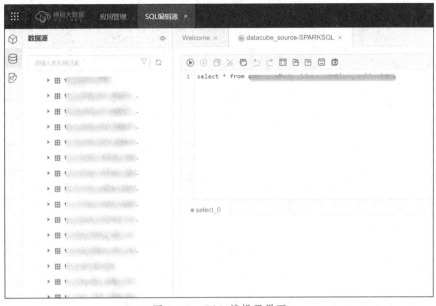

图 1-3-3　SQL 编辑器界面

3．DPaaS 平台数据编排工具：帮助用户进行数据开发完成数据准备

DPaaS 平台数据编排工具通过对数据进行一系列处理，可输出用户需要的数据。数据集经历 3 个阶段：抽取、转换、加载。如图 1-3-4 所示，数据流主要负责对数据集进行抽取、转换、连接、过滤、分组、加载等，其多个任务之间传递的是数据集。目前数据编排工具包括三大类，共 31 个算子，能满足用户基本的数据处理需求，如图 1-3-5 所示。

（1）抽取：数据抽取是将数据从各个不同的数据源抽取到操作型数据仓储（Operational Data Store，ODS）中的过程，在抽取的过程中可以选择不同的抽取方法。

（2）转换：数据转换的任务主要是进行数据转换、数据粒度的转换，以及一些商务规则的计算。

（3）加载：数据加载一般是指在数据清洗完毕后直接将数据写入数据仓库（Data Warehouse，DW）。

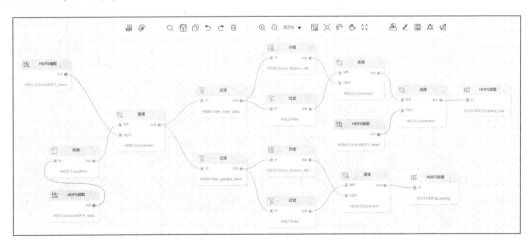

图 1-3-4　数据编排工具界面（图形化操作）

图 1-3-5　数据编排工具算子概览

　　如图 1-3-6 所示，DPaaS 平台能在线帮助用户对完成编排的数据流进行调测，并对运行配置的数据流进行数据加工。在调测的过程中，支持对算子所在的某一条分支进行在线调测，也支持对算子添加的断点进行调测。调测时，会显示日志信息。选中算子时，可以预览当前选中算子的输入输出信息。

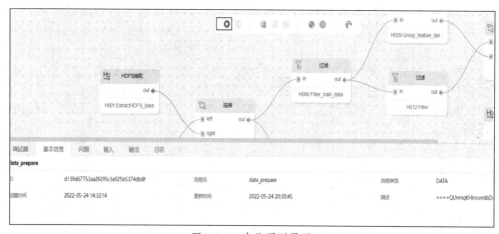

图 1-3-6　在线调测界面

4．DPaaS 平台数据挖掘工具：帮助用户进行数据挖掘

　　DPaaS 平台数据挖掘工具集成了 Notebook（交互式建模工具），并在此基础上提供丰富的接口。对于具备编程能力，且对数据分析、算法等专业技术有深入了解的用户，可通过 Notebook 灵活定制模型。如图 1-3-7 所示，Notebook 内置了部分数据挖掘开源算法包，用户在使用 Notebook 进行开发时，可以"即开即用"，无须安装。对于大规模数据的数据挖掘场景，Notebook 支持 PySpark（基于 Python 的 Spark 框架）引擎，可使用集群功能进行模型训练和推理。

包名	版本	功能	备注
pandas	1.2.0	pandas 是一个强大的时间序列数据处理工具包,是基于NumPy和Matplotlib开发的,主要用于数据分析和数据可视化	开源
statsmodels	0.12.2	statsmodels是一个Python软件包,它为scipy提供了统计数据计算的补充功能,包括描述性统计数据以及统计模型的估计和推断	开源
NumPy	1.20.1	NumPy是使用 Python 进行科学计算的基础库,主要提供高性能的 N 维数组实现以及计算能力,还提供了和其它语言如 C/C++ 集成的能力,此外还实现了一些基础的数学算法	开源
imbalanced-learn	0.9.0	imbalanced-learn是一个Python软件包,提供了许多重采样技术,这些技术通常用于显示类间不平衡的数据集	开源
scipy	1.7.0	scipy 是一个开源的 Python 算法库和数学工具包,scipy 包含的模块有最优化、线性代数、积分、插值、特殊函数、快速傅里叶变换、信号处理和图像处理、常微分方程求解和其他科学与工程中常用的计算	开源
scikit-learn	0.24.0	scikit-learn 是一个基于 NumPy, SciPy, Matplotlib 的开源机器学习工具包,主要涵盖分类、回归和聚类算法	开源
opencv_python	4.5.4.58	用于Python的非官方的预构建OpenCV软件包	开源
keras	2.6.0	keras是用Python编写的高级神经网络API,能够在TensorFlow,CNTK或Theano之上运行。	开源
xgboost	1.0.2	xgboost 是经过优化的分布式梯度提升库,旨在高效,灵活且可移植	开源
Matplotlib	3.4.3	Matplotlib是 Python 数据可视化工具包。是 Python 最著名的绘图库,它提供了一整套和MATLAB相似的命令 API,十分适合交互式地进行制图	开源
TensorFlow	2.6.3	TensorFlow是一个用于高性能数值计算的开源软件库。其灵活的体系结构允许在各种平台（CPU,GPU,TPU）之间以及从台式机到服务器集群到移动和边缘设备的轻松部署计算。	开源
networkx	NumPy	networkx 是一个Python软件包,用于创建,操纵和研究复杂网络的结构	开源
lightgbm	3.1.1	lightgbm 是使用基于树的学习算法的梯度增强框架,被设计为分布式且高效的	开源
pillow	9.0.1	pillow为Python解释器添加图像处理能力,是通用图像处理工具的坚实基础	开源
scikit-image	0.18.3	scikit-image用于Python中的图像处理	开源
pyTorch	1.8.1	pyTorch是一个Python包,它提供了两个高级功能:具有强大GPU加速的张量计算,基于磁带的autograd系统构建的深度神经网络	开源
detectron2	0.2.1	deTectron2是Facebook AI Research的下一代库,提供最先进的检测和分割算法	开源
tqdm	4.57.0	用于Python和CLI的快速、可扩展的进度条	开源

图 1-3-7　Notebook 内置的数据挖掘开源算法包

数据挖掘工具除了可以选择平台内置的数据资产,还支持用户创建数据集并上传自己的私有数据。用户在"数据集管理"界面可以上传多种文本格式的数据,如图 1-3-8 所示,上传后的数据可以直接在该界面中预览。

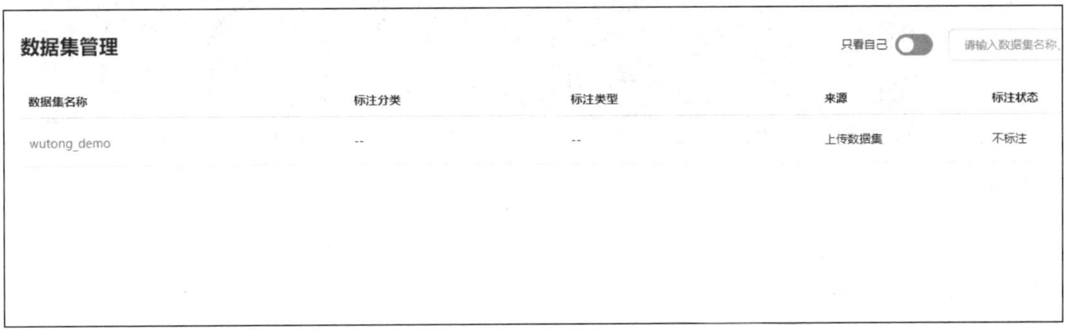

图 1-3-8　"数据集管理"界面

1.3.2　梧桐·鸿鹄大数据实训开发案例介绍

下面通过一个开发案例,对 DPaaS 平台使用场景进行具体介绍。

1．案例说明

在生活中,一些厂家经常会为了吸引用户消费而举办一些促销活动,这些厂家更多的是期望能有很多用户参与并形成一定的用户黏性。然而现实中有一部分人热衷于收集并研究此类活动，他们有选择地参与，从而以相对较低的成本甚至零成本换取物质上的实惠，这一行为被称为"薅羊毛"，而热衷于"薅羊毛"的群体被称作"羊毛党"。

针对上述场景，如果能事先从大量普通用户中识别出"羊毛党"的群体特征，厂家就可以在设计促销细则时对其进行规避。这个时候，我们需要提前收集数据，假定我们已经有了1月~4月的潜在用户数据，并知道了2月的"羊毛党"，下面介绍基于DPaaS平台进行数据开发，在4月的潜在用户中识别出"羊毛党"。

2. 案例分析

要从海量的用户中识别"羊毛党"，可以使用数据挖掘工具。首先对历史"羊毛党"进行标注，然后结合用户行为信息使用二分类算法进行人工智能（Artificial Intelligence，AI）模型训练，最后基于训练出的AI模型推理、输出"羊毛党"。要实现这一过程需要依次进行数据分析、数据准备和数据挖掘。

数据分析阶段：根据当前平台内置的数据资产，分析出与"薅羊毛"行为关联的原始特征字段，然后根据对"薅羊毛"行为的理解，设计衍生特征，并与原始特征一起构成数据模型宽表。

数据准备阶段：通过数据抽取、转换和加载等操作实现对数据模型宽表的数据集成，完成训练数据集和预测数据集的准备。

数据挖掘阶段：通过二分类算法对训练数据集进行模型训练，通过预测数据集输出"羊毛党"。

3. 案例实现

数据分析阶段，基于DPaaS平台数据资产页面进行特征选择和衍生特征设计，如图1-3-9所示。

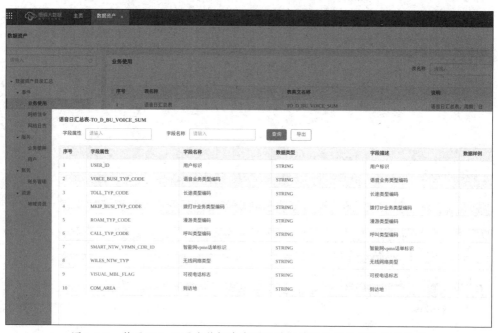

图 1-3-9　基于 DPaaS 平台数据资产页面进行特征选择和衍生特征设计

选择相关数据模型宽表后可以通过 SQL 编辑器进行数据查询，如图 1-3-10 所示，查看各个数据模型宽表的数据分布情况，在数据分析阶段完成训练特征的宽表字段设计。

图 1-3-10　通过 SQL 编辑器进行数据查询

数据准备阶段，基于 DPaaS 平台数据编排工具实现数据抽取、转换和加载，如图 1-3-11 所示。在工作空间页面依次选择模板创建工程、新建数据流、数据编排和在线调测，实现完整的数据开发过程。数据结果可以加载到 HDFS，在进行数据挖掘的时候读取。

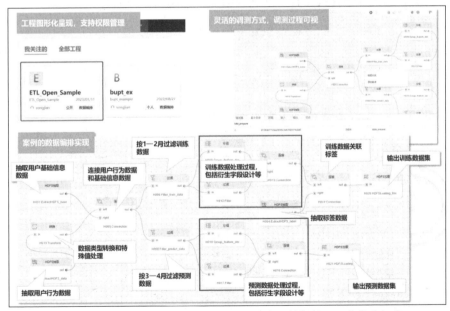

图 1-3-11　基于 DPaaS 平台数据编排工具实现数据抽取、转换和加载

数据挖掘阶段，基于 DPaaS 平台数据挖掘工具进行特征工程、模型训练、模型评估

和模型推理,如图 1-3-12 所示,最终输出"羊毛党"。在工程内单击交互式建模,创建 Notebook,在 Notebook 中进行建模代码开发,通过平台内置的接口可以从 HDFS 上读取数据文件并以 DataFrame 类型存储到 Notebook 容器内存中。Notebook 内置算法可以直接被调用,实现特征工程和模型训练等过程,最终模型推理、输出的数据可以通过 Notebook 内置接口输出并保存到 HDFS 上。

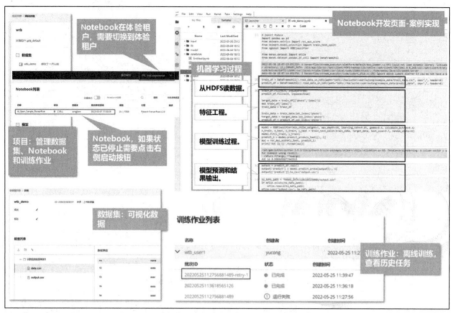

图 1-3-12 基于 DPaaS 平台数据挖掘工具进行特征工程、模型训练、模型评估和模型推理

在 Notebook 中完成代码开发后可以通过训练作业按调度执行,每执行一次训练作业会生成一个训练名称,方便日志查询等信息的回溯,如图 1-3-13 所示。

图 1-3-13 通过训练作业按调度执行

1.3.3　梧桐·鸿鹄校企合作平台介绍

党的二十大报告指出，教育、科技、人才是全面建设社会主义现代化国家的基础性、战略性支撑，必须深入实施科教兴国战略、人才强国战略、创新驱动发展战略。

中国移动作为一家大型国有企业，在党中央、国务院的正确领导和上级部门的大力支持下，始终致力于推动信息通信技术服务社会、造福民生，坚持创新驱动发展，积极贯彻习近平总书记关于做好新时代人才工作的重要思想，对数字化人才培养高度重视，充分依托自身技术和数据优势，打造梧桐·鸿鹄校企合作平台（以下简称鸿鹄平台），围绕大数据、人工智能、软件开发、云原生、物联网等热点领域，为高校提供教学实训、培训认证、技能竞赛、实习就业等服务。

鸿鹄平台诞生于中国移动梧桐大数据平台，名字取自《诗经》中的"凤凰鸣矣，于彼高冈；梧桐生矣，于彼朝阳"，衍生出"梧桐花开，凤凰自来"之意。在中国的神话中，鸿鹄特指白色的凤凰，并有"鸿鹄之志"的美好寓意。鸿鹄平台希望通过自身的努力，让高校学子秉纯洁之心，立鸿鹄之志，成长为数字时代信息社会的领军人才。

鸿鹄平台聚焦"引、育、用、留、评"，打造五位一体的人才培育体系。自2022年年底上线以来，鸿鹄平台已构建鸿鹄学堂、鸿鹄赛事、鸿鹄实训、鸿鹄招募、鸿鹄社区五大功能，并同国内多所高校开展了合作。

1．鸿鹄学堂

鸿鹄平台提供各类丰富的课件及视频，内容涵盖大数据、人工智能、软件开发、云原生、物联网等重点技术领域，课程教学内容由浅到深，贴合实际生产工作，目前有鸿鹄公开课、鸿鹄封闭课、鸿鹄认证课3种形式。

鸿鹄公开课课程覆盖面广，支持在线即点即学，同时鸿鹄平台结合技术热点，不定期联合企业专家、高校教师、行业大咖等推出一系列精品直播课，持续丰富鸿鹄学堂知识库。

鸿鹄封闭课采用班级教学，鸿鹄名师进课堂的形式，同高校老师进行联合授课，此外鸿鹄平台还提供教学实训平台等资源，帮助高校降低实训教学成本，提高开课效率。

鸿鹄认证课是鸿鹄平台依托中国移动IT能力认证体系，围绕大数据、人工智能、IPA、云原生等IT核心技术领域，面向高校学生推出的IT能力认证服务，旨在加速IT领域人才培养和生态构建。学生通过培训考试可拿到认证证书，还将获得中国移动及合作伙伴的实习、招聘推荐机会。

2．鸿鹄实训

实训是高校学生学习阶段的重要环节，有助于培养研究、观察、分析、解决问题的综合实践能力和创新能力。鸿鹄平台通过提供充足的算力资源、脱敏后的海量真实行业数据、多样化的工具组件以及专业的支撑服务，联合高校共同打造线上实训基地，开设专业实训营，满足学生企业实践需求。目前，部分高校已将鸿鹄实训作为学校正式课程，学生完成实训考核后可获得相应学分。

3．鸿鹄赛事

中国移动每年举办一届"梧桐杯"大数据创新大赛，持续加速推动大数据、人工智能等领域成果转化，赋能大数据行业生态创新发展。作为行业内首个面向全球高校青年学生的大数据领域专业大赛，自 2021 年以来，"梧桐杯"大数据创新大赛吸引了全球 500 多所高校、3000 多个团队参加，并以创新引领创业、以创业带动就业，成功引入多位青年人才并投资孵化了数十个优秀项目。"梧桐杯"大数据创新大赛的举办对于促进创新人才培养，拓宽高校精英人才就业、创业道路，以及在推动教育链、人才链与产业链、创新链的有机衔接上发挥了积极作用。

4．鸿鹄招募

鸿鹄平台会按需发布 IT 新技术线上实习活动，其覆盖大数据、人工智能、软件开发等热门技术领域，学生在线上即可完成全流程实习任务，通过考核答辩获取企业颁发的实习证书，增强就业竞争力。

同时，鸿鹄平台通过多维度构建人才能力模型，并依据学生参加的鸿鹄学堂、鸿鹄实训、鸿鹄赛事等各类活动，结合学生学习记录及考核情况，进行学生能力画像，建立"鸿鹄人才库"。通过鸿鹄平台的人才培育体系，实现学生和企业人岗匹配，提升求职精准度，打造高校数智人才培育新高地。

5．鸿鹄社区

鸿鹄社区是一个开放的分享与交流社区，建设有资讯发布、明星有话说、合作交流、乐知博闻、积分兑换等五大版块，会不定期组织鸿鹄明星分享、热点技术交流、校企合作研讨等活动，打造多元化的主题社区，满足学生日常生活中对学习、考试、求职、创业等综合信息服务获取的需求。

2023 年 4 月 13 日，中国移动在第二届"梧桐杯"大数据创新大赛总决赛现场发布了"鸿鹄展翅"数智人才高质量发展计划。依托"鸿鹄展翅"数智人才高质量发展计划，鸿鹄平台将持续扩大校企合作规模，创新人才培养模式，深层次、多形式、全方位促进优质校企教育资源的开放共享，努力打造我国数智人才培育基地，输出数以万计的优秀人才，为数字中国建设贡献力量。

1.4 本章小结

本章主要介绍了大数据、大数据技术的概念以及大数据技术发展历史。同时，本章通过概括分析大数据平台的整个处理流程，阐述了大数据平台架构的 6 个层次和每个层次的作用，以及开发不同类型大数据平台的架构组成。本章分析了从事大数据工程开发，应该掌握的基础技术和应用开发技术体系，为读者今后成长为优秀的大数据工程师指明了学习方向。本章最后介绍了在后续学习时要选用的梧桐·鸿鹄大数据实训平台的基本情况和功能模块，为读者后续学习和实训实践奠定基础。

1.5 习题

1．简述大数据的概念，谈谈你对大数据技术发展历史的理解。
2．简述数据要素的含义。
3．简述数字经济的含义及数字经济"四化"框架的内容。

4. 概括分析大数据平台的整个处理流程。

5. 大数据平台架构共包含 6 个层次，试概括说明每个层次的作用。

6. 简述大数据离线处理架构、大数据实时处理架构、交互式 OLAP 多维分析架构和可视化应用架构的含义及主要使用的大数据技术组件。

7. 结合梧桐·鸿鹄大数据实训平台及开发案例，分析通过平台进行大数据处理的整个流程。

第**2**章 大数据离线处理开发实践

在 1.2 节的大数据平台架构中介绍了大数据处理场景有不同类型。

（1）复杂的批量数据处理，重点在于处理海量数据的能力，通常处理时间为数十分钟到数小时。

（2）基于历史数据的交互式查询，通常处理时间为数十秒到数十分钟。

（3）基于实时数据流的数据处理，通常处理时间为数百毫秒到数秒。

目前针对以上 3 种情况都有比较成熟的处理框架。第一种情况可以用 Hadoop 的 MapReduce、Spark 来进行批量的海量数据处理；第二种情况可以用 Hive SQL、Spark SQL、Kylin、Impala 或 ClickHouse 等框架进行交互式查询；第三种情况可以用分布式消息中间件 Kafka 加上 Storm、Spark Streaming、Flink，结合分布式处理框架处理实时数据流。

数据处理的前提是"有数据"，所以本章先为读者介绍分布式文件系统，让读者对分布式文件存储过程有一定的理解。接下来重点介绍批处理框架，为读者介绍 Hadoop 中的 MapReduce 框架和 Spark 框架的基本原理、框架组成、运行机制。最后提供框架的实践操作演示和金融行业"羊毛党"识别的具体案例，让读者能够深入理解批处理框架的核心思想与应用场景。同时由于传统的 MapReduce 框架具有诸多问题，本章将介绍解决这些问题的分布式资源管理框架 YARN。

本章学习目标：

（1）了解 HDFS、MapReduce、YARN、Spark 框架的基本概念，以及 HDFS 存储框架与 MapReduce 计算框架间的配合关系；

（2）熟悉 HDFS、MapReduce、YARN、Spark 框架的基本原理与运行机制，同时对其应用场景有明确的认识；

（3）熟练掌握 HDFS、MapReduce、YARN、Spark 框架的实践操作，并能够独立完成在各个框架下的简单任务；

（4）利用 HDFS、MapReduce、YARN、Spark 框架的基础理论，完成金融行业"羊毛党"识别，体会分布式文件系统和分布式离线批处理框架在实际场景中的应用。

2.1 大数据离线批处理技术栈

2.1 大数据离线
批处理技术栈

2.1.1 大数据离线批处理应用场景

目前我们身处大数据时代，需要应对海量数据：一方面要存储这些海量数据；另一方面要筛选有效数据，分析数据，并从数据中挖掘其潜在价值。

大部分企业早期建设的大数据系统一般用于面向海量数据的离线批处理场景，如图 2-1-1 所示，组合使用了 Hadoop 的 HDFS、MapReduce、Hive、Pig、HBase、Mahout，来满足对海量数据离线处理的不同业务需求。

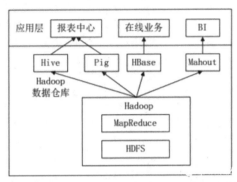

图 2-1-1　面向经营分析报表计算场景的大数据系统架构图

2.1.2　大数据离线批处理技术栈演进

1．基于 MapReduce 的离线批处理方案

初期大数据离线批处理以 Hadoop 体系中的 MapReduce 为核心，采用批处理模式，以此满足离线处理场景需求，实现大规模数据集的并行运算。狭义的 Hadoop 生态包括 Hadoop Common、HDFS、MapReduce 和 YARN 等。广义的 Hadoop 生态包括 ZooKeeper、Hive、HBase 等，它们共同构成了初期大数据离线批处理方案，如图 2-1-2 所示。

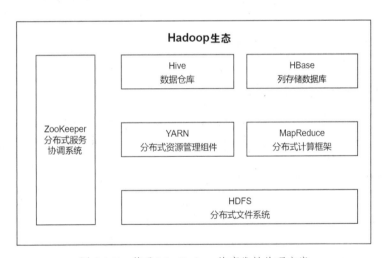

图 2-1-2　基于 MapReduce 的离线批处理方案

2．基于 Spark 框架的离线批处理方案

Spark 是借鉴 MapReduce 发展而来的，它继承了分布式并行计算的优点，克服了 MapReduce 明显的缺点，具体体现在以下几个方面。

（1）Spark 把中间数据置于内存中，迭代运算效率高。MapReduce 的计算结果是保存在磁盘中的，这样势必会影响系统整体的运行速度，而 Spark 支持有向无环图（Directed Acyclic Graph，DAG）的分布式并行计算的编程框架，可减少迭代过程中的数据落地，提高处理效率。

（2）Spark 的容错性高。Spark 引进了弹性分布式数据集（Resilient Distributed Dataset，RDD）的概念。RDD 是分布在一组节点中的只读对象集合，这些集合是弹性的，如果数据集一部分丢失则可以根据"血统"（即数据衍生过程）对它们进行重建。另外，在 RDD 计算时可以通过 CheckPoint（检查点）来实现容错，而 CheckPoint 有两种方式，即 CheckPoint Data（检查点数据）和 Logging The Updates（记录更新），用户可以决定采用哪种方式来实现容错。

（3）Spark 更加通用。Hadoop 只提供 map 和 reduce 两种操作，而 Spark 提供的数据集操作有多种，大致分为转换操作和行动操作两大类。转换操作包括 map、filter、flatmap、sample、groupByKey、reduceByKey、union、join、cogroup、mapvalues、sort 和 partionby 等；行动操作包括 collect、reduce、lookup 和 save 等。另外，各个处理节点之间的通信模型不再像 Hadoop 只有 Shuffle 一种模式，用户可以命名实体、物化计算结果，控制中间结果的存储、分区等。

3．基于 Flink 框架的流计算与批处理计算的双模式方案

Flink 因其能够支持流处理和批处理两种解决方案，而逐渐取代 MapReduce 与 Spark 在 Hadoop 生态中的地位。Flink 与传统流处理和批处理的解决方案不同，它将流处理看成无界输入数据的任务，而将批处理看成有界输入数据的任务，然后将二者统一起来，形成一个以任务为驱动的双模式处理框架。

Flink 与 Spark 的区别在于：Spark 使用微批处理来模拟流计算，任务以时间为单位被切分为一个个批次，是一种伪实时技术；而 Flink 基于每个任务一行一行地进行流处理，是真正的流计算。

2.2 分布式文件系统 HDFS

2.2 分布式文件系统 HDFS

2.2.1 HDFS 体系框架及基本原理

HDFS 是 Hadoop 项目的核心子项目，是为满足基于流数据模式访问和处理超大文件的需求而设计开发的，可以运行在通用硬件上，具有高容错性和高吞吐量，非常适用于大规模数据集的分布式文件系统。

HDFS 的体系架构主要由数据块（Block）、数据节点（DataNode）、元数据节点（NameNode）、辅助元数据节点（Secondary NameNode）和客户端（Client）应用程序组成。Hadoop 集群架构图如图 2-2-1 所示，其中包括 HDFS 的组件 NameNode、DataNode、Secondary NameNode 和 Client，实现了分布式文件存储；还包括 MapReduce 的组件 JobTracker、TaskTracker 和 Client。

1．数据块

HDFS 默认的基本的存储单位是数据块，数据块大小一般为 64MB 或 128MB，大于磁盘数据块（一般为 512B）的目的是最小化寻址开销。HDFS 上的一个文件的大小如果大于数据块大小，那么它将被划分为多个数据块；如果小于数据块，和普通文件系统不同的是，HDFS 不能占用整个数据块存储空间，而是按该文件的实际大小组块存储。HDFS 使文件以数据块为基本存储单位在集群上分配存储，因此每个数据块都有唯一的 ID。

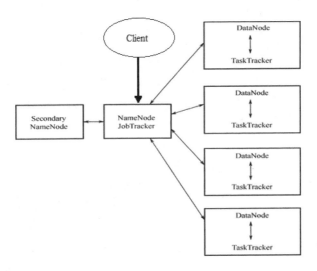

图 2-2-1　Hadoop 集群架构图

2．元数据节点

元数据（Meta Data）是指描述数据的数据。HDFS 与传统的文件系统一样，提供分级的文件组织形式，维护文件系统所需的信息（除了文件的真实内容）被称为 HDFS 的元数据。通常用元数据节点来管理与维护文件系统名字空间，它是整个文件系统的管理节点，同时负责客户端文件操作的控制以及具体存储任务的管理与分配。

元数据节点会记录每一个文件被切割成多少个数据块、可以从哪些数据节点中获得这些数据块，以及各个数据节点的状态等重要信息，并且通过两张表来维持这些重要信息，其中一张表是文件和数据块 ID 关系的对应表，另一张表是数据块和数据节点关系的对应表。为了提高服务质量，这些重要信息保存在内存中，如果设备掉电，信息将不再存在，因此需要将这些信息保存到磁盘中，实现持久化存储。元数据节点存储信息的文件有 fsimage、edits、VERSION 和 seen_txid 等。

（1）fsimage 文件及其对应的 MD5 校验文件保存了文件系统目录树信息，以及文件和数据块的对应关系信息，是 HDFS 中与元数据相关的重要文件。fsimage 文件是 HDFS 中的元数据的永久性的检查点，当元数据节点因某种原因无法正常工作的时候，最新的元数据信息就会从 fsimage 文件加载到内存中。

（2）edits 文件是日志文件，其中存放了 Hadoop 文件系统所有更新操作的路径。当文件系统客户端进行写操作的时候，先把相关记录放在 edits 文件中，在记录了修改日志后，元数据节点才会修改内存中的数据。

（3）VERSION 文件是 Java 的属性文件，包含文件系统的 ID、集群 ID、数据块池 ID 等信息。

（4）seen_txid 文件是存放事务 ID 的文件，HDFS 格式化之后事务 ID 是 0，它代表的是元数据节点中 edits_*文件的尾数。元数据节点重启时，会按照 seen_txid 内的数字，循序地从头读取 ID 为 edits_0000001 到 seen_txid 的事务。所以当 HDFS 发生异常重启时，要比对 seen_txid 内的数字是不是 edits_*文件的尾数，否则会发生元数据资料缺失，导致误删数据节点上的数据块。

3．数据节点

HDFS 中的文件以数据块形式存储，每个文件的数据块被存储在不同服务器上，存放数据块的服务器称为数据节点。数据节点是 HDFS 真正存储数据的地方，客户端和元数据节点可以向数据节点请求写入或者读取数据块。数据节点主要维护数据块和数据块大小关系表，通过该表周期性地向元数据节点回报其存储的数据块信息，元数据节点通过回报信息了解当前数据节点的空间使用情况。

4．辅助元数据节点

辅助元数据节点也叫从元数据节点，它是对元数据节点的补充，本质上是元数据节点的快照，但并不是元数据节点出现问题时的备用节点。辅助元数据节点的主要功能是周期性地将元数据节点中的 fsimage 文件和日志文件 edits 合并，以防日志文件 edits 过大。此外，合并后的 fsimage 文件会在辅助元数据节点上保存一份，这样元数据节点无法正常工作的时候，可以恢复数据，且不会造成数据丢失。Hadoop 2.0 采用高可用性机制，不会出现元数据节点的单点故障问题，也不再用辅助元数据节点对 fsimage 文件和 edits 文件进行合并，因此在 Hadoop 2.0 中可以不运行辅助元数据节点。

Hadoop 2.0 生态系统中的 HDFS，在 Hadoop 1.0 的 HDFS 的基础上增加了两大重要机制：高可用性（High Availability，HA）机制和联邦机制，HDFS 2.0 体系结构如图 2-2-2 所示。

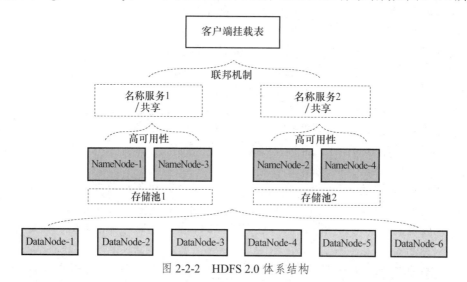

图 2-2-2　HDFS 2.0 体系结构

Hadoop 1.0 中的 HDFS 的一个重要问题就是元数据节点的单点故障问题，辅助元数据节点只能起到冷备份的作用，无法实现热备份功能，即当元数据节点发生故障时，无法立即切换辅助元数据节点对外提供服务，仍需要停机恢复，高可用性机制就是用来解决元数据节点的单点故障问题的。

在一个集群中，一般设置两个元数据节点，其中一个处于活跃状态，另一个处于待命状态。处于活跃状态的元数据节点负责对外处理所有客户端的请求；处于待命状态的元数据节点作为热备份节点，在活跃状态的元数据节点发生故障时，立即切换到活跃状态对外提供服务。由于待命状态的元数据节点是活跃状态的元数据节点的热备份，因此活跃状态的元数据节点的状态信息必须实时同步到待命状态的元数据节点。对于状态同步，可以借助共享存储系统来实现，活跃状态的元数据节点将更新的状态信息写入共享存储系统，待命状态的元数据节点会一直监听该系统，一旦发现有新的状态信息写入，就立即从共享存储系统中读取这些状态信息，从而保证与活跃状态的元数据节点状态一致。此外，为了实现故障时的快速切换，必须保证待命状态的元数据节点也包含最新的数据块映射信息，为此需要给数据节点配置活跃状态的元数据节点和待命状态的元数据节点两个地址，把数据块的位置和心跳信息同时发送到两个元数据节点上。要保证任何时候只有一个元数据节点处于活跃状态，否则节点之间的状态就会产生冲突，因此用 ZooKeeper 来监测两个元数据节点的状态，确保任何时刻只有一个元数据节点处于活跃状态。

2.2.2 HDFS 操作实践

HDFS 作为分布式文件系统，其读写过程与我们平时使用的单机文件系统不同。要对 HDFS 上的文件进行访问，就需要通过 HDFS 提供的方式实现与 HDFS 的交互。下面分别对 HDFS 读操作流程和 HDFS 写操作流程进行简单介绍。

1．HDFS 读操作流程

当客户端需要读取 HDFS 中的数据时，首先基于传输控制协议/互联网协议（Transmission Control Protocol/Internet Protocol，TCP/IP）与元数据节点建立连接，并发起读取文件的请求，然后元数据节点根据用户请求返回相应的数据块信息，最后客户端向对应数据块所在的数据节点发送请求并取回需要的数据块。HDFS 读操作流程如图 2-2-3 所示。

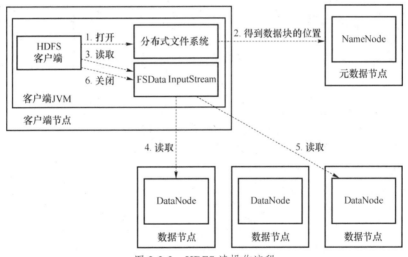

图 2-2-3　HDFS 读操作流程

HDFS 读取文件流程：首先初始化分布式文件系统，然后客户端调用分布式文件系统的 open 函数打开文件，最后分布式文件系统通过远程过程调用（Remote Procedure Call，RPC）来调用元数据节点，并得到文件的数据块与数据节点信息。

分布式文件系统返回 FSDataInputStream 给客户端，客户端调用 FSDataInputStream 的 read 函数选择最近的数据节点建立连接并读取数据。当一个数据块读取完毕时，DFSInputStream（FSDataInputStream 的父类）断开与此数据节点的连接，然后连接下一个数据块最近的数据节点。

当客户端读取完全部数据块后，调用 FSDataInputStream 的 close 函数，关闭输入流，完成对 HDFS 文件的读操作。在读取数据块的过程中，如果客户端与数据节点通信出现错误，则尝试连接包含此数据块的下一个数据节点，连接失败的数据节点将被记录，以后不再连接。

2. HDFS 写操作流程

当客户端需要写入数据到 HDFS 时，首先要基于 TCP/IP 与元数据节点建立连接，同时发起写入文件请求，然后跟元数据节点确认可以写入文件并获得相应的数据节点信息，最后客户端按顺序将数据块传递给相应的数据节点，并由接收到数据块的数据节点负责向其他数据节点复制数据块的副本。HDFS 写操作流程如图 2-2-4 所示。

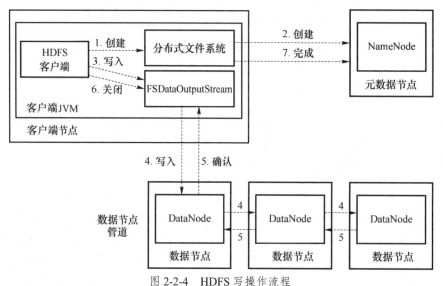

图 2-2-4　HDFS 写操作流程

HDFS 写入文件流程：首先初始化分布式文件系统，然后客户端调用分布式文件系统的 create 函数来创建文件，最后分布式文件系统通过 RPC 调用元数据节点，并在文件系统的名字空间中创建一个文件条目，元数据节点首先确认文件是否已存在，以及客户端的操作权限，创建成功后返回文件的相关信息。

FileSystem 返回 FSDataOutputStream 给客户端并开始写入数据。DFSOutputStream（FSDataOutputStream 的父类）将文件分成数据块后写入数据队列，数据队列由守护线程 DataStreamer 读取并通知元数据节点分配数据节点，存储数据块（每块默认复制 3 次），其中分配的数据节点放在数据节点管道里。DataStreamer 将数据块写入数据节点管道中的第一个数据节点，第一个数据节点将数据块发送给第二个数据节点，第二个数据节点将数据发送给第三个数据节点，以此类推。

DFSOutputStream 为发出去的数据块保存了确认队列，等待管道中的数据节点告知数据块已经写入成功。当管道中的数据节点都表示已经收到数据的时候，确认队列会把对应的数据块移除。当客户端完成写入数据后，则调用 FSDataOutputStream 的 close 函数，此时客户端不会向数据节点中写入数据，当所有确认队列返回成功后通知元数据节点写入完毕。

如果数据节点在写入的过程中写入失败，则关闭数据节点管道，已经发送到数据节点管道但是没有收到确认信息的数据块都会被重新放入数据队列中。随后联系元数据节点，给写入失败节点上未完成写入的数据块生成一个新的标识，写入失败的数据节点重启后察觉到该数据块是过时的会将其移除。重启后的写入失败的数据节点将相关数据块从数据节点管道中移除后，另外的数据块会被写入数据节点管道中的另外两个数据节点，元数据节点会被通知此数据块复制块数不足，然后安排创建第三个备份。

3．HDFS 数据导入

HDFS 中的数据来源有很多，如关系数据库、NoSQL 数据库以及其他 Hadoop 集群，把这些不同来源的数据导入 HDFS 是很关键的，下面主要简单介绍如何用 Sqoop 将关系数据库的数据导入 HDFS。

Sqoop 是关系数据库输入输出系统，由 Cloudera 创建，目前是 Apache 项目。数据导入时，Sqoop 可以写入 HDFS、HBase 和 Hive，对于输出数据则执行相反操作。其中数据导入分为两部分：连接到数据源以收集统计信息；触发执行实际导入的 MapReduce 作业。Sqoop 数据导入原理如图 2-2-5 所示。

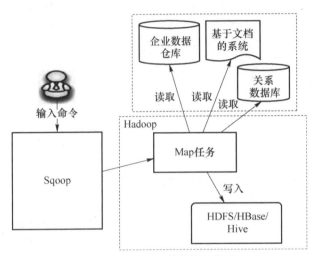

图 2-2-5　Sqoop 数据导入原理

Sqoop 导入数据到 HDFS 的过程：首先从传统数据库中获取元数据信息（如 schema、table、field、field type），然后把导入任务转换为只有 Map 的 MapReduce 作业，MapReduce 中有很多 Map，每个 Map 读一片数据，进而并行地完成数据复制。Sqoop 在导入数据时，需要确定 split-by 参数，以根据不同的 split-by 参数进行切分，然后将切分出来的区域分配到不同 Map 中。每个 Map 经过再处理，从数据库中获取的一行值，并写入 HDFS。

2.3　分布式计算框架 MapReduce

2.3.1　MapReduce 基本原理

为了方便读者理解大数据的并行计算思想，假设有一组规模很大的数据集，若可以将其分为具有相同计算过程的数据块，并且这些数据块之间不存在数据依赖关系，那么提高处理速度的最好办法就是采用并行计算。

假设有一个规模庞大的二维数据集需要处理（如求每个元素的立方根），其中对每个数据元素的处理方法是相同的，并且数据元素间不存在数据依赖关系，则可以考虑使用不同的划分方法将其划分为子数组，由一组处理器并行处理，如图 2-3-1 所示。

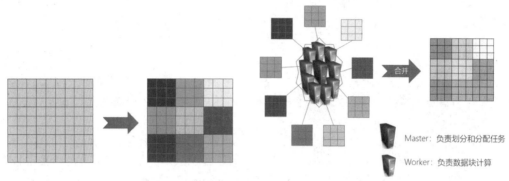

图 2-3-1　并行处理示意图

　　将上述处理方法整理一下，就可以形成一个大数据任务划分和并行计算框架，如图 2-3-2 所示。将一个待计算的大规模数据集划分成 n 份（如一份 128MB），然后将要对数据集进行操作的作业代码复制 n 份，对每份子数据集连同作业代码启动一个子任务，一共启动 n 个子任务。n 个子任务可以同时运行在 m 台服务器上并行执行。这样相对单机完成计算，速度明显提高。最后将所有子任务的运行结果合并，输出计算结果。理解了图 2-3-2，就可以理解 MapReduce 是如何配合 HDFS，完成面向海量数据的分布式并行计算了。

　　在分布式计算框架 MapReduce 中运行一个计算任务时，任务过程被分为两个阶段：Map 阶段和 Reduce 阶段。每个阶段都用键值对作为输入和输出。而程序员要做的就是定义好这两个阶段的函数：Map 函数和 Reduce 函数。

　　对大量数据记录或元素执行重复处理任务（对基于 MapReduce 编程范式的分布式计算来说，就是对数据进行交、并、差、聚合、排序等处理），可以被抽象归纳为 Map 任务和 Reduce 任务，分两个阶段来执行，如图 2-3-3 所示。可以说 Map-Reduce 模型为大数据处理过程中的两个主要操作提供了一种抽象机制。

图 2-3-2　大数据任务划分和并行计算框架　　图 2-3-3　Map-Reduce 模型对大数据处理任务的抽象归纳

2.3.2　MapReduce

　　MapReduce 采用同 HDFS 一样的主从（Master-Slave）架构，它主要由以下几个组件组成：Client、JobTracker 和 TaskTracker。其对应关系类似图 2-2-1，JobTracker 对应 Hadoop 的 HDFS 架构中的 NameNode；TaskTracker 对应 DataNode。根据 HDFS 与 MapReduce 的关系，就可以很好地理解：DataNode 和 NameNode 是针对数据存放而存在的；JobTracker 和 TaskTracker 是针对 MapReduce 执行而存在的。

具体组件介绍如下。

1．Client

首先，在 Hadoop 内部用作业（Job）表示 MapReduce 程序。用户可以编写 MapReduce 程序，并通过 Client 提交到 JobTracker；同时，用户可通过 Client 提供的一些接口查看作业运行状态。

一个 MapReduce 程序可对应若干个作业，而每个作业会被分解成若干个任务 Task。Task 分为 Map Task 和 Reduce Task 两种，均由 TaskTracker 启动。Task 是真正的处理数据的组件，其中，Map Task 负责处理输入数据，并将产生的若干个数据分片写入本地磁盘，而 Reduce Task 负责从每个 Map Task 远程复制相应的数据，经分组聚集和归约后，将其结果写入 HDFS 作为最终结果。

2．JobTracker

JobTracker 主要负责资源监控和作业调度。JobTracker 监控所有 TaskTracker 与作业的"健康"状况，一旦发现有失败情况，会将相应的任务转移到其他节点处理；同时，JobTracker 会跟踪任务的执行进度、资源使用量等，并将这些信息反馈给任务调度器，而任务调度器会在资源出现空闲时，选择合适的任务使用这些资源。在 Hadoop 中，任务调度器是一个可插拔的模块，用户可以根据自己的需要设计相应的任务调度器。

3．TaskTracker

TaskTracker 会周期性地通过 Heartbeat，将本节点上资源的使用情况和任务的运行进度汇报给 JobTracker，同时接收 JobTracker 发送的命令并执行相应的操作（如启动新任务、结束任务等）。TaskTracker 使用 slot 等量划分本节点上的资源。slot 代表计算资源（CPU 资源、内存资源等）。一个 Task 获取一个 slot 后才有机会运行，而 Hadoop 任务调度器的作用是将各个 TaskTracker 上的空闲 slot 分配给 Task。slot 分为 Map slot 和 Reduce slot 两种，分别供 Map Task 和 Reduce Task 使用。TaskTracker 通过 slot 数目（可配置参数）限定 Task 的并发度。

2.3.3 Map 任务和 Reduce 任务与 HDFS 的配合

Map 任务和 Reduce 任务的数据都从 HDFS 中读取。从 2.2 节中我们知道，HDFS 以固定大小的 block（数据块）为基本单位存储数据，而对于 MapReduce 而言，其处理数据的单位是 split（分片）。split 与 block 的对应关系如图 2-3-4 所示。split 是一个逻辑概念，它只包含一些元数据信息，如数据起始位置、数据长度、数据所在节点等。split 的划分方法完全由用户决定，但需要注意的是，split 的数目决定了 Map Task 的数目，因为一个 split 会交由一个 Map Task 处理。

Map Task 执行过程如图 2-3-5 所示。由该图可知，Map Task 先将对应的 split 迭代解析成一个个键值对，然后依次调用用户自定义的 Map 函数进行处理，最终将临时结果存放到节点的本地磁盘上，其中临时数据被分成若干个分区，一个分区被一个 Reduce Task 处理。

Reduce Task 执行过程如图 2-3-6 所示。该过程分为 3 个阶段：①从远程节点上读取 Map Task 的中间结果（称为"shuffle 阶段"）；②按照键对键值对进行排序（称为"sort 阶段"）；③依次读取键值对列表，调用用户自定义的 Reduce 函数处理，并将最终结果存储到 HDFS 中（称为"Reduce 阶段"）。

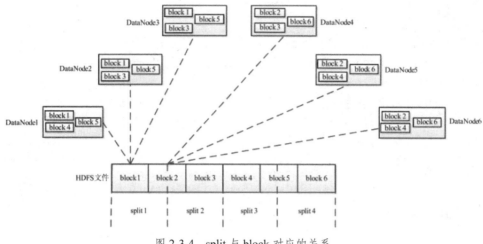

图 2-3-4 split 与 block 对应的关系

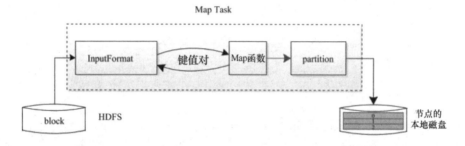

图 2-3-5 Map Task 执行过程

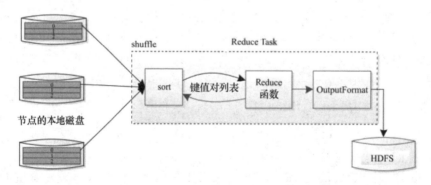

图 2-3-6 Reduce Task 执行过程

2.3.4 MapReduce 运行机制

MapReduce 运行过程如图 2-3-7 所示。MapReduce 与 HDFS 共同配合，完成大数据的并行处理。MapReduce 从 HDFS 中读取文件，并将中间结果和最终结果写入 HDFS。

（1）MapReduce 将用户作业 User Job 复制到集群内其他机器上。

图 2-3-7 中的集群包括主节点 Master 和从节点 Worker，Master 负责调度，为空闲 Worker 分配任务（Map 任务或者 Reduce 任务）。User Job 的副本分配了 3 个 Worker 执行 Map 任务，2 个 Worker 执行 Reduce 任务。

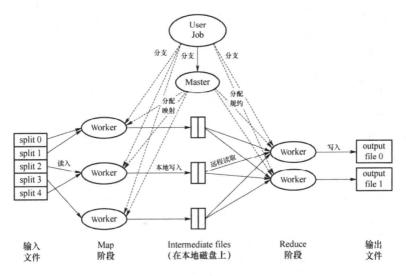

图 2-3-7 MapReduce 运行过程

（2）MapReduce 根据输入文件计算输入分片 input split。

如图 2-3-7 所示，输入文件被分成了 split 0～split 4。input split 存储的并非数据本身，而是一个分片长度和一个记录数据位置的数组。input split 往往和 HDFS 的数据块关系很密切。假如 HDFS 中文件的数据块的大小是 64MB，如果输入 3 个文件，其大小分别是 3MB、65MB 和 127MB，那么 MapReduce 会把 3MB 的文件分为一个 input split，把 65MB 的文件分为两个 input split，把 127MB 的文件分为两个 input split。但是，这种分片方案不够科学，因此可以合并小文件，这样，在进行 Map 计算前做输入分片调整，可以将它们优化为 5 个 Map 任务。每个 Map 任务的数据块大小不均，这是 MapReduce 优化计算的关键之一。

（3）被分配了 Map 任务的 worker，开始读取对应分片的输入数据。

Map 任务数量与 split 数量一致；Map 任务从输入数据中抽取键值对，每个键值对都作为参数传递给 Map 函数，Map 函数产生的中间键值对被缓存在内存中。一般 Map 操作都是本地化操作，也就是在数据存储节点上进行的操作。

（4）Map 任务将运行的中间结果写入 HDFS。

（5）Reduce 任务从 HDFS 读取要进行处理的中间结果。（4）和（5）关系较为密切，二者之间最重要的是 shuffle 阶段，这也是 MapReduce 任务性能可以优化的阶段。

（6）Reduce Worker 遍历排序后的中间键值对。

对于每个唯一的键，都将键与关联的值传递给 Reduce 函数，Reduce 函数的输出结果会添加到这个分区的输出文件中，最终将 Reduce 节点的计算结果汇总并输出到一个结果文件中，即获得整个处理结果。

上面的运行过程，从 MapReduce 的 JobTracker 与 TaskTracker 来看会更加宏观。

（1）客户端通过 JobClient 类将已经配置的参数打包成 JAR 文件存储到 HDFS，并把路径提交到 JobTracker，然后由 JobTracker 创建每一个 Task（即 Map Task 和 Reduce Task），再将它们分发到各个 TaskTracker 服务中去执行。

（2）JobTracker 运行在 Master 上，启动之后，JobTracker 接收 Job，负责调度 Job 的每一个子任务 Task 运行于 TaskTracker 上，并监控它们，如果发现有失败的 Task 就重新运行。一般情况下应该把 JobTracker 部署在单独的机器上。

（3）TaskTracker 运行在多个从节点上。TaskTracker 主动与 JobTracker 通信，接收作业，

并直接执行每一个任务。TaskTracker 需要运行在 HDFS 的 DataNode 上。

2.3.5　MapReduce 操作实践

MapReduce 的构思体现在以下 3 个方面。

（1）处理大数据：分而治之。对相互不具有计算依赖关系的大数据，最自然的处理方式就是分而治之。

（2）上升到抽象模型：Map 和 Reducer。在 Hadoop 出现之前采用的并行计算方式缺少高层并行编程抽象模型，为了弥补这一缺陷，MapReduce 借鉴了 Lisp 函数式语言中的思想，用 Map 和 Reduce 两个函数提供高层并行编程抽象模型。

（3）上升到架构：统一架构，为程序员隐藏系统细节。在 Hadoop 出现之前采用的并行计算方案中，因为缺少统一的计算框架支持，程序员需要考虑数据存储、划分、分发、结果收集、错误恢复等诸多细节；为此，MapReduce 设计并提供统一的计算框架，为程序员隐藏了大多数系统层面的处理细节。

设有如下 4 组原始文本数据。

```
text 1: the weather is good
text 2: today is good
text 3: good weather is good
text 4: today has good weather
```

下面对这 4 组数据使用 4 个 Map 节点来处理，将 4 组数据以"键值对"形式传入 Map 函数，Map 函数将处理这些键值对(k1; v1)等，并以另一种键值对形式输出处理过的一组键值对中间结果[(k2; v2)]。

```
Map 节点 1:
    输入(k1; v1) : (text1, "the weather is good")
    输出[(k2; v2)] : (the, 1), (weather, 1), (is, 1), (good, 1)
Map 节点 2:
    输入: (text2, "today is good")
    输出: (today, 1), (is, 1), (good, 1)
Map 节点 3:
    输入: (text3, "good weather is good")
    输出: (good, 1), (weather, 1), (is, 1), (good, 1)
Map 节点 4:
    输入: (text4, "today has good weather")
    输出: (today, 1), (has, 1), (good, 1), (weather, 1)
```

所有 Map 任务执行结束后，使用 3 个 Reduce 节点对中间结果[(k2; v2)]进行处理，将各个 Reduce 节点的输出合并获得最终结果[(k3; v3)]，如下所示。

```
Reduce 节点 1:
    输入: (good, 1), (good, 1), (good, 1), (good, 1), (good, 1)
    输出: (good, 5)
Reduce 节点 2:
    输入: (has, 1), (is,1), (is,1), (is, 1),
    输出: (has, 1), (is, 3)
Reduce 节点 3:
```

```
          输入: (the, 1), (today, 1), (today, 1), (weather, 1), (weather,1), (weather, 1)
          输出: (the, 1), (today, 2), (weather, 3)
最终结果[(k3; v3)]:
good: 5
has:1
is: 3
the:1
today:2
weather: 3
```

通过以上例子，我们可以初步理解 Map 和 Reduce 的并行计算过程，如图 2-3-8 所示。接下来对并行计算过程进行归纳。

（1）各个 Map 函数对所划分的数据并行处理，根据不同的输入数据输出不同的中间结果。

（2）进行 Reduce 处理之前，必须等所有的 Map 函数运行完，因此，在进行 Reduce 处理之前需要有同步屏障；这个阶段也负责对 Map 的中间结果进行收集和整理，以便 Reduce 更有效地计算最终结果。

（3）各个 Reduce 并行计算，各自处理不同的中间结果数据。

（4）汇总所有 Reduce 的输出结果即可获得最终结果。

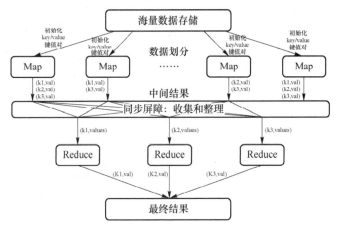

图 2-3-8　Map 和 Reduce 的并行计算过程

讲解 MapReduce 运行原理前，我们需要了解 MapReduce 里的最简单的实例——WordCount 代码，进行字频统计。这个实例在任何版本的 Hadoop 安装程序里都有。

```
public class WordCount {

  public static class TokenizerMapper
      extends Mapper<Object, Text, Text, IntWritable>{

    private final static IntWritable one = new IntWritable(1);
    private Text word = new Text();
    // 参数 key 与 value 是输入的键值对，参数 context 可以记录输入的 key 和 value
    // 参数 context 还会记录 Map 运算的状态
    public void map(Object key, Text value, Context context // 修改了方法名 Map 为小
写 map
                ) throws IOException, InterruptedException {
```

```
      // 将输入的 value 进行分词，放入变量 itr
      StringTokenizer itr = new StringTokenizer(value.toString());
      // 通过循环语句依次处理 itr 中的词语
      while (itr.hasMoreTokens()) {
        word.set(itr.nextToken()); // 获取下一个词语
        context.write(word, one); // 记录当前词语
      }
    }
  }

  public static class IntSumReducer
      extends Reducer<Text,IntWritable,Text,IntWritable> {
    private IntWritable result = new IntWritable();

    // 参数 value 类似 Map 函数，不过 value 是迭代器的形式，一个 key 对应一组的 value
    // Reduce 也有 context，和 Map 的 context 作用一样
    public void reduce(Text key, Iterable<IntWritable> values, Context context
                      ) throws IOException, InterruptedException {
      // 利用循环语句统计 value 中各个词语的数量，并存放到 result 中，通过 context 写入最终结果
      int sum = 0;
      for (IntWritable val : values) {
        sum += val.get();
      }
      result.set(sum);
      context.write(key, result);
    }
  }

  public static void main(String[] args) throws Exception {
    // 初始化 MapReduce 系统配置信息
    Configuration conf = new Configuration();
    // 设置运行时的参数，在错误时给出提示
    String[] otherArgs = new GenericOptionsParser(conf, args).getRemainingArgs();
    if (otherArgs.length != 2) {
      System.err.println("Usage: wordcount <in> <out>");
      System.exit(2);
    }
    // 构建一个 Job，第一个参数为 conf，第二个参数是这个 Job 的名字
    Job job = new Job(conf, "word count");
    // 加载所需的各个类
    job.setJarByClass(WordCount.class);
    job.setMapperClass(TokenizerMapper.class);
    job.setCombinerClass(IntSumReducer.class);
    job.setReducerClass(IntSumReducer.class);
    // 定义输出的 key 和 value 的类型
    job.setOutputKeyClass(Text.class);
    job.setOutputValueClass(IntWritable.class);
    // 构建输入输出的数据文件，最后一行通过三目运算符设置 Job 运行成功时程序正常退出
    FileInputFormat.addInputPath(job, new Path(otherArgs[0]));
    FileOutputFormat.setOutputPath(job, new Path(otherArgs[1]));
    System.exit(job.waitForCompletion(true) ? 0 : 1);
  }
}
```

不同版本的 WordCount 代码有所不同，主要在于 MapReduce 的应用程序接口（Application Program Interface，API）有不同版本。

以上代码已经对各个部分给出了注释，下面对代码做一些补充说明。

```
Configuration conf = new Configuration();
```

运行 MapReduce 代码前要初始化 Configuration 类，该类主要读取 MapReduce 系统配置信息，这些信息包括 HDFS 和 MapReduce，也就是安装 Hadoop 时的配置文件，如 core-site.xml、hdfs-site.xml 和 Mapred-site.xml 等文件。程序员编写 MapReduce 代码的时候，就是在 Map 函数和 Reduce 函数里编写实际使用的业务逻辑，其他的工作都是交给 MapReduce 自己完成。比如，HDFS 在哪里，MapReduce 的 Jobstracker 在哪里，这些信息在 conf 包中的配置文件里。

接下来需要说明的代码如下。

```
job.setJarByClass(WordCount.class);
job.setMapperClass(Tokenizer Mapper.class);
job.setCombinerClass(IntSumReducer.class);
job.setReducerClass(IntSumReducer.class);
```

第一行是加载程序员编写好的计算机程序，例如程序类名是 WordCount。虽然编写 MapReduce 代码只需要使用 Map 函数和 Reduce 函数，但是在实际开发中要实现 3 个类，这 3 个类用于配置 MapReduce 代码运行 Map 函数和 Reduce 函数，准确地说就是构建一个 MapReduce 能执行的 Job，例如 WordCount 类。

第二行和第四行是加载 Map 函数和 Reduce 函数的类，第三行是加载 Combiner 类。

2.4 分布式资源管理组件 YARN

2.4 分布式资源管理组件 YARN

2.4.1 YARN 资源调度框架产生的背景

传统的 MapReduce 并不完美，其被人诟病的主要是可靠性差、扩展性差、资源利用率低、无法支持异构的计算框架等。

（1）可靠性差：MapReduce 的主从结构导致主节点 JobTracker 一旦出现故障，会令整个集群不可用。

（2）扩展性差：MapReduce 的主节点 JobTracker 同时负责作业调度（将任务调度给对应的 TaskTracker）和任务进度管理（监控任务，如重启失败的或者执行速度比较慢的任务等）。在这种框架中，JobTracker 成为整个平台的瓶颈。

（3）资源利用率低：MapReduce 的资源表示模型是槽（slot），槽被分为 Map 槽和 Reduce 槽，Map 槽只能运行 Map 任务，Reduce 槽只能运行 Reduce 任务，两者无法混用，会时常出现一种槽使用频繁，另一种槽有空闲的情况。

（4）无法支持异构的计算框架：在一个任务中，通常有离线批处理的需求，也有流处理的需求、MPP 的需求等，这些需求催生了一些新的计算框架，如 Storm、Spark、Impala 等，传统的 MapReduce 无法支持多种计算框架并存。

为了弥补以上不足，Hadoop 开始向下一代发展，新的集群调度框架 YARN 应运而生。YARN 接管了所有资源管理的功能，通过可插拔的方式兼容异构的计算框架，并且采用无差别的资源隔离方案，很好地弥补了 MapReduce 的不足。

2.4.2　YARN 的基本原理

　　YARN 的思想是将 JobTracker 的责任划分给两个独立的管理器：资源管理器（Resource Manager）负责管理集群的所有资源；应用管理器（Application Master）负责管理集群上任务的生命周期。

　　具体的做法是应用管理器为应用向资源管理器提出资源需求，以 Container 为单位，然后在 Container 中运行与该应用相关的进程。Container 由运行在集群节点上的节点管理器监控，确保应用不会使资源过载。在每个应用的实例中，每个 MapReduce 作业都有对应的应用管理器。

　　综上所述，YARN 包括以下几个部分。

　　（1）客户端：向整个集群提交 MapReduce 作业。

　　（2）资源管理器：负责调度整个集群的计算资源。

　　（3）节点管理器：在集群节点上启动以及监控 Container。

　　（4）MapReduce 应用管理器：调度某个作业的所有任务，应用管理器和任务运行在 Container 中，Container 由资源管理器调度，由节点管理器管理。

　　（5）分布式文件系统：通常是 HDFS。

　　在 YARN 中运行一个作业的流程如图 2-4-1 所示。

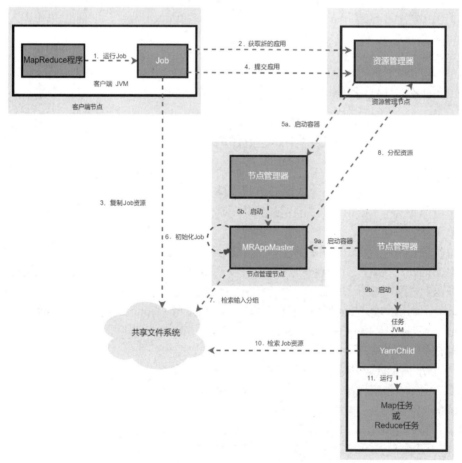

图 2-4-1　运行一个作业的流程

1．作业提交

YARN 中的提交作业的 API 和 MapReduce 的类似（第 1 步），作业提交的过程也和 MapReduce 的类似，新的作业 ID（应用 ID）由资源管理器分配（第 2 步）。作业的客户端核实作业的输出，计算输入的 split，将作业的资源（包括 JAR 包、配置文件、split 信息）复制给 HDFS（第 3 步）。最后，通过调用资源管理器的 submitApplication 函数来提交作业（第 4 步）。

2．作业初始化

当资源管理器收到 submitApplication 函数的请求时，将该请求发给调度器，调度器分配第一个 Container（容器），然后资源管理器在该 Container 内启动应用管理器进程，由节点管理器监控（第 5a 步和第 5b 步）。

MapReduce 作业的应用管理器是一个主类为 MRAppMaster 的 Java 应用。其通过创建一些 bookkeeping（管理记录）对象来监控作业的进度，以得到任务的进度和完成报告（第 6 步）。然后通过分布式文件系统得到由客户端计算好的输入 split（第 7 步）。最后为每个输入 split 创建一个 Map 任务，根据 MapReduce.job.Reduces 创建 Reduce 任务。

应用管理器可决定运行构成整个作业的任务的方式。如果作业很"小"，应用管理器会选择在自己的 Java 虚拟机（Java Virtual Machine，JVM）中运行任务，在任务运行之前，作业的 setup 方法被调用以创建输出路径。与在 MapRuduce 中该方法由 TaskTracker 运行的任务调用不同，在 YARN 中是由应用管理器调用的。

3．任务分配

如果不是小作业，那么应用管理器向资源管理器请求 Container 来运行所有的 Map 任务和 Reduce 任务（第 8 步）。每个任务对应一个 Container，且只能在该 Container 上运行。这些请求是通过心跳来传输的，包括每个 Map 任务的数据位置，比如存放输入 split 的主机名和机架。调度器利用这些信息来调度任务，并尽量将任务分配给存储数据的节点，或者分配给和存放输入 split 的节点相同机架的节点。

请求包括任务的内存需求，默认情况下 Map 任务和 Reduce 任务的内存需求都是 1024MB。可以通过 MapReduce. Map.memory.mb 和 MapReduce.Reduce.memory.mb 来配置。

YARN 分配内存的方式和 MapReduce 的不一样，MapReduce 中每个 TaskTracker 有固定数量的 slot，slot 是在集群配置时设置的，每个任务运行在一个 slot 中，每个 slot 都有最大内存限制，这说明整个集群是固定的。因此这种方式很不灵活。

在 YARN 中，资源划分的粒度更细。应用的内存需求可以介于最小内存和最大内存之间，并且必须是最小内存的倍数。

4．任务运行

当一个任务由资源管理器的调度器分配给一个 Container 后，应用管理器通过节点管理器来启动 Container（第 9a 步和第 9b 步）。任务由一个主类为 YarnChild 的 Java 应用执行。在运行任务之前应本地化任务需要的资源，比如作业配置、JAR 文件以及分布式缓存的所有文件（第 10 步）。然后运行 Map 任务或 Reduce 任务（第 11 步）。

YarnChild 运行在一个专用的 JVM 中，YARN 不支持 JVM 重用。

5．进度和状态更新

YARN 中的任务将其进度和状态（包括 counter）返回给应用管理器，应用管理器每 3s 通过链接接口获得整个作业的视图。MapReduce 中的进度更新流：客户端每隔 1s（通过 MapReduce.client.progressmonitor.pollinterval 设置）向应用管理器请求进度更新，并展示给用户。

在 MapReduce 中，JobTracker 的用户界面（User Interface，UI）可显示运行的任务列表及其对应的进度。在 YARN 中，资源管理器的 UI 展示了所有的应用以及各自的应用管理器的管理界面。

6．作业完成

除了向应用管理器请求作业进度外，客户端每隔 5min 都会通过调用 waitForCompletion 函数来检查作业是否完成。时间间隔可以通过 MapReduce.client.completion.pollinterval 来设置。

作业完成之后，应用管理器和 Container 会修改工作状态，OutputCommiter 的作业清理方法也会被调用。作业的信息会被作业历史服务器存储，以备之后用户核查。

2.4.3　YARN 的作业调度

在 YARN 中，有一个组件非常重要，那就是调度器。调度器的基本作用是根据节点资源的使用情况和作业的要求，将任务调度到各个节点上执行。调度器是一个可插拔的模块，用户可以根据实际应用要求设计调度器。

设计调度器需要考虑的因素如下。

（1）作业优先级。作业的优先级越高，能够获取的资源越多。Hadoop 提供 5 种作业优先级，分别为 VERY_HIGH、HIGH、NORMAL、LOW、VERY_LOW，通过 MapReduce.job.priority 属性来设置。

（2）作业提交时间。作业提交的时间越早，越先被执行。

（3）作业所在队列的资源限制。调度器可以分为多个队列，不同的作业可以放到不同的队列里运行。对不同的队列可以设置边缘限制，这样不同的队列有自己独立的资源，不会出现抢占和滥用资源的情况。

目前，Hadoop 作业调度器主要有 3 种：先进先出调度器、容量调度器和公平调度器。

1．先进先出调度器

先进先出（First In First Out，FIFO）调度器是 Hadoop 中默认的调度器，是一种批处理调度器。先进先出调度器按照作业的优先级高低和到达时间的先后选择被执行的作业。先进先出调度器原理如图 2-4-2 所示，其中纵轴是集群资源的使用情况，横轴为时间。

先进先出调度器是一种简单的调度器，适合低负载集群。先进先出调度器把应用按提交的顺序排

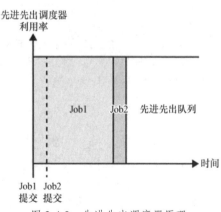

图 2-4-2　先进先出调度器原理

成一个先进先出的队列，在进行资源分配的时候，先给队首的应用分配资源，待队首的需求满足后再给下一个应用分配资源。图 2-4-2 中 Job 1 先进入队列，所以 Job 1 先执行，等 Job 1 执行完了，才执行 Job 2。

2．容量调度器

容量调度器有用户共享集群的能力，支持多用户共享集群和多应用程序同时运行，每个用户或程序可以获得集群的一部分计算能力，可防止单个应用程序、用户或者队列独占集群中的资源。

容量调度器原理如图 2-4-3 所示。Job 1 和 Job 2 可同时执行，但队列可用的集群资源量不同，每个队列内部用层次化的先进先出方式来调度多个应用程序。可通过设定各个队列的最低资源保证和资源使用上限来合理划分资源，同时在正常的操作中，容量调度器不会强制释放 Container，当一个队列资源不够用时，这个队列能获得其他队列释放后的 Container 资源，简而言之，队列的空闲资源可以共享。

3．公平调度器

公平调度器比较适用于多用户共享的大集群，设计目标是为所有的应用分配公平的资源，其对公平的定义可以通过参数来设置。公平调度器原理如图 2-4-4 所示。

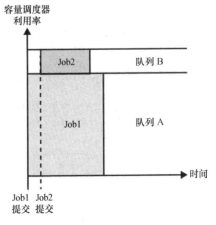

图 2-4-3　容量调度器原理

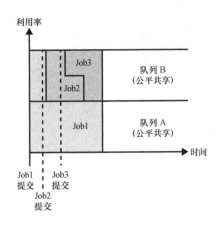

图 2-4-4　公平调度器原理

当只有一个 Job 在运行时，该应用程序最多可获取所有资源，再运行其他 Job 时，资源将会被重新分配给目前的 Job，这可以让大量 Job 在合理的时间内完成，减少作业等待的情况。有两个用户，他们分别拥有队列 A 和队列 B，如图 2-4-4 所示。

（1）A 启动 Job 1 后，此时 B 没有任务，那么 A 会获得全部集群资源。

（2）B 启动 Job 2 后，A 的 Job 1 会继续运行，不过两个任务会各自获得一半的集群资源。

（3）B 启动 Job 3，此时 B 中的 Job 2 还在运行，而 Job 3 将会和 Job 2 共享 B 这个队列的资源，两个 Job 各占用四分之一的集群资源，而 A 的 Job 1 占用集群一半的资源。

结果就是资源在两个用户之间公平地共享。

2.5 分布式内存计算框架 Spark

2.5.1 Spark 体系框架及基本原理

1. Spark 中的基本概念

Spark 基本概念如表 2-5-1 所示。

表 2-5-1 Spark 基本概念

概念	含义
RDD	是 Spark 的核心抽象概念，可以通过一系列算子进行操作，包括 Transformation 和 Action 两种算子操作
Application	是指创建了 SparkContext 实例对象的 Spark 用户程序。包含一个 Driver 和集群中多个 Worker Node 上的 Executor，其中每个 Worker Node 为每个应用仅提供一个 Executor
Driver	是指运行 Application 的 main 函数并且新建 SparkContext 实例的程序。SparkContext 通常代表 Driver
Job	和 Spark 的 Action 相对应，每个 Action，例如 count、savaAsTextFilc 等都对应一个 Job 实例，该 Job 实例包含多任务的并行计算
Stage	一个 Job 会被拆分成多组任务，即任务集（TaskSet），每组任务被称为 Stage。Stage 与 MapReduce 的 Map 任务和 Reduce 任务很像。划分 Stage 的依据在于：Stage 的开始一般是读取外部数据或者 Shuffle 数据，Stage 的结束一般是 Shuffle（如 reduceByKey 操作）或者整个 Job 结束时
Task	被 Driver 送到 Executor 上的工作单元，通常情况下一个 Task 会处理一个 split（也就是一个分区）的数据，一个 split 一般具有一个数据块的大小
Master	在提交 Spark 程序时，需要与 Master 进行服务通信，从而申请运行任务所需的资源
Worker	当前程序所申请的资源由 Worker 服务所在的机器提供
Executor	是 Worker Node 为 Application 启动的一个工作进程，其在该进程中负责任务（Task）的运行，并且负责将数据存放在内存或磁盘上。必须注意的是，每个应用在一个 Worker Node 上只会有一个 Executor，Executor 内部通过多线程的方式并发处理应用

图 2-5-1 所示为 Spark 基本概念的关系，也体现了 Spark 程序的执行过程。

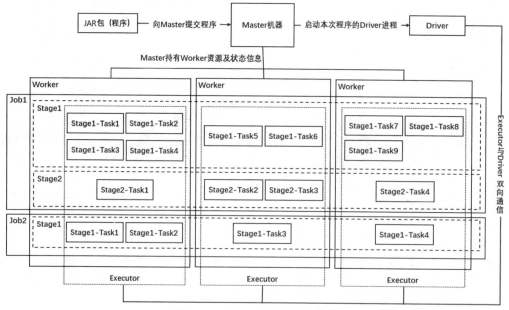

图 2-5-1 Spark 基本概念的关系

2．Spark 框架

Spark 框架如图 2-5-2 所示，其中的组件介绍如下。

（1）Cluster Manager：在 Standalone（独立）模式中为主节点 Master，控制整个集群、监控 Worker Node；在 YARN 模式中为资源管理器。

（2）Worker Node：在 Standalone 模式中为从节点 Worker，负责控制计算节点、启动 Executor 或者 Driver；在 YARN 模式中为节点管理器，负责计算节点的控制。

（3）Driver：运行 Application 的 main 函数并创建 SparkContext。

（4）Executor：执行器，在 Worker Node 上执行任务的组件，用于启动线程池运行任务。每个 Application 拥有独立的一组 Executor。

（5）SparkContext：整个应用的上下文，控制应用的生命周期。

（6）RDD：Spark 的基础计算单元。

（7）DAGScheduler：根据任务构建基于 Stage 的 DAG，并提交给 Stage 的 TaskScheduler。

（8）TaskScheduler：将任务分发给 Executor 执行。

（9）SparkEnv：线程级别的上下文，存储运行时的重要组件的引用。

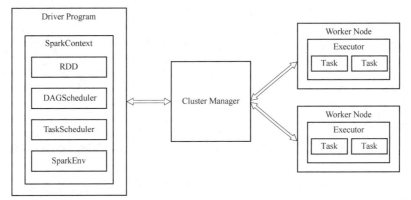

图 2-5-2　Spark 框架

Spark 运行过程如图 2-5-3 所示，具体如下。

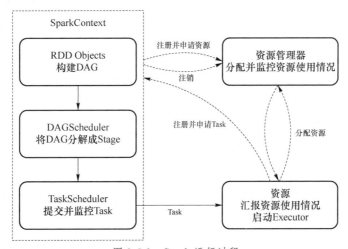

图 2-5-3　Spark 运行过程

（1）初始化 SparkContext，SparkContext 会创建 DAGScheduler、TaskScheduler。在初始化 TaskScheduler 时，会连接资源管理器 Cluster Manager，并向资源管理器注册 Application。

（2）资源管理器收到信息之后，会调用自己的资源调度算法，通知 Worker Node 启动 Executor，并进行资源分配。

（3）Executor 启动之后，会反向地注册到 TaskScheduler 上。

（4）DAGScheduler 将 DAG 分解为 Stage，并提交给 TaskScheduler。TaskScheduler 把 Stage 划分为 Task 并分配给 Executor 执行，直到全部执行完成。

3．Spark 任务调度过程

Spark 任务调度过程如图 2-5-4 所示，具体如下。

（1）调度阶段的拆分。

当一个 RDD 相关操作触发计算，向 DAGScheduler 提交作业时，DAGScheduler 需要从 RDD 依赖链末端出发，遍历整个 RDD 依赖链，划分调度阶段，并决定各个调度阶段之间的依赖关系。

（2）调度阶段的提交。

提交（1）中划分的调度阶段，并且生成作业。

（3）任务集的提交。

在提交调度阶段后，作业提交会被转换成任务集提交。这个任务集会触发 TaskScheduler 构建一个 TaskSetManager 来管理其生命周期。当 TaskScheduler 得到计算资源后，会通过 TaskSetManager 调度具体的任务到对应的 Executor 节点中进行运算。

（4）完成状态的监控。

为了保证在调度阶段能够顺利地执行调度，需要 DAGScheduler 监控当前调度阶段任务的完成情况。这种监控主要由 DAGScheduler 通过一系列的回调函数来实现。

（5）任务结果的获取。

一个具体的任务在 Executor 中执行完毕之后，其结果会返回给 DAGScheduler。

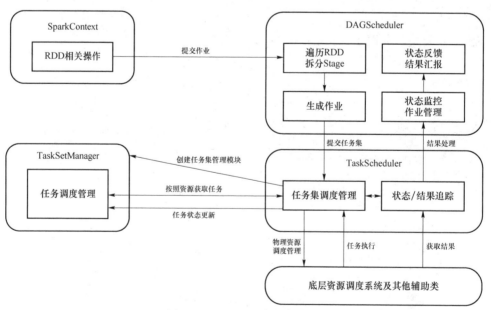

图 2-5-4　Spark 任务调度过程

4．Spark 提交作业实例

Spark 运行提交作业命令如图 2-5-5 所示。

```
./bin/spark-submit --class package.MainClass \    # 作业执行主类，
包路径
    --master spark://host:port, mesos://host:port, yarn, or local\Maste
                                # 运行方式
    ---deploy-mode client,cluster\  # 部署模式，如果Master采用YARN模式则可以选
择使用client模式或者cluster模式，默认为client模式
    --driver-memory 1g \          # Driver运行内存，默认为1GB
    ---driver-cores 1 \           # Driver分配的CPU核个数
    --executor-memory 4g \        # Executor内存大小
    --executor-cores 1 \          # Executor分配的CPU核个数
    ---num-executors \            # 作业执行需要启动的Executor数
    ---jars \           # 作业程序依赖的外部JAR包，这些JAR包会从本地上传到
Driver,然后被分发到各Executor classpath中
    --queue QUEUE_NAME \  # 提交应用程序给YARN的队列，默认是default队列
    lib/spark-examples*.jar \     # 作业执行JAR包
[other application arguments ]    # 程序运行需要传入的参数
```

图 2-5-5　Spark 运行提交作业命令

Spark 提交作业的命令中具体每个参数的含义如图 2-5-5 所示的代码注释。例如，运行如下 Spark 的 Java 测试程序。

```
spark-submit --class org.apache.spark.examples.SparkPi --master yarn --num-exec
utors 4 --driver-memory 1g --executor-memory 1g --executor-cores 1 spark-2.1.1-bin
-hadoop2.7/examples/jars/spark-examples_2.11-2.1.1.jar 10
```

如果 Spark 测试程序结果如图 2-5-6 所示，说明集群部署成功。

```
21/11/10 21:06:36 INFO cluster.YarnScheduler: Removed TaskSet 0.0, whose tasks have all completed, from pool
21/11/10 21:06:36 INFO scheduler.DAGScheduler: ResultStage 0 (reduce at SparkPi.scala:38) finished in 0.676 s
21/11/10 21:06:36 INFO scheduler.DAGScheduler: Job 0 finished: reduce at SparkPi.scala:38, took 0.869236 s
Pi is roughly 3.1451871451871454
21/11/10 21:06:36 INFO server.ServerConnector: Stopped Spark@3bd7f8dc{HTTP/1.1}{0.0.0.0:4040}
21/11/10 21:06:36 INFO handler.ContextHandler: Stopped o.s.j.s.ServletContextHandler@f19c9d2{/stages/stage/ki
,UNAVAILABLE,@Spark}
21/11/10 21:06:36 INFO handler.ContextHandler: Stopped o.s.j.s.ServletContextHandler@4089713{/jobs/job/kill,n
```

图 2-5-6　Spark 测试程序结果

运行 spark-shell 命令，查看 Spark 和 Scala 版本信息，结果如图 2-5-7 所示。

```
Spark context Web UI available at http://192.168.0.61:4040
Spark context available as 'sc' (master = local[*], app id = local-1636550
Spark session available as 'spark'.
Welcome to
      ____              __
     / __/__  ___ _____/ /__
    _\ \/ _ \/ _ `/ __/  '_/
   /___/ .__/\_,_/_/ /_/\_\   version 2.1.1
      /_/

Using Scala version 2.11.8 (OpenJDK 64-Bit Server VM, Java 1.8.0_191)
Type in expressions to have them evaluated.
Type :help for more information.
```

图 2-5-7　查看 Spark 和 Scala 版本信息

2.5.2　Spark RDD 及 Spark 算子知识

1．RDD 介绍

RDD 是 Spark 中对数据和计算的抽象，是 Spark 中核心的概念，它表示已被分区（Partition）的、不可变的并能够被并行操作的数据集合。RDD 的生成途径只有两种：一种

是来自内存集合或者外部存储系统的数据集；另一种是通过 RDD 转换操作得到，如一个 RDD 可以进行 map、filter、join 等操作转换为另一个 RDD。

2. RDD 的操作

在 Spark 中，RDD 的操作一般可以分为两种：转换（Transformation）操作和行动（Action）操作。

（1）转换操作：用于将一个 RDD 通过一定的操作转换成另一个 RDD。比如 file 这个 RDD，通过 filter 操作转换成 filterRDD，所以 filter 操作是转换操作。

（2）行动操作：能使 RDD 产生结果的操作称为行动操作。由于 Spark 采用惰性计算，所以对任何 RDD 进行行动操作，都会触发 Spark 作业运行，从而产生最终的结果，如对 filterRDD 进行的 count 操作就是行动操作。

对于 Spark 数据处理程序而言，一般情况下，RDD 与操作之间的关系如图 2-5-8 所示。经过创建 RDD（输入）、转换操作、行动操作（输出）、产生结果来完成作业。

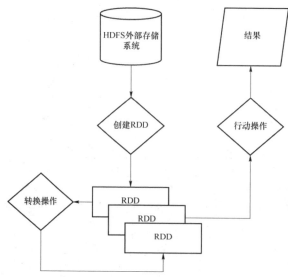

图 2-5-8　RDD 与操作之间的关系

在典型的 Spark 程序中，开发者通过 SparkContext 生成一个或者多个 RDD，然后通过一系列的转换操作生成最终的 RDD，最后对最终的 RDD 进行行动操作生成需要的结果。

3. RDD 的存储

除以上两种 RDD 的操作之外，开发者还可以对 RDD 进行另外两种操作：持久化和分区。开发者可以指明哪些 RDD 需要持久化或分区，并选择一种存储级别。虽然 Spark 是基于内存的分布式计算引擎，但是 RDD 并不是只能存储在内存中。表 2-5-2 所示为 Spark 提供的存储级别。

表 2-5-2　Spark 提供的存储级别

存储级别	含义
MEMORY_ONLY	将 RDD 以反序列化（Deserialized）的 Java 对象存储到 JVM 中。如果 RDD 不能被内存存储，一些分区就不会被缓存，并且不会在需要的时候被重新计算。这是默认的存储级别

存储级别	含义
MEMORY_AND_DISK	将 RDD 以反序列化的 Java 对象存储到 JVM 中。如果 RDD 不能被内存存储，超出的分区将被保存在硬盘上，并且在需要时被读取
MEMORY_ONLY_SER	将 RDD 以序列化（Serializetion）的 Java 对象进行存储（每一个分区占用一个字节数组）。通常来说，这比将对象反序列化存储的空间利用率更高，尤其是使用快速序列化器（Fast Serializer）时，但在读取时比较耗费 CPU 资源
MEMORY_AND_DISK_SER	类似 MEMORY_ONLY_SER，但是超出内存的分区将存储在硬盘上，而不是在每次需要的时候重新计算
DISK_ONLY	只将 RDD 分区存储在硬盘上
MEMORY_ONLY_2 MEMORY_AND_DISK_2	分别与 MEMORY_ONLY 和 MEMORY_AND_DISK 的存储级别一样，但是将每一个分区都复制到两个集群节点上
OFF_HEAP	以序列化的格式将 RDD 存储到 Tachyon。相比 MEMORY_ONLY_SER，OFF_HEAP 降低了垃圾收集（Garbage Collection）的开销，并使 Executor 占用空间更小而且共享内存池，这在大堆（Heaps）和多应用并行的环境下是非常吸引人的。而且，由于 RDD 驻留于 Tachyon 中，Executor 的崩溃不会导致内存中的缓存丢失。在这种模式下，Tachyon 中的内存是可丢弃的。因此，Tachyon 不会尝试重建一个在内存中被清除的分块

4．RDD 的分区

既然 RDD 是一个分区的数据集，那么 RDD 肯定具备分区的属性。对于一个 RDD 而言，分区的多少涉及对这个 RDD 进行并行计算的粒度，每一个 RDD 分区的计算操作都在单独的任务中被执行。对于 RDD 的分区而言，用户可以自行指定分区的多少，如果没有指定，将使用默认值。可以利用 RDD 的成员变量 partitions 返回的分区数组的大小来查询 RDD 的分区数。

5．RDD 的优先位置

RDD 的优先位置（preferredLocations）属性与 Spark 中的调度相关，返回的是 RDD 的每个分区存储的位置。按照"移动数据不如移动计算"的理念，在 Spark 进行任务调度的时候，应尽可能地将任务分配到数据块存储的位置。

6．RDD 的依赖关系

由于 RDD 是粗粒度的操作数据集，每一个转换操作都会生成一个新的 RDD，所以 RDD 之间会形成类似流水线一样的前后依赖关系。在 Spark 中存在两种类型的依赖，即窄依赖（Narrow Dependency）和宽依赖（Wide Dependency）。

（1）窄依赖：每一个父 RDD 的分区最多只能被子 RDD 的一个分区使用，如图 2-5-9 所示。

（2）宽依赖：多个子 RDD 的分区会依赖同一个父 RDD 的分区，如图 2-5-10 所示。

在图 2-5-9 和图 2-5-10 中，一个矩形表示一个 RDD，圆角矩形表示 RDD 的分区，例如，执行转换操作 Map 和 Filter 会形成窄依赖，而进行 groupByKey 会形成宽依赖。在 Spark 中需要明确地区分这两种依赖关系有以下两方面的原因。

（1）窄依赖可以在集群的一个节点上如流水线一般地执行，可以计算所有父 RDD 的分区。相反地，宽依赖需要取得父 RDD 的所有分区上的数据才能进行计算，并执行类似 MapReduce 的 Shuffle 操作。

（2）对于窄依赖来说，节点计算失败后的恢复会更加有效，只需要重新计算对应的父

RDD 的分区，而且可以在其他的节点上并行计算。相反地，在有宽依赖的继承关系中，一个节点计算失败将导致其父 RDD 的多个分区重新计算，这个代价是非常高的。

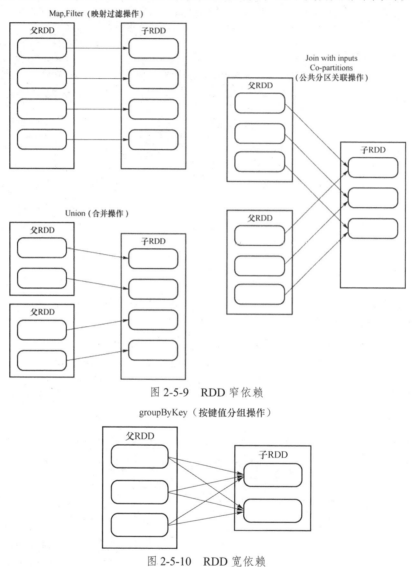

图 2-5-9　RDD 窄依赖

图 2-5-10　RDD 宽依赖

2.5.3　Spark 操作实践——Scala 语言

1．读取数据生成 RDD

（1）读取普通文本的数据并生成 RDD

默认情况下，普通文本的数据中的每一行都将成为 RDD 中的元素，代码如下。

```
val inputTextFile = sc.textFile(path)
println(inputTextFile.collect.mkString(","))
```

（2）读取 JSON 格式的数据并生成 RDD

用 Spark 自带的 JSON 解析工具读取文件中的 JSON 格式的数据并生成 RDD，代码如下。

```
val inputJsonFile = sc.textFile(path)
val content = inputJsonFile.map(JSON.parseFull)
println(content.collect.mkString("\t"))
```

（3）读取 CSV 格式的数据并生成 RDD

读取 CSV 格式的数据并生成 RDD，代码如下。

```
val inputCSVFile = sc.textFile(path).flatMap(_.split(",")).collect
inputCSVFile.foreach(println)
```

（4）读取 TSV 格式的数据并生成 RDD

读取 TSV 格式的数据并生成 RDD，代码如下。

```
val inputTSVFile = sc.textFile(path).flatMap(_.split("\t")).collect
inputTSVFile.foreach(println)
```

（5）读取 SequenceFile 格式的数据并生成 RDD

读取 SequenceFile 格式的数据并生成 RDD，代码如下。

```
val inputSequenceFile = sc.sequenceFile[String,String](path)
println(inputSequenceFile.collect.mkString(","))
```

（6）读取 Object 格式的数据并生成 RDD

通过 Person 样例类创建 Person 实例，读取 Object 格式的数据并生成 RDD，代码如下。

```
val rddData = sc.objectFile[Person](path)
println(rddData.collect.toList)
```

（7）读取 HDFS 中的数据并生成 RDD

通过显式调用 Hadoop API 的方式读取 HDFS 中的数据并生成 RDD，代码如下。

```
val
inputHadoopFile= sc.newAPIHadoopFile[LongWritable,Text,TextInputFormat](path,
classOf[TextInputFormat],classOf[LongWritable],classOf[Text])
    val result = inputHadoopFile.map(._2.toString).collect
    println(result.mkString("\n"))
```

2．保存 RDD 数据到外部存储器

（1）保存成普通文本文件

将 RDD 中的数据保存成普通文本文件，代码如下。

```
val rddData = sc.parallelize(Array(("one",1),("two",2),("three",3)),10)
rddData.saveAsTextFile(path)
```

（2）保存成 JSON 文件

将 RDD 中的数据保存成 JSON 文件，代码如下。

```
val rddData = sc.parallelize(List(JSONObject(map1),JSONObject(map2)),1)
rddData.saveAsTextFile(path)
```

（3）保存成 CSV 文件

将 RDD 中的数据保存成 CSV 文件，代码如下。

```
val csvRDD = sc.parallelize(Array(array.mkString(",")),1)
csvRDD.saveAsTextFile(path)
```

（4）保存成 TSV 文件

将 RDD 中的数据保存成 TSV 文件，代码如下。

```
val tsvRDD = sc.parallelize(Array(array.mkString("\t")),1)
tsvRDD.saveAsTextFile(path)
```

（5）保存成 SequenceFile 文件

将 RDD 中的数据保存成 SequenceFile 文件，代码如下。

```
val rddData = sc.parallelize(data,1)
rddData.saveAsSequenceFile(path,Some(classOf[GzipCodec]))
```

（6）保存成 Object 文件

将 RDD 中的数据封装为 Person 类，然后保存成 Object 文件，代码如下。

```
val rddData = sc.parallelize(List(person1,person2),1)
rddData.saveAsObjectFile(path)
```

（7）保存成 HDFS 文件

将 RDD 中的数据保存成 HDFS 文件，代码如下。

```
val rddData = sc.parallelize(list(("cat",20),("dog",30),("pig",40),("elephant",
10)),1)
  rddData.saveAsNewAPIHadoopFile(path,classOf[Text],classOf[IntWritable],clas
sOf[TextOutputFormat[Text,IntWritable]])
```

3．RDD 的转换操作

（1）map 操作

```
def map[U:ClassTag](f:T=>U) : RDD[U]
```

其中，参数 f 是一个函数，它可以接收参数。当某个 RDD 执行 map 操作时，会遍历该 RDD 中的数据，并以此调用 f 函数，从而产生新 RDD，即新 RDD 中的每一个数据都是原来的 RDD 中每一个数据依次调用 f 函数得到的。map 操作如图 2-5-11 所示。

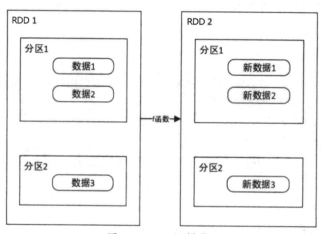

图 2-5-11　map 操作

举例：将原 RDD 中的数字通过 map 操作乘以 10，然后输出，代码如下。

```
val rddData = sc.parallelize(1 to 10)
val rddData2 = rddData.map(_ * 10)
rddData2.collect
```

结果如下。

```
res0: Array[Int] =Array(10, 20, 30, 40, 50, 60, 70, 80, 90,100)
```

（2）flatMap 操作

```
def flatMap[U: ClassTag](f: T => TraversableOnce[U]): RDD[U]
```

与 map 操作类似，flatMap 操作将 RDD 中的每一个数据通过调用 f 函数依次转换为新的数据，并封装到新 RDD 中。flatMap 操作看起来和 map 操作几乎没有区别，但特别需要注意的是：在 flatMap 操作中，f 函数的返回值是一个集合，并且会将该集合中的每一个数据拆分出来存放到新 RDD 中。flatMap 操作如图 2-5-12 所示。

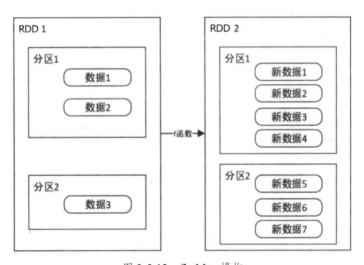

图 2-5-12　flatMap 操作

举例：将原 RDD 中的每一个数据拆分成多个数据，并封装到新 RDD 中，代码如下。

```
val rddData =
sc.parallelize(Array("one,two,three", "four,five,six","seven,eight,nine,ten" ))
val rddData2 = rddData.flatMap(_.split("," ) )
rddData2.collect
```

结果如下。

```
res0: Array[String] = Array(one, two, three, four, five, six, seven, eight, nine, ten)
```

（3）filter 操作

```
def filter ( f : T => Boolean ) : RDD [T]
```

filter 操作接收一个返回值为布尔类型的函数作为参数。当某个 RDD 使用 filter 操作时，会对该 RDD 中的每一个数据调用 f 函数，如果返回值为 true，则该数据会被添加到新 RDD 中。filter 操作如图 2-5-13 所示。

　　　大数据离线处理开发实践　第2章

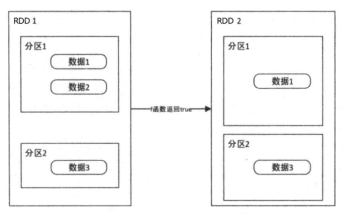

图 2-5-13　filter 操作

举例：将自然数 1～100 的 RDD 中所有的质数分配到新 RDD 中，代码如下。

```scala
val rddData = sc.parallelize(1 to 100)
import scala.util.control.Breaks._
val rddData2 = rddData.filter(n => {
  var flag = if (n < 2) false else true
  breakable {
    for (x <- 2 until n) {
      if (n % x == 0) {
        flag = false
        break
      }
    }
  }
  flag
})
rddData2.collect
```

结果如下。

```
res7: Array[Int] = Array(2,3,5,7,11,13,17,19,23,29,31,37,41,43,47,53,59,61,
67,11,13,79,83,89,97)
```

（4）distinct 操作

```scala
def distinct(numPartitions: Int)(implicit ord:Ordering[T] = null): RDD[T]
def distinct(): RDD[T]
```

RDD 在使用 distinct 操作后，会对内部的数据去重，并将去重后的数据存放到新的 RDD 中，还可以通过 numPartitions 参数设置新的 RDD 的分区个数。distinct 操作如图 2-5-14 所示。

举例：将 RDD 中的用户数据按照"姓名"去重，代码如下。

```scala
val rddData = sc.parallelize(Array("Alice","Nick","Alice","Kotlin", "Catalina","
Catalina "), 3)
val rddData2 = rddData.distinct
rddData2.collect
```

结果如下。

```
Array[String] = Array(Kotlin, Alice, Catalina, Nick)
```

（5）mapPartitions 操作

```
def mapPartitions[U: ClassTag](
f: Iterator[T] => Iterator[U],preservesPartitioning: Boolean = false): RDD[U]
```

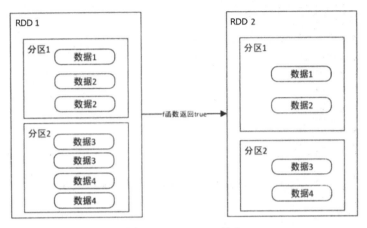

图 2-5-14 distinct 操作

mapPartitions 操作与 map 操作非常类似，但稍有不同。比如某个 RDD 中有两个分区、10 个数据，那么在 map 操作中，将对这 10 个数据直接依次调用 f 函数。而在 mapPartitions 操作中，则是先遍历两个分区，然后遍历分区中的每个数据。mapPartitions 如图 2-5-15 所示。

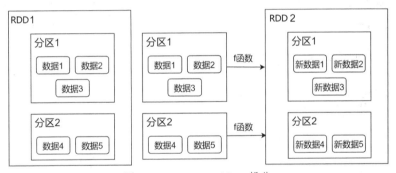

图 2-5-15 mapPartitions 操作

举例：将原 RDD 中的数字通过 mapPartitions 操作乘以 10，然后输出，代码如下。

```
val rddData = sc.parallelize((1 to 10),2)
val rddData2 = rddData.mapPartitions(iter=>iter.map(_ * 2))
rddData2.collect
```

结果如下。

```
res0: Array[Int] =Array(10, 20, 30, 40, 50, 60, 70, 80, 90,100)
```

（6）mapPartitionsWithIndex 操作

```
def mapPartitionsWithIndex[U: ClassTag](
f: (Int, Iterator[T]) => Iterator[U], preservesPartitioning: Boolean false): RDD[U]
```

mapPartitionsWithIndex 操作与 mapPartitions 操作类似，但有所不同：mapPartitions WithIndex 操作可以对每个分区依次调用 f 函数，在调用 f 函数时，当前分区的分区号会被传入 f 函数。

举例：将 RDD 中所有考试分数大于等于 95 分的"学生准考证号""对应分数""当前数据所在分区"信息拼接后输出，代码如下。

```
val rddData = sc.parallelize(Array(("201800001", 83), ("201800002",97),
("201800003", 100),("201800004", 95), ("201800005", 87)), 2)
val rddData2 =rddData.mapPartitionsWithIndex((index,iter) =>{
  var result = List[String]()
  while(iter.hasNext){
    result = iter.next() match {
      case (id,grade) if grade >= 95 =>id +"_" + grade +"["+ index + "]" :: result
      case _ => result
    }
  }
  result.iterator
})
rddData2.collect
```

结果如下。

```
res1: Array[String] = Array(201800002_97[0], 201800004_95[1], 201800003_100[1])
```

（7）union 操作

```
def union(other: RDD[T]): RDD[T]
```

union 操作对两个 RDD 进行求并集的运算，并返回新的 RDD。union 操作如图 2-5-16 所示。

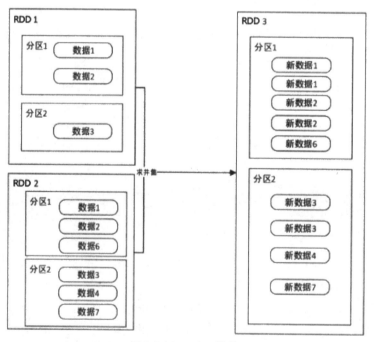

图 2-5-16　union 操作

举例：对封装数字 1～10 的 RDD 和封装数字 1～20 的 RDD 求并集，代码如下。

```
val rddData1 = sc.parallelize(1 to 10)
val rddData2 = sc.parallelize(1 to 20)
val rddData3 = rddData1.union(rddData2)
rddData2.collect
```

结果如下。

```
res2: Array[Int] = Array(1, 2 , 3, 4, 5, 6, 7, 8, 9, 10, 1, 2, 3, 4, 5, 6, 7,
8, 9, 10, 11, 12, 13, 14, 15, 16, 17, 18, 19, 20)
```

（8）intersection 操作

```
def intersection(other: RDD[T]): RDD[T]
```

intersection 操作对两个 RDD 进行求交集的运算，并返回新的 RDD。intersection 操作如图 2-5-17 所示。

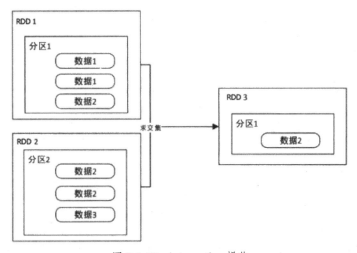

图 2-5-17　intersection 操作

举例：对包含数字 1、1、2 的 RDD 与包含数字 2、2、3 的 RDD 求交集，代码如下。

```
val rddData1 = sc.parallelize(Array(1, 1, 2))
val rddData2 = sc.parallelize(Array(2, 2, 3))
val rddData3 = rddData1.intersection(rddData2)
 rddData3.collect
```

结果如下。

```
res5: Array[Int] = Array(2)
```

（9）subtract 操作

```
def subtract(other: RDD[T]) : RDD[T]
```

subtract 操作为求差集的运算。假设存在 rddl.subtract(rdd2)，则最终返回在 RDDl 中但不在 RDD2 中的数据，并生成新的 RDD。整个过程不会对元素去重。subtract 操作如图 2-5-18 所示。

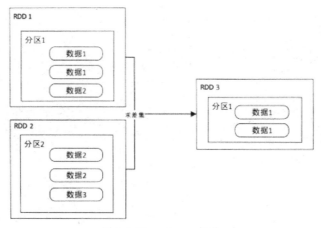

图 2-5-18 subtract 操作

举例：对封装数字 1、1、2 的 RDD 和封装数字 2、2、3 的 RDD 求差集，代码如下。

```
val rddData1 = sc.parallelize(Array(1, 1, 2))
val rddData2 = sc.parallelize(Array(2, 2, 3))
val rddData3 = rddData1.subtract(rddData2)
rddData3.collect
```

结果如下。

```
resl3: Array[Int] = Array(1, 1)
```

（10）coalesce 操作

```
    def coalesce(numPartitions: Int, shuffle: Boolean = false,partitionCoalescer:
Option[PartitionCoalescer] = Option.empty)(implicit ord: Ordering[T] = null):
RDD[T]
```

coalesce 操作中第 2 个参数 shuffle 的值为 false，则该操作会将"分区数较多的原始 RDD"向"分区数较少的目标 RDD" 进行转换。如果目标 RDD 的分区数大于原始 RDD 的分区数，则维持原分区数不变，此时执行该操作毫无意义。一个分区只会产生一个 Task，每个 Task 可以基于 CPU 个数进行并行计算。如果存在多个分区，且每个分区中数据量非常小，则可以通过该操作将分区数缩减，以提高每一个 Task 处理的数据量，从而提升运算效率。coalesce 操作如图 2-5-19 所示。

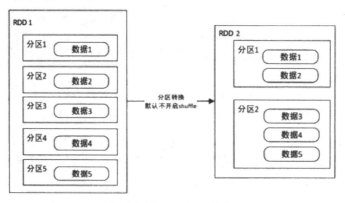

图 2-5-19 coalesce 操作

举例：创建一个由数字 1～100 组成的 RDD，并且设置为 10 个分区，然后执行 coalesce 操作，将分区数聚合为"5"，再将其拓展为"7"，观察操作后的结果，代码如下。

```
val rddData1 = sc.parallelize(1 to 100, 10)
rddData1.partitions.length
val rddData2 = rddData1.coalesce(5)
rddData2.partitions.length
val rddData3 = rddData2.coalesce(7)
rddData3.partitions.length
```

结果如下。

```
res7: Int = 10
res8: Int = 5
res9: Int = 5
```

（11）repartition 操作

```
def repartition(numPartitions: Int)(implicit ord: Ordering[T] null) : RDD[T]
```

repartition 操作内部执行的是 coalesce 操作，参数 shuffle 的默认值为 true。无论是将分区数多的 RDD 转换为分区数少的 RDD，还是将分区数少的 RDD 转换为分区数多的 RDD，repartition 操作都可以完成，因为都会经过 shuffle 过程。

举例：创建一个由数字 1～100 组成的 RDD，并设置 10 个分区。然后执行 repartition 操作，将分区数聚合为"5"，再将其拓展为"7"，观察操作后的结果，代码如下。

```
val rddData1 = sc.parallelize(1 to 100, 10)
val rddData2 = rddData1.repartition(5)
rddData2.partitions.length
val rddData3 = rddData2.repartition(7)
rddData3.partitions.length
```

结果如下。

```
res10: Int = 10
res11: Int = 5
res12: Int = 7
```

（12）randomSplit 操作

```
def randomSplit(weights: Array[Double] ,seed: Long = Utils.random.nextLong):
Array[RDD[T]]
```

randomSplit 操作根据第 1 个参数 weights，即权重，对一个 RDD 进行拆分。拆分后产生 RDD 的数量取决于设置了几个 weights。比如设置 weights 为 Array(1,4,5)，则会产生 3 个 RDD，每个 RDD 中的数据个数比近似为 1：4：5。

举例：将由数字 1～10 组成的 RDD，用 randomSplit 操作拆分成 3 个 RDD，代码如下。

```
val rddData1 = sc.parallelize(1 to 10, 3)
val splitRDD = rddData1.randomSplit(Array(1, 4, 5))
splitRDD(0).collect
splitRDD(1).collect
splitRDD(2).collect
```

结果如下。

```
res18: Array[Int] = Array(7)
res19: Array[Int] = Array(3, 4, 5, 9)
res20: Array[Int] = Array(1, 2, 6, 8, 10)
```

（13）glom 操作

```
def glom(): RDD[Array[T]]
```

glom 操作将 RDD 中每一个分区变成一个数组，并存放在新的 RDD 中，数组中数据的类型与原分区中数据类型一致。

举例：创建一个由数字 1～10 组成的 RDD，并设置为 5 个分区，然后将对应分区转换为数组，代码如下。

```
val rddData1 = sc.parallelize(1 to 10, 5)
val rddData2 = rddData1.glom
rddData2.collect
```

结果如下。

```
res30: Array[Array[Int]] = Array(Array(1, 2), Array(3, 4), Array(5, 6), Array(7,
8), Array(9, 10))
```

（14）zip 操作

```
def zip[U: ClassTag](other: RDD[U]): RDD[(T, U)]
```

zip 操作可以将两个 RDD 中的数据以键值对的形式进行合并。其中，键值对中的 key 为第 1 个 RDD 中的数据；键值对中的 value 为第 2 个 RDD 中的数据。

举例：将由数字 1～3 组成的 RDD 与由字母 A～C 组成的 RDD 执行 zip 操作，合并到一个新的 RDD 中，代码如下。

```
val rddData1 = sc.parallelize(1 to 3, 2)
val rddData2 = sc.parallelize(Array("A", "B", "C"), 2)
val rddData3 = rddData1.zip(rddData2)
rddData3.collect
```

结果如下。

```
res32: Array[(Int, String)] = Array((1,A), (2,B), (3,C))
```

（15）zipPartitions 操作

zipPartitions 操作有 6 种重载形式，其中最常用的一种重载形式的源码如下：

```
def zipPartitions[B: ClassTag, V: ClassTag](rdd2: RDD[B], preservesPartitioning:
Boolean)(f: (Iterator[T], Iterator[B]) => Iterator[V]): RDD[V]
```

以上操作中的第 1 个参数传入另一个 RDD（如果需要同时对 3～4 个 RDD 进行操作，调用对应的重载操作即可）；第 2 个参数为 f 函数，用于定义对每一个分区中的数据进行 zip 操作。

举例：将由数字 1～10 组成的 RDD 与由数字 20～25 组成的 RDD 应用 zipPartitions 操作，将两个 RDD 中的数据按照分区进行合并，代码如下。

```
val rddData1 = sc.parallelize(1 to 10, 2)
val rddData2 = sc.parallelize(20 to 25, 2)
val rddData3 = rddData1.zipPartitions(rddData2)((rddlter1, rddlter2)=>
{   var result = List[(Intf Int)]()    while (rddlter1.hasNext &&
rddlter2.hasNext){    result ::= (rddlter1.next(), rddlter2.next())    }
result.iterator })
rddData3.collect
```

结果如下。

```
res37: Array[(Int, Int)] = Array((3,22)f (2,21), (1,20), (8,25), (7,24), (6,23) )
```

（16）zipWithIndex 操作

```
def zipWithIndex() : RDD[(T, Long)]
```

zipWithIndex 操作将 RDD 中的数据与该数据在 RDD 中的索引进行合并。其首先需要生成索引号 RDD，即 ZippedWithIndexRDD；然后对原始 RDD 与 ZippedWithIndexRDD 执行 zip 操作。

举例：创建由字母 A～E 组成的 RDD，然后将每个数据与其对应的索引进行合并，代码如下。

```
val rddData1 = sc.parallelize(Array("A", "B", "C", "D", "E"), 2)
val rddData2 = rddData1.zipWithIndex()
rddData2.collect
```

结果如下。

```
res39: Array[(String, Long)] Array((A,0), (B,1), (C,2) , (D,3), (E,4))
```

（17）zipWithUniqueId 操作

```
def zipWithUniqueId(): RDD[(T, Long)]
```

zipWithUniqueId 操作将 RDD 中的数据与该数据对应的唯一 ID 执行 zip 操作。与 zipWithIndex 操作不同的是：该操作不需要通过运算生成 ZippedWithIndexRDD。

举例：创建由字母 A～E 组成的 RDD，然后将每个数据与其对应的唯一 ID 进行 zip 操作，代码如下。

```
val rddData1 = sc.parallelize(Array("A", "B", "C", "D", "E"), 2)
val rddData2 = rddData1.zipWithUniqueId()
rddData2.collect
```

结果如下。

```
res40: Array[(String, Long)] Array((A,0), (B,2), (C,1) , (D,3), (E,5))
```

（18）sortBy 操作

```
def sortBy[K]( f: (T) => K, ascending: Boolean = true, numPartitions: Int =
this.partitions.length)    (implicit ord: Ordering[K], ctag: ClassTag[K]): RDD[T]
```

sortBy 操作用于排序数据。可以先对数据调用 f 函数进行处理，再按照 f 函数处理的结果进行排序，默认为正序排列。排序后新产生的 RDD 的分区数与原 RDD 的分区数一致。

举例：将词频统计的结果按照单词出现的次数进行倒序排列，代码如下。

```
val rddData1 = sc.parallelize(Array(("dog", 3), ("cat",1), ("hadoop", 2),
("spark", 3), ("apple", 2)))
val rddData2 = rddData1.sortBy(_._2, false)
rddData2.collect
```

结果如下。

```
resl: Array[(String, Int)] = Array((dog,3), (spark,3), (hadoop,2), (apple,2),
(cat,1))
```

4．RDD 的行动操作

（1）collect 操作

collect 操作用于将 RDD 转换为 Array 数组，代码如下。

```
def collect(): Array[T]
```

举例：将由数字 1～5 组成的 RDD 转换为由数字 1～5 组成的 Array 数组，代码如下。

```
val rddData1 = sc.parallelize(1 to 5)
rddData1.collect
```

结果如下。

```
res15: Array[Int] = Array(1, 2, 3, 4, 5)
```

（2）first 操作

first 操作用于返回 RDD 中的第 1 个数据。first 操作在获取数据时不会对 RDD 进行排序，代码如下。

```
def first(): T
```

举例：返回 RDD 中第 1 个学生的姓名，代码如下。

```
val rddData1 = sc.parallelize(Array("Thomas", "Alice", "Kotlin"))
rddData1.first
```

结果如下。

```
res15: Thomas
```

（3）take 操作

take 操作用于返回 RDD 中范围为[0,num)的数据，代码如下。

```
def take(num: Int): Array[T]
```

举例：返回 RDD 中前两名学生的姓名，代码如下。

```
val rddData1 = sc.parallelize(Array("Thomas", "Alice", "Kotlin"))
rddData1.take(2)
```

结果如下。

```
res0: Array[String] = Array(Thomas, Alice)
```

（4）top 操作

top 操作用于将 RDD 中的数据降序排列，然后返回前 num 个数据，代码如下。

```
def top(num: Int)(implicit ord: Ordering[T]): Array[T]
```

举例：返回考试分数为前两名的学生信息，代码如下。

```
val rddData1 =sc.parallelize(Array(("Alice", 95), ("Tom",75), ("Thomas", 88)),2)
rddData1.top(2)(Ordering.by(t => t._2))
```

结果如下。

```
res2: Array[(String, Int)] = Array((Alice,95) , (Thomas,88))
```

（5）takeOrdered 操作

takeOrdered 操作用于将 RDD 中的数据升序排列，然后返回前 num 个数据。也可以通过第 2 个参数指定排序规则，代码如下。

```
def takeOrdered(num: Int)(implicit ord: Ordering[T]): Array[T]
```

举例：返回考试分数为最后两名的学生信息，代码如下。

```
val rddData1 =sc.parallelize(Array(("Alice", 95), ("Tom", 75) ,("Thomas",
88)), 2)
 rddData1.takeOrdered(2)(Ordering.by(t => t._2))
```

结果如下。

```
res4: Array[(String, Int)] = Array((Tom,75), (Thomas,88))
```

（6）reduce 操作

reduce 操作对 RDD 中数据执行指定函数操作，属于聚合计算，最终将一个数组数据计算为一个结果，代码如下。

```
def reduce ( f : ( T, T ) => T ) : T
```

举例：对 RDD 数字进行求和，代码如下。

```
val rddData1 = List(1,2,3,4)
rddData1.reduce((x, y) => x + y)
```

结果如下。

```
res5: Int = 10
```

（7）aggregate 操作

aggregate 操作用于对数据进行聚合，代码如下。

```
def aggregate[U: ClassTag](zeroValue: U)(seqOp: (U, T) => U, combOp: (U, U) =>
U): U
```

举例：将所有用户访问的统一资源定位符（Uniform Resource Locator，URL）聚合（URL 不去重），代码如下。

```
import collection.mutable.ListBuffer
 val rddData1 = sc.parallelize(Array( ("用户1", "接口1"), ("用户2","接口1"), ( "用
户1", "接口1"), ( " 用户1", "接口2"), ("用户2", "接口3")) , 2 )
```

```
rddData1.aggregate(ListBuffer[(String)]())((list: ListBuffer[String], tuple:
(String, String)) => list +=tuple._2, (list1: ListBuffer[String] , list2: ListBuffer
[String]) => list1 ++= list2)
```

结果如下。

```
res7: scala.collection.mutable.ListBuffer[String] = ListBuffer(接口1, 接口2,
接口3, 接口1, 接口1)
```

（8）fold 操作

fold 操作对数组进行指定操作，最终数组中的数据与初始值进行计算，和 reduce 操作类似，代码如下。

```
def fold(zeroValue: T)(op: (T, T) => T): T
```

举例：将 RDD 中的数字与某个指定的初始值求和，代码如下。

```
val rddData1 = List(1,2,3,4)
rddData1.fold(1)((x, y) => x + y)
```

结果如下。

```
res9: Int = 11
```

（9）foreach 操作

foreach 操作用于遍历 RDD 中的每一个数据，并依次调用 f 函数，代码如下。

```
def foreach(f: T => Unit): Unit
```

举例：用 foreach 操作输出 RDD 中的每一个数据，代码如下。

```
val rddData1 = sc.parallelize(Array((" r1", "接口1") , ("用户2","接口1"), ("
用户1", "接口1"), ("用户1", "接口2") , ("用户2", "接口3" ) ) , 2)
rddData1.foreach(println)
```

结果如下。

没有任何数据被输出，并不是说 println 操作没有被执行，而是将内容输出到 Executor 进程所在的控制台中了。

（10）foreachPartition 操作

foreachPartition 操作的作用与 foreach 操作的类似，但一次只遍历一个分区，代码如下。

```
def foreachPartition(f: Iterator[T] => Unit): Unit
```

举例：用 foreachPartition 操作输出 RDD 中的每一个数据，代码如下。

```
val rddData1 = sc.parallelize(Array(5, 5, 15, 15), 2)
rddData1.foreachPartition(iter => { while(iter.hasNext){  val element =
iter.next()  println(element) }})
```

结果如下。

```
res1:Int = 5
res2:Int = 5
```

```
res3:Int = 15
res4:Int = 15
```

通过 foreachPartition 操作遍历 RDD 中的每一个分区，然后输出每一个分区中的元素。

（11）count 操作

count 操作用于统计 RDD 中元素的个数，返回 Long 类型的数据，代码如下。

```
def count(): Long
```

举例：返回 RDD 中的课程数，代码如下。

```
val rddData1 = sc.parallelize(Array(("语文",95), ("数学",75), ("英语",88)), 2)
rddData1.count
```

结果如下。

```
res7: Long = 3
```

5．用 Scala 编写 Spark 程序示例

统计文本内的不同单词的数量，代码如下。

```
val input = Source.fromFile("D:\\test.txt")    //获取文件
.getLines                                       //获取文件的每一行
.toArray                                        //转化为数组
val wc = sc.parallelize(input)                  //将 input 结合转化为 RDD
.flatMap(_.split(" "))                          //拆分数据，以空格为拆分条件
.map((_,1))                                     //将拆分的每个数据为键，自己创建的 1 为值
.reduceByKey(_+_)                               //按 key 分组汇总
.foreach(println)                               //输出
```

词频排序，代码如下。

```
//获取文件数据并将其转化为数组
val input = Source.fromFile("D:\\test.txt")
.getLines
.toArray
val topk = sc.parallelize(input)   //将 input 结合转化为 RDD
.flatMap(_.split(" "))             //拆分数据，以空格为拆分条件
.map((_, 1))                       //将拆分的每个数据为键，自己创建的 1 为值
.reduceByKey(_+_)                  //按 key 分组汇总
.sortBy(_._2,false)                //根据分组后的第 2 位数据进行排序
.take(5)                           //只取前 5 位
.foreach(println)                  //输出
```

2.6 金融行业"羊毛党"识别案例实践

2.6 金融行业"羊毛党"识别案例实践

2.6.1 "羊毛党"识别需求背景概述

在金融领域，活跃着一批职业"羊毛党"，他们通过套现、套利行为大肆牟利，损害普通用户享有的权益。他们制作各种自动、半自动的工具，如自动注册机、自动刷单机、短信代接平台、分身软件、猫池等，通过绑定手机卡、银行卡或

第三方平台交易完成套现，从而实现"薅羊毛"，在自身获利的同时损害商家、银行、平台、运营商的利益。如何从普通用户中有效鉴别"羊毛党"，从而提前防范，在实际应用中有着重要的意义。

使用大数据技术能从大量普通用户中识别"羊毛党"，商家可以在设计促销细则时提前规避该群体。因此我们需要提前收集数据。假定我们已经有了 1 月～4 月的潜在用户数据，并知道 2 月的"羊毛党"，可以使用机器学习算法进行数据挖掘，训练出"羊毛党"识别模型，通过 4 月潜在用户数据推理并输出潜在"羊毛党"。

该案例数据有以下 3 个数据模型表。

（1）**用户行为表**：用户行为表包括 4 个月（1 月～4 月）的用户行为数据。

（2）**用户信息表**：用户的基本信息，不随数据周期变化。

（3）**用户标签**：已确定 2 月的"羊毛党"的用户清单。

用户信息表、用户行为表和用户标签的数据字典分别如表 2-6-1、表 2-6-2 及表 2-6-3 所示。

表 2-6-1　用户信息表数据字典

字段名	类型	说明	备注
phone	String	用户编码	主键字段
if_group	Int	是否为集团网成员	长期
if_family	Int	是否为家庭网成员	长期

表 2-6-2　用户行为表数据字典

字段名	类型	说明	备注
phone	String	用户编码	主键字段
mouth	Date	数据周期	分区字段
imei_nbr_cnt	Int	高频终端拥有的号码个数	按月刷新
arpu	Double	每用户平均收入（Average Revenue Per User，ARPU）	按月刷新
gprs_flux_fee	Double	套外流量费用	按月刷新
chgamt	Double	充值金额	按月刷新
gift_acct_amt	Double	基本账户余额	按月刷新
mo_rtn_amt	Double	赠送账户余额	按月刷新
flux	Double	总流量	按月刷新
bhd	Double	饱和度	按月刷新
sms_cnt	Int	短信条数	按月刷新
mou	Double	谅解备忘录（Memorandum Of Understanding，MOU）	按月刷新
call_cnt	Int	主叫次数	按月刷新
call_bill_dur	Double	主叫计费时长	按月刷新
bank_app_cnt	Int	银行类 App 使用次数	按月刷新
bank_app_flux	Double	银行类 App 使用流量	按月刷新
call_frds	Int	主叫交往圈人数	按月刷新
sms_send_frds	Int	短信发送交往圈人数	按月刷新
frd_call_dur	Double	主叫交往圈人均主叫时长	按月刷新
frd_sms_cnt	Double	短信交往圈人均短信发送次数	按月刷新
tj_cnt	Int	停机次数	按月刷新
tj_dur	Double	停机时长	按月刷新

表 2-6-3　用户标签数据字典

字段名	类型	说明	备注
phone	String	用户编码	主键字段
label	Int	是否为“羊毛党”	是否疑似“羊毛党”

2.6.2　“羊毛党”识别基础理论概述

1．分类问题及模型评价指标

分类问题是最常见的监督学习问题之一，其经典模型被广泛应用。最基础的便是二分类（Binary Classification）问题，即判断是非，从两个类别中选择一个类别作为预测结果；除此之外还有多类分类（Multiclass Classification）问题，即在多于两个类别中选择一个类别作为预测结果；还有多标签分类（Multi-Label Classification）问题，即判断一个样本是否同时属于多个类别。

为评估模型在分类问题上的表现效果，我们通常使用一些评价指标来量化模型的预测（或分类）能力。例如，准确性（Accuracy），即预测分类正确的概率，是评估分类模型的重要性能指标。然而，在许多实际问题中，我们往往更加关注模型对某一特定类别的数据的预测能力，特别是样本类别分布不均衡时，准确性往往难以精确评价模型对小样本类别的数据的预测能力。譬如，在“羊毛党”识别任务中，我们更加关心有多少“羊毛党”能被正确地识别出来，因为这些用户是商家重点防范的对象。也就是说，在二分类任务下，预测标记（Predicted Condition）和真实标记（Actual Condition）之间存在 4 种不同的组合，构成混淆矩阵（Confusion Matrix），如图 2-6-1 所示。如果“羊毛党”为阳性（Positive），正常用户为阴性（Negative），那么，预测正确的“羊毛党”为真阳性（True Positive），预测正确的正常用户为真阴性（True Negative）；原本是正常用户，被误预测为“羊毛党”的为假阳性（False Positive）；而实际是“羊毛党”，但是分类模型没有识别出来的用户，则为假阴性（False Negative）。

		预测标记	
	所有样本=P+N	模型判定为正	模型判定为负
真实标记	真实样本为正	tp	fn
	真实样本为负	fp	tn

图 2-6-1　混淆矩阵

除了准确性之外，还有召回率（Recall）和精确率（Precision）两个评价指标。它们的定义如下：

$$\text{Precision} = \frac{\text{tp}}{\text{tp} + \text{fp}} \tag{2-1}$$

$$Recall = \frac{tp}{tp + fn} \tag{2-2}$$

其中，tp 代表真阳性样本的数量；fp 代表假阳性样本的数量；fn 代表假阴性样本的数量。

此外，为了综合考量召回率和精确率，我们计算这两个指标的调和平均数，得到 F1 分数（F1-score）：

$$F1 - score = \frac{2}{\dfrac{1}{Precision} + \dfrac{1}{Recall}} \tag{2-3}$$

之所以使用调和平均数，是因为它除了具备平均功能外，还会对召回率和精确率更加接近的模型给予更高的分数。这正是我们所需要的，因为召回率和精确率差距过大的模型往往没有足够的实用价值。

一般来说，二分类模型会根据样本输入特征给出样本属于某一类别的概率，而如何选择合适的划分阈值，将大于某一个预测概率的样本划分为特定类别是决定模型预测效果的关键。我们可以通过使用 ROC 曲线和 AUC 指标来解决这个问题。受试者操作特征曲线（Receiver Operating Characteristic Curve，ROC），是一种坐标图式的分析工具，用于说明二分类模型在划分阈值变化时的预测能力，并选择最佳划分阈值。ROC 曲线将假阳性率定义为 x 轴，真阳性率定义为 y 轴。离左上角越近的点对应模型的预测准确率越高；离右下角越近的点对应模型的预测准确率越低。ROC 曲线如图 2-6-2 所示。

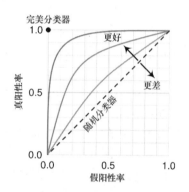

图 2-6-2　ROC 曲线

ROC 曲线下的面积（Area Under the ROC Curve，AUC）指标是判断一个二分类模型优劣的常用评价指标，其取值范围为 0～1。AUC = 1 表示模型是完美分类器，采用这个预测模型时，存在至少一个划分阈值能得出完美预测结果，在绝大多数预测场景下，不存在完美分类器；0.5<AUC<1 表示模型预测效果优于随机猜测，在妥善设置划分阈值的情况下，该类模型具有预测价值；AUC=0.5 表示模型预测效果跟随机猜测一样，该类模型没有预测价值；AUC<0.5 表示模型预测效果比随机猜测差，但只要总是反预测而行，就优于随机猜测。一般而言，AUC 越大的分类模型，预测效果越好，应用价值越大。

2. XGBoost 模型

提升（Boosting）分类器隶属于集成学习模型。提升分类器的基本思想是将成百上千个分类准确率较低的决策树模型组合起来，形成一个准确率很高的模型。这个模型的特点在于不断迭代，每次迭代生成一棵新的决策树。对于如何在每一步生成合理的决策树，人们提出了很多方法，比如梯度提升树（Gradient Boosting Tree），其在生成每一棵决策树的时候采用梯度下降的思想，以之前生成的所有决策树为基础，向着最小化给定目标函数的方法再进一步。

在合理的参数设置下，我们往往要生成一定数量的决策树才能达到令人满意的准确率。但在数据集较大、较复杂的时候，模型可能需要进行几千次迭代计算。而 XGBoost 算法解决了这个问题。极端梯度提升（eXtreme Gradient Boosting，XGBoost）是 Boosting 算法的 C++实现，其最大特点在于能够自动利用 CPU 进行多线程并行计算，并在算法上加以改进以提高准确率，针对分类或回归问题，效果非常好。XGBoost 算法因效果优异，使用简单，速度快等优点在各种数据竞赛中大放异彩，而且在工业界应用广泛。XGBoost 算法的更多细节见论文《XGBoost：一个可扩展的树提升系统》（*XGboost: A Scalable Tree Boosting System*）。

2.6.3 "羊毛党"识别数据方案设计

基于机器学习算法进行数据挖掘从而预测"羊毛党"，首先要设置数据挖掘 AI 模型的训练周期和推理周期。根据案例数据分析，数据是以月为周期统计的，并且标签数据是 2 月，因此，本案例基于 2 月用户的特征数据和标签数据进行模型训练，预测未来两个月的疑似"羊毛党"。

本案例属于二分类案例，即预测的用户是否为目标用户，因此机器学习算法可以选择随机森林、XGBoost、决策树等二分类算法，此处选择 XGBoost 算法。

从"羊毛党"与全量用户的占比来看，目标用户（"羊毛党"）的占比很小，不到 10%，属于二分类中偏分类的场景。衡量模型效果的指标可以选择 AUC，并考虑基于**召回率和精确率确定最优 F1 分数**。

确定了基本方案，下面需要设计训练数据的特征宽表并进行数据集准备。

根据对"羊毛党"这一群体的分析，结合现有的案例数据，对这一特定群体的识别有相关性的数据包括：消费信息、业务使用信息、社交信息等。其中，由于每个月的充值金额和充值次数具有随机性，可以将充值金额和充值次数分别衍生为近两个月平均充值金额和近两个月总充值次数。数据集包括训练数据集和预测数据集，如表 2-6-4 以及表 2-6-5 所示，其中，训练数据集是 2 月的特征数据加标签；预测数据集是 4 月的特征数据，其特征字段与训练数据集的特征字段一致。

表 2-6-4　训练数据集

特征名称	数据类型	是否衍生特征
phone	String	否
gprs_fee	Double	否
overrun_flux_fee	Double	否
out_actvcall_dur	Double	否
actvcall_fee	Double	否
out_activcall_fee	Double	否
monfix_fee	Double	否
if_family	Int	否
if_group	Int	否
chrg_amt_avg	Double	是
chrg_cnt_sum	Double	是
label	Double	—

表 2-6-5　预测数据集

特征名称	数据类型	是否衍生特征
phone	String	否
gprs_fee	Double	否
overrun_flux_fee	Double	否

特征名称	数据类型	是否衍生特征
out_actvcall_dur	Double	否
actvcall_fee	Double	否
out_activcall_fee	Double	否
monfix_fee	Double	否
if_family	Int	否
if_group	Int	否
chrg_amt_avg	Double	是
chrg_cnt_sum	Double	是

2.6.4 基于梧桐·鸿鹄大数据实训平台的"羊毛党"识别实践

基于 2.6.3 节的方案，可以使用梧桐·鸿鹄大数据实训平台的数据编排工具进行**数据准备**，并通过该平台的数据挖掘工具进行 AI 模型**数据挖掘**，预测未来两个月的疑似"羊毛党"。

1．工程准备

（1）创建工程，工程作为基本管理单元可进行编排开发和数据模型管理。在工作空间页面，单击"创建工程"按钮，如图 2-6-3 所示。选择"通用"模板，然后在弹出的"工程信息"对话框中输入工程相关信息，如图 2-6-4 所示。

图 2-6-3 工作空间页面

图 2-6-4 "工程信息"对话框

（2）数据流程编排，可通过图形化界面进行数据加工。打开步骤（1）创建的工程，在导航栏单击"数据处理"进入数据处理界面，单击批处理类型下的"数据流"，然后在右侧单击"新建流程"，如图 2-6-5 所示，弹出新建数据流对话框，输入名称再完成相应操作即可完成数据流的创建。

图 2-6-5　新建数据流

（3）在数据流画布中进行算子的编排，编排包括 3 个阶段：第一阶段是抽取数据，即从 HDFS 中抽取本案例的数据到编排的数据流中；第二阶段是处理数据，即根据实际需要进行表关联或字段计算统计等；第三阶段是将处理完成后的数据加载成文件并存放到 HDFS 中。数据流整体算子编排如图 2-6-6 所示。接下来对整个流程进行详细介绍。

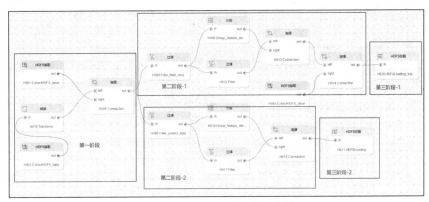

图 2-6-6　数据流整体算子编排

2．第一阶段算子编排

第一阶段算子编排，如图 2-6-7 所示。

（1）HDFS 抽取算子：从 Hadoop 中抽取数据。系统将按照指定的文件位置和文件读取形式进行抽取。

（2）转换算子：用于对输入文件或数据集中的一个字段或多个字段进行表达式计算。

（3）连接算子：用于将两个数据集按字段进行连接。系统将从两个源数据集中按关键字段查找，并根据连接类型输出字段。

（4）读取"用户信息表"和"用户行为表"，并对"用户行为表"的数据进行转换，最终将两张表通过连接算子连接为一张表。具体配置如下。

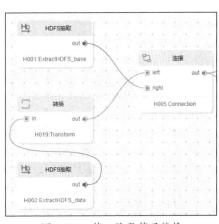

图 2-6-7　第一阶段算子编排

① 数据的 HDFS 路径为/tmp/wutong/example_data，该路径下包括 3 个数据文件，分别是 feature_base.csv（用户信息表）、feature_data.csv（用户行为表）和 train_label.csv（用户标签）。操作配置如图 2-6-8～图 2-6-11 所示。

图 2-6-8　H001:ExtractHDFS_base HDFS 抽取算子基础配置

图 2-6-9　H001:ExtractHDFS_base HDFS 抽取算子输出列

图 2-6-10　H002:ExtractHDFS_data HDFS 抽取算子基础配置

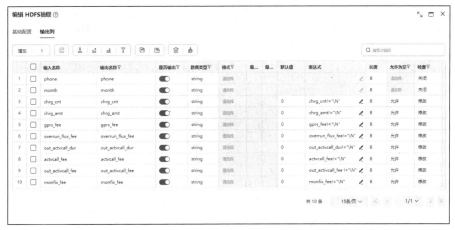

图 2-6-11　H002:ExtractHDFS_data HDFS 抽取算子输出列

② 在转换操作中 phone 和 month 字段保留原有字段输出，其余所有字段均使用 doubleconvert 函数进行转换，例如填写 chrg_cnt 字段表达式为 doubleconvert(chrg_cnt)，如图 2-6-12 所示。

图 2-6-12　H019: Transform 转换算子配置

③ 连接时，将转换算子处理后的"用户行为表"作为主数据源，算法为自动，映射关系选择"按名称映射"，连接类型为左外连接。两个表中都存在 phone 字段，由于使用左外连接，因此不输出右侧表的 phone 字段，其基础配置如图 2-6-13，输出列如图 2-6-14所示。

图 2-6-13　H005:Connection 连接算子基础配置

图 2-6-14 H005:Connection 连接算子输出列

3．第二阶段算子编排

第二阶段算子编排，如图 2-6-15 所示。

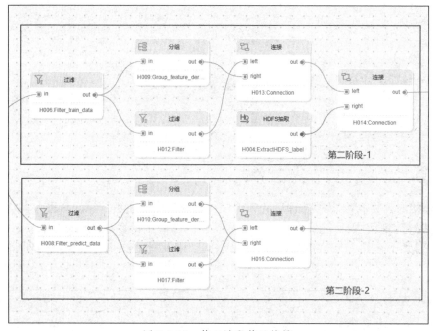

图 2-6-15 第二阶段算子编排

（1）过滤算子：相当于关系数据库中 where 条件，用于保留符合条件的数据。

（2）分组算子：相当于关系数据库中的 group by 分组，将表按照指定字段进行分组，同时支持各种汇总计算（包括求平均值、求和、求最大值和求最小值等）。

（3）"第二阶段-1"筛选出 2020 年 01 月和 2020 年 02 月的数据；然后一部分按照 phone 进行分组，分别汇总计算出 chrg_amt_avg（使用表达式 Avg(chrg_amt)）和 chrg_cnt_sum（使用表达式 Sum(chrg_cnt)）两个字段；另一部分单独过滤出 2020 年 02 月的数据；再将这两部分连接为一张表；最终将该表和用户标签连接为一张表作为训练数据。其中筛选出 2020

年 01 月和 2020 年 02 月的表达式分别为 month=='202001'和 month=='202002'，同理可单独获得 2020 年 02 月数据的表达式。在单独获得 02 月的过滤算子中不输出 month、chrg_cnt 和 chrg_amt 字段，其余字段正常输出。在和用户标签连接时选择右外连接。操作配置如图 2-6-16～图 2-6-24 所示。

图 2-6-16　H006: Filter_train_data 过滤算子输出列

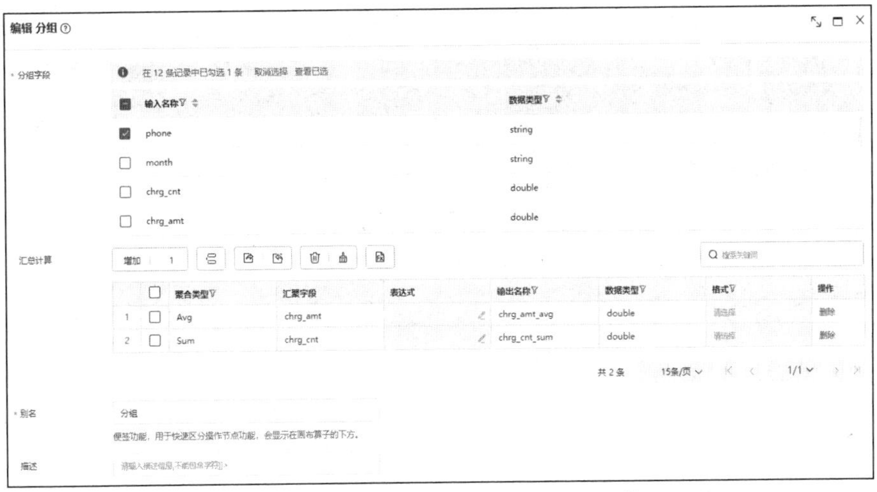

图 2-6-17　H009:Group_feature_derived 分组算子配置

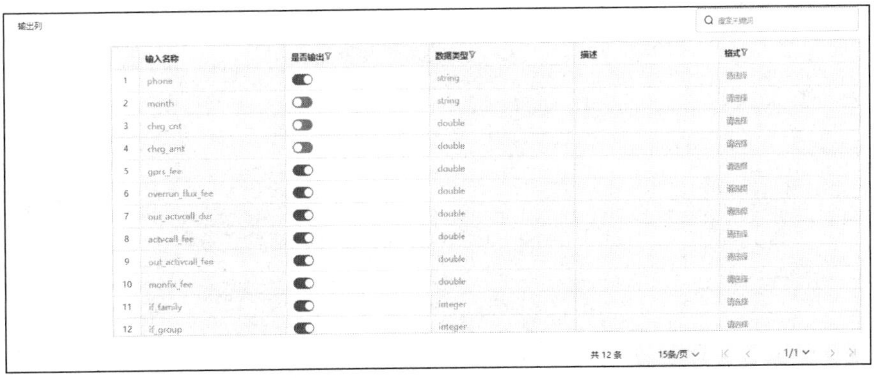

图 2-6-18　H012: Filter 过滤算子输出列

图 2-6-19　H013: Connection 连接算子基础配置

图 2-6-20　H013: Connection 连接算子输出列

图 2-6-21　H004: ExtractHDFS_label HDFS 抽取算子基础配置

图 2-6-22　H004: ExtractHDFS_label HDFS 抽取算子输出列

图 2-6-23　H014: Connection 连接算子基础配置

	是否输出 ▽	输出名称 ▽	组名	输入名称	数据类型 ▽	格式 ▽
1	是	phone	left	phone	string	
2	是	gprs_fee	left	gprs_fee	double	
3	是	overrun_flux_fee	left	overrun_flux_fee	double	
4	是	out_actvcall_dur	left	out_actvcall_dur	double	
5	是	actvcall_fee	left	actvcall_fee	double	
6	是	out_activcall_fee	left	out_activcall_fee	double	
7	是	monfix_fee	left	monfix_fee	double	
8	是	if_family	left	if_family	integer	
9	是	if_group	left	if_group	integer	
10	是	chrg_amt_avg	left	chrg_amt_avg	double	
11	是	chrg_cnt_sum	left	chrg_cnt_sum	double	
12	否	phone	right	phone	string	
13	是	label	right	label	double	

图 2-6-24　H014: Connection 连接算子输出列

（4）"第二阶段-2"筛选出 2020 年 03 月和 2020 年 04 月的数据；一部分按照 phone 分组，分别汇总计算出 chrg_amt_avg 和 chrg_cnt_sum 字段；另一部分单独过滤出 2020 年 04 月的数据；再将两部分连接为一张表作为预测数据。配置和不输出字段和步骤（3）的相同，在单独获得 04 月数据的过滤算子中不输出 month、chrg_cnt 和 chrg_amt 字段。两部分连接为一个表时使用左外连接。其基础配置如图 2-6-25，输出列如图 2-6-26 所示。

图 2-6-25　H016: Connection 连接算子基础配置

	是否输出 ▽	输出名称 ▽	组名	输入名称	数据类型 ▽	格式 ▽
1	是	phone	left	phone	string	
2	是	gprs_fee	left	gprs_fee	double	
3	是	overrun_flux_fee	left	overrun_flux_fee	double	
4	是	out_actvcall_dur	left	out_actvcall_dur	double	
5	是	actvcall_fee	left	actvcall_fee	double	
6	是	out_activcall_fee	left	out_activcall_fee	double	
7	是	monfix_fee	left	monfix_fee	double	
8	是	if_family	left	if_family	integer	
9	是	if_group	left	if_group	integer	
10	否	phone	right	phone	string	
11	是	chrg_amt_avg	right	chrg_amt_avg	double	
12	是	chrg_cnt_sum	right	chrg_cnt_sum	double	

图 2-6-26 H016: Connection 连接算子输出列

4．第三阶段算子编排

第三阶段算子编排，如图 2-6-27 所示。

（1）IIDFS 加载算子：类似写文件，将
处理后的数据加载到 Hadoop 集群中。

（2）将训练数据集和预测数据集分别保
存为 CSV 文件并加载到 Hadoop 中。其中命
名方式分别为名字全拼_日期_train_data.csv
和名字全拼_日期_predict_data.csv，例如张三
的训练数据集为/tmp/wutong/example_data/
zhangsan_20230706_train_data.csv。操作配置
如图 2-6-28～图 2-6-30 所示。

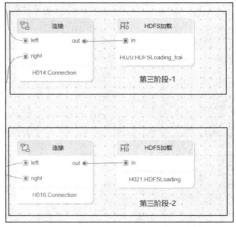

图 2-6-27 第三阶段算子编排

图 2-6-28 HDFS 加载算子配置

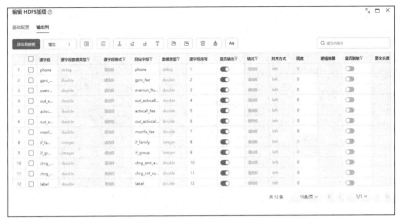

图 2-6-29　训练数据集输出列

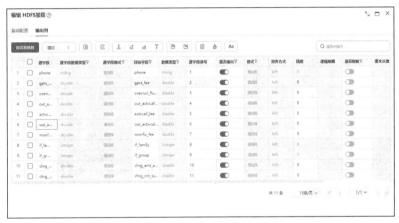

图 2-6-30　预测数据集输出列

5．在线执行数据流

（1）在线调测数据流，执行数据流程处理，可根据实际需要进行分支调测或算子断点调测。单击工具栏上的"编辑"按钮，弹出编辑参数页面，选择 Hadoop 集群和队列名，再单击"在线调测"按钮开始在线调测，如图 2-6-31 所示。

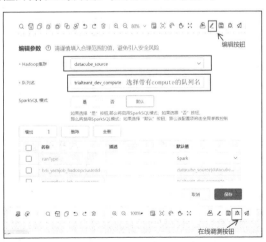

图 2-6-31　进入在线调测

（2）可以挂起分支，如图 2-6-32 所示。

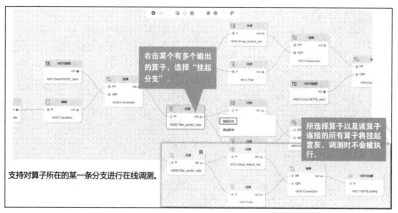

图 2-6-32　在线调测——分支调测

（3）支持对某些算子进行断点调测，如图 2-6-33 所示。

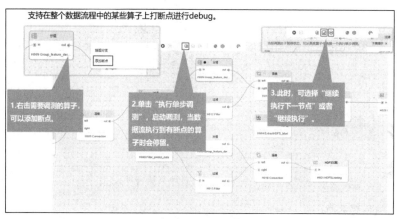

图 2-6-33　在线调测——算子断点调测

（4）项目运行流程：环境准备→组件激活→任务提交→任务结束→流程结束。本项目的数据流大致运行时间为十几分钟。运行日志时可同步查看，主要流程如图 2-6-34～图 2-6-37 所示。

```
2023-07-28 21:20:47.23 EXPORTING
2023-07-28 21:20:49.938 MODELING
2023-07-28 21:20:50.0 COMPILING
2023-07-28 21:20:50.426 COMPILED
2023-07-28 21:20:51.891 ACTIVATING
2023-07-28 21:20:51.966 STARTING
2023-07-28 21:20:52.34 RUNNING
```

图 2-6-34　日志——环境准备

```
[2023-07-28 21:20:53,360]|INFO|BPMPool-1-Engine Thread Pool-HDIProcessEngine-526|BDI|PI_28956|[view]flowvars: Get HadoopUser from rscs success. HadoopClusterID:DATACUBE_HADOOP_DS_1, UserName:wutonguser
[2023-07-28 21:20:53,360]|INFO|BPMPool-1-Engine Thread Pool-HDIProcessEngine-526|BDI|PI_28956|[view]flowvars: Get QueueName from rscs success. HadoopClusterID:DATACUBE_HADOOP_DS_1, QueueName:default,manas_data_tenant
[2023-07-28 21:20:53,423]|INFO|BPMPool-1-Engine Thread Pool-HDIProcessEngine-526|BDI|PI_28956|[view]end to getTenantQueueName queueName is default
[2023-07-28 21:20:53,425]|INFO|BPMPool-1-Engine Thread Pool-HDIProcessEngine-526|BDI|PI_28956|[view] H002out before run is start
[2023-07-28 21:20:53,426]|INFO|BPMPool-1-Engine Thread Pool-HDIProcessEngine-526|BDI|PI_28956|[view] H004out before run is start
[2023-07-28 21:20:53,426]|INFO|BPMPool-1-Engine Thread Pool-HDIProcessEngine-526|BDI|PI_28956|[view] H021 before run is start
[2023-07-28 21:20:53,426]|INFO|BPMPool-1-Engine Thread Pool-HDIProcessEngine-526|BDI|PI_28956|[view] H021out before run is start
[2023-07-28 21:20:53,426]|INFO|BPMPool-1-Engine Thread Pool-HDIProcessEngine-526|BDI|PI_28956|[view] H020 before run is start
```

图 2-6-35　日志——各个组件激活

```
[2023-07-28 21:20:56,452]|INFO|BPMPool-1-Engine Thread Pool-HDIProcessEngine-526|BDI|PI_28956| [view]thread pool shutdown
[2023-07-28 21:21:03,761]|INFO|BPMPool-1-Engine Thread Pool-HDIProcessEngine-526|BDI|PI_28956| [view]Succeed to submit spark application which appId is: application_1660069463824_2867
[2023-07-28 21:21:07,831]|INFO|BPMPool-1-Engine Thread Pool-HDIProcessEngine-526|BDI|PI_28956| [view]YarnApplicationState is: ACCEPTED
[2023-07-28 21:21:11,836]|INFO|BPMPool-1-Engine Thread Pool-HDIProcessEngine-526|BDI|PI_28956| [view]YarnApplicationState is: ACCEPTED
[2023-07-28 21:21:15,842]|INFO|BPMPool-1-Engine Thread Pool-HDIProcessEngine-526|BDI|PI_28956| [view]YarnApplicationState is: RUNNING
```

图 2-6-36　Spark 任务提交成功

```
[2023-07-28 21:24:42,818]|INFO|BPMPool-1-Engine Thread Pool-HDIProcessEngine-526|BDI|PI_28956| [view]YarnApplicationState is: RUNNING
[2023-07-28 21:24:46,823]|INFO|BPMPool-1-Engine Thread Pool-HDIProcessEngine-526|BDI|PI_28956| [view]YarnApplicationState is: RUNNING
[2023-07-28 21:24:50,832]|INFO|BPMPool-1-Engine Thread Pool-HDIProcessEngine-526|BDI|PI_28956| [view]The monitor in local has finished reading status infomation from HDFS.
[2023-07-28 21:24:50,833]|INFO|BPMPool-1-Engine Thread Pool-HDIProcessEngine-526|BDI|PI_28956| [view]flow state from hdfs is COMPLETED
[2023-07-28 21:24:51,836]|INFO|BPMPool-1-Engine Thread Pool-HDIProcessEngine-526|BDI|PI_28956| [view]thread pool shutdown
```

图 2-6-37　数据流任务全部完成

6．数据挖掘

（1）打开已经准备阶段创建的工程，在左侧导航栏单击"交互式建模"进入交互式建模列表页，单击"创建"按钮新建交互式建模，然后按照步骤分别填写"模型信息""编码方式"等参数，如图 2-6-38 和图 2-6-39 所示。

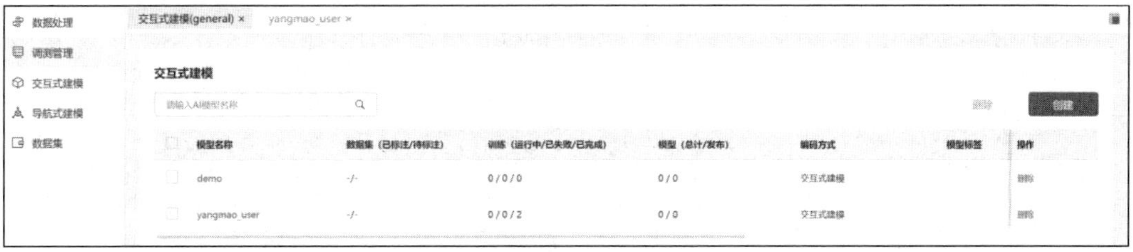

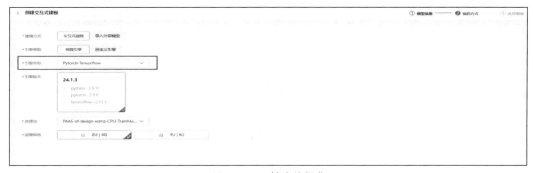

图 2-6-38　创建项目

图 2-6-39　创建数据集

（2）基于数据挖掘工具 Notebook 执行数据挖掘全过程，Notebook 支持交互式开发。在交互式建模列表页面单击新建的模型，进入 Notebook 交互式代码开发环境。在 Notebook 页面中分别实现以下过程。

① 导入接口包。

导入所需接口包，包括数据读取、数据处理、模型训练评估所需 Python 库，代码如下。

```
import pandas as pd  #用于处理高级数据结构和进行数据分析
from manas.dataset import mfile  #用于从 HDFS 上读取数据文件
from sklearn.metrics import roc_auc_score,classification_report #用于评估模型预测结果
from sklearn.model_selection import train_test_split  #用于划分训练数据集和测试数据集
from xgboost import XGBClassifier  #用于构建基于 XGBoost算法的分类模型
```

其中，pandas 是 Python 的扩展包，主要数据结构是 Series（一维数据）与 DataFrame（二维数据），使用它可以对各种数据进行运算操作，如归并、再成形、选择、数据清洗和数据加工等，广泛应用在学术、金融、统计学等各个数据分析领域，相关案例详见其官网。

sklearn 是基于 Python 的机器学习工具包，涵盖分类、回归、聚类、降维、模型选择、数据预处理六大模块，降低了机器学习实践门槛，将复杂的数学计算集成为简单的函数，并提供众多公开数据集和学习案例，详见其官网。sklearn 的 model-selection 模块提供 train_test_spilt 函数，能够对数据集进行拆分；metrics 模块提供 roc_auc_score、classification_report 等函数，能够对模型输出结果进行评估，如计算分类结果的 AUC、生成分类模型评估报告（包含准确率、召回率、F1 分数）。

此外，为在 Python 环境下应用 XGBoost 算法，需要引入 XGBoost 官方提供的 Python 库，并使用 XGBClassifier 函数构建分类模型，使用细节见其官方文档。

② 读取训练数据集和预测数据集。

我们需要借助 mfile.mfile 和 pd.read_csv 函数从 HDFS 中读取所需数据到内存并以 DataFrame 格式进行组织，以便后续进行数据操作及模型训练、预测、评估，注意此处将文件地址更改为数据编排阶段实际 HDFS 存储地址，代码如下。

```
train_path = "hdfs://hacluster/user/wutong/example_data/train_data.csv" #训练数据集文件地址
file_r = mfile.mfile(train_path, "r")   #获取文件操作
train_df = pd.read_csv(file_r, sep='\,', header=0) #使用pandas 将数据读取成DataFrame, 完成后直接使用变量操作文件
file_r.close()   #读取完成后关闭数据流
predict_path = "hdfs://hacluster/user/wutong/example_data/predict_data.csv" #预测数据集文件地址
file_r = mfile.mfile(predict_path, "r")   #获取文件操作
predict_df = pd.read_csv(file_r, sep='\,', header=0) #使用pandas 将数据读取成DataFrame, 完成后直接使用变量操作文件
file_r.close()   #读取完成后关闭数据流
```

③ 特征工程处理。

特征工程处理包括填充缺失值、导出标签数据、删除训练数据标签和设置数据表索引，代码如下。

```
train_df.fillna(0,inplace = True)                  #缺失值填充为 0
predict_df.fillna(0,inplace = True)                #缺失值填充为 0
target_data = train_df[['phone','label']]          #导出标签数据
del train_df['label']                              #删除训练数据标签
train_data = train_df
train_data = train_data.set_index('phone')         #将 phone 作为 DataFrame 索引
target_data = target_data.set_index('phone')       #将 phone 作为 DataFrame 索引
predict_df = predict_df.set_index('phone')         #将 phone 作为 DataFrame 索引
```

④ 模型训练。

配置一定的参数实例化一个基于 XGBoost 算法的二分类模型，以 7∶3 的比例随机划分训练数据集和测试数据集并使用训练数据集完成模型的训练，针对测试数据集输出预测结

果并计算 AUC 指标进行模型训练效果的初步评估，代码如下。

```
model = XGBClassifier(min_chile_weight = 1,max_depth = 10,learning_rate =
0.05,gamma = 0.4,colsample_bytree = 0.4)  #构建 XGBoost 二分类模型
x_train,x_test,y_train,y_test = train_test_split(train_data,target_data,test_size
= 0.3,random_state = 42)  #随机划分训练数据集和测试数据集
model.fit(x_train,y_train)  #训练模型
predict_l = model.predict_proba(x_test)[:,1]  #输出预测结果
auc = roc_auc_score(y_test,predict_l)  #计算 AUC 指标
print('AUC is {}'.format(auc))  #输出 AUC 指标
```

上述代码使用的重要类及函数说明如下。
- xgboost.XGBClassifier 类：XGBoost 分类器的 sklearn API 实现。

该类部分参数说明如表 2-6-6 所示。

表 2-6-6　xgboost.XGBClassifier 类部分参数说明

参数	说明
min_chile_weight	最小叶子节点样本权重和，如果决策树分裂产生的叶子节点上样本权重之和小于该值，就停止分裂
max_depth	基础学习器的决策树的最大深度
learning_rate	学习率
gamma	决定一个叶子节点是否应该进一步分割的阈值，如果损失函数的差值（通常称为增益）在潜在分裂后小于该值，则不执行分裂
colsample_bytree	构造每棵决策树时特征的子采样率

fit 方法用于训练分类模型，根据参数中的特征矩阵 X 和标签 y 进行分类模型的训练，并返回一个训练好的分类模型。

predict_proba 方法用于预测结果，根据参数中的特征矩阵 X 预测每一个测试样本是给定类别的概率，并返回所有样本被分类为给定类别的概率。
- sklearn.model_selection.train_test_split 函数：将数组或矩阵划分为训练数据集和测试数据集。

该函数部分参数说明如表 2-6-7 所示。

表 2-6-7　sklearn.model_selection.train_test_split 函数部分参数说明

参数	说明
*arrays	待划分的数据
test_size	如果是 0～1 的浮点数，则为测试数据集的所占比例
random_state	随机状态，控制划分前的数据混洗

该函数以列表的形式返回划分后的训练数据集和测试数据集。
- sklearn.metrics.roc_auc_score 函数：根据预测结果计算 AUC 指标。

该函数部分参数说明如表 2-6-8 所示。

表 2-6-8　sklearn.metrics.roc_auc_score 函数部分参数说明

参数	说明
y_true	真实标签
y_score	二分类时为较大标签的预测概率

该函数以浮点数的形式返回 AUC 指标。

⑤ 特征重要度分析。

完成模型训练后可以输出模型的特征重要度，分析各个特征对模型结果的影响。本案例将模型特征及其重要度组织成 DataFrame 格式并按照特征重要度降序输出，代码如下。

```
pd.DataFrame({'feature':x_train.columns,'importance':model.feature_importan
ces_}).sort_values(ascending = False,by = 'importance')    #降序输出模型特征重要度
```

代码中使用 xgboost.XGBClassifier 类的 feature_importances_ 属性，其根据一定的评估方法（如总增益）计算各个特征重要度。

模型特征重要度如图 2-6-40 所示。

	模型特征	重要度
7	monfix_fee	0.363914
2	gprs_fee	0.228949
4	out_actvcall_dur	0.076633
5	actvcall_fee	0.058394
0	if_family	0.038820
3	overrun_flux_fee	0.037869
11	down_flux	0.031884
9	call_cnt	0.027817
6	out_activcall_fee	0.027171
10	up_flux	0.018737
16	chrg_cnt_sum	0.018350
13	p2psms_up_cnt	0.017496
17	chrg_amt_avg	0.016305
8	gift_acct_amt	0.014850
14	p2psms_cmnct_fee	0.013631
12	sms_inpkg_ind	0.003493
15	p2psms_pkg_fee	0.003385
1	if_group	0.002301

图 2-6-40 模型特征重要度

⑥ 定制模型性能指标评估报告。

为选择划分正常用户和"羊毛党"的最佳概率阈值，首先定义模型性能指标评估报告函数，对不同概率取值进行"羊毛党"的划分，然后根据真实标签和预测标签计算精确率、召回率和 F1 分数，最后汇总所有概率取值的评估结果，生成评估报告，代码如下。

```
#模型性能指标评估报告函数
def get_threshold_report(y_predict, target_name):
    model_count = y_predict[target_name].value_counts().sort_index()[1]    #获
得测试数据集中"羊毛党"的用户数量
    y_test = y_predict[[target_name]]    #单独取出标签列
    model_test = y_predict.copy()
    report = pd.DataFrame()    #初始化 report 为 DataFrame 格式
```

```
        for i in range(1, 20):  #等间隔选取 0.05～0.95 的 20 个不同概率阈值
            sep_pr = []  #记录本次划分结果
            sep_value = i * 0.05  #本次阈值
            col_name = 'sep_.' + str(round(sep_value, 2))  #本次列名，用于记录预测标签
            model_test[col_name] = model_test['predict'].apply(lambda x: 1 if x >
sep_value else 0)  #根据预测概率及阈值生成预测标签
            sep_pr.append(str(round(sep_value, 2)))  #记录本次阈值
            sep_pr.append(model_count)  #记录真实"羊毛党"的用户数量
            predict_model = model_test[col_name].value_counts().sort_index()
#获取预测标签分类统计数量
            if predict_model.shape[0] == 1:  #只有一类标签的情况
                if predict_model.index.format() == '0':  #一类标签为 0, 即不存在被预测
为"羊毛党"的用户
                    sep_pr.append(0)  #记录被预测为"羊毛党"的用户数量为 0
                else:
                    sep_pr.append(predict_model[0])  #一类标签为 1, 即所有用户均被预测
为"羊毛党", 记录被预测为"羊毛党"的用户数量, 即 predict_model 的第一行数据
            else:  #两类标签的情况
                sep_pr.append(predict_model[1])  #记录被预测为"羊毛党"的用户数量, 即
predict_model 的第二行数据
            model_report = classification_report(y_test, model_test[col_name].values,
digits=4)  #根据真实标签和预测标签生成分类报告
            pr_str = ' '.join(model_report.split('\n')[3].split()).split(' ')
#提取分类报告最后一行的三种评估指标
            sep_pr.append(pr_str[1])        #记录精确率
            sep_pr.append(pr_str[2])        #记录召回率
            sep_pr.append(pr_str[3])        #记录 F1 分数
            report = pd.concat([report, pd.DataFrame([sep_pr])], axis=0)  #拼接本
次划分的评估报告
        report.columns = ['threshold', 'actual', 'predict', 'precision', 'recall',
'f1-score']  #设置评估报告列名
        report = report.reset_index(drop=True)  #重置索引, 并将原索引删除
        return report  #返回模型性能指标评估报告
```

上述代码使用的重要类及函数说明如下。

sklearn.metrics.classification_report 函数：生成主要分类评估指标的文本报告。

该函数的部分参数说明如表 2-6-9 所示。

表 2-6-9　sklearn.metrics.classification_report 函数部分参数说明

参数	说明
y_true	真实标签
y_pred	分类模型的预测标签
digits	输出浮点数的保留位数

该函数以文本形式返回每一类的精确率、召回率和 F1 分数。

⑦ 确定最佳划分概率阈值。

利用定义好的模型性能指标评估报告函数 get_threshold_report 生成如图 2-6-41 所示的性能指标评估报告，可以观察到最大 F1 分数是 0.8109 且对应的概率阈值为 0.3，因此我们

选择该概率阈值作为"羊毛党"的划分依据，代码如下。

```
y_test['predict'] = predict_1   #添加预测结果列
get_threshold_report(y_test, 'label')   #生成性能指标评估报告
```

	threshold	actual	predict	precision	recall	f1-score
0	0.05	1806	3024	0.5956	0.9972	0.7458
1	0.1	1806	2813	0.6374	0.9928	0.7764
2	0.15	1806	2682	0.6655	0.9884	0.7955
3	0.2	1806	2628	0.6758	0.9834	0.8011
4	0.25	1806	2453	0.7036	0.9557	0.8105
5	0.3	1806	2451	0.7042	0.9557	0.8109
6	0.35	1806	2443	0.7036	0.9518	0.8091
7	0.4	1806	2409	0.7069	0.9430	0.8081
8	0.45	1806	1491	0.7746	0.6395	0.7006
9	0.5	1806	1490	0.7745	0.6390	0.7002
10	0.55	1806	1289	0.7719	0.5509	0.6430
11	0.6	1806	85	0.9765	0.0460	0.0878
12	0.65	1806	85	0.9765	0.0460	0.0878
13	0.7	1806	85	0.9765	0.0460	0.0878
14	0.75	1806	130024	0.0000	0.0000	0.0000
15	0.8	1806	130024	0.0000	0.0000	0.0000
16	0.85	1806	130024	0.0000	0.0000	0.0000
17	0.9	1806	130024	0.0000	0.0000	0.0000
18	0.95	1806	130024	0.0000	0.0000	0.0000

图 2-6-41   性能指标评估报告

⑧ 模型推理。

使用训练好的二分类模型对测试数据集的数据进行预测，得到每个用户疑似"羊毛党"的概率并根据选定的概率阈值（0.3）划分"羊毛党"，即将预测概率大于 0.3 的用户划分为"羊毛党"，保存并输出预测结果。模型推理结果如图 2-6-42 所示，代码如下。

phone	predict_proba	predict_label
f2e79de2c2d8c7cfe1ade5c5353d4b30	0.718698	1
914ae39e814c0ba946b5e3589f9bdff7	0.590268	1
51b0f2b2d5893d8289c50131d0e474c5	0.590268	1
a9badf48fef5c853c744bd4b895d34ac	0.590268	1
c28a310d76fa3adf57fe4a8e8fc69f1d	0.560068	1
...	...	...
631239806e58f767c23c36c2fa2ef7f4	0.003229	0
9ca2b1886ac1fa1c5e9086ba8d15e920	0.003229	0
02b97084fe686c19317a5a0b1b400bed	0.003229	0
e22117f6121501c8457ae92bd5d71ed9	0.003228	0
3d892979c18008675d401e1373ff21ad	0.003228	0

190143 rows × 2 columns

图 2-6-42   模型推理结果

```
#输出模型推理结果
output = predict_df.copy()  #获取待预测数据
output['predict_proba'] = model.predict_proba(output)[:, 1]  #使用模型进行预测,
得到预测概率
output['predict_label'] = output['predict_proba'].apply(lambda x: 1 if x > 0.3
else 0)  #根据选定的概率阈值划分"羊毛党"
df_output = output[['predict_proba', 'predict_label']].sort_values(ascending=
False, by='predict_proba')  #按照预测概率降序排列疑似"羊毛党"
df_output.to_csv('output.csv')  #保存预测结果
df_output  #输出预测结果
```

⑨（可选）配置训练作业。

如果需要离线进行模型训练和模型推理的调度执行，可以在系统上配置训练作业，如
图 2-6-43 所示。

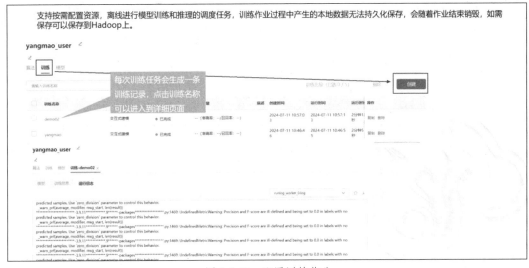

图 2-6-43　配置训练作业

2.7　本章小结

本章主要介绍了离线批处理的开发框架。其中以 HDFS、MapReduce、YARN、Spark
框架为核心，介绍了它们的基本结构和基本原理，并提供了各个框架的实践操作方法，能
让读者通过实践操作对 4 种框架的核心机制有进一步的理解。

最后通过梧桐·鸿鹄大数据实训平台完成一个金融行业"羊毛党"识别实践案例，将
4 种框架串联起来，让读者从整体上对大数据离线批处理的应用场景和运行流程有清晰的
认识。

2.8　习题

1. 请简述 HDFS 存储框架与 MapReduce 计算框架的配合关系。
2. 用统计单词以外的实例描述 Map 和 Reduce 的并行计算过程。

3. YARN 与 MapReduce 相比有哪些特点？

4. 通过流程图获取伪代码的方式简述 Spark 调度过程。

5. 基于本章基础理论，设计在入校新生中识别有特长的学生（如语言特长、体育特长或专业课特长）并形成结果的统计分析方案。

第3章 大数据实时处理开发实践

随着移动互联网、物联网、车联网等技术的快速发展，数据量呈爆炸式增长。这些海量异构数据中往往隐藏着巨大的商业价值，能够支持企业做出正确的数据驱动决策。但是，这些数量庞大的数据大多是实时产生的，仅依靠以 Hadoop 为代表的传统批处理系统无法满足对实时数据的低延迟分析需求。因此，以 Spark Streaming、Flink 等为代表的实时流处理系统应运而生。

本章主要介绍大数据实时处理技术的发展历程、在实际应用场景中使用的技术栈和在实现实时大数据处理中遇到的挑战。让读者理解在道路通行分析等实际应用场景中实时流处理技术不可或缺的原因，并学会如何更好地克服这些挑战以实现高效的实时数据处理。本章重点讲解 Spark Streaming、Flink 等当前主流的分布式实时流处理框架的工作原理、编程模型和典型应用；同时讲解流数据采集框架 Flume 和消息队列 Kafka 在流处理中扮演的角色，让读者了解流数据从采集到传递，最后进行实时处理的整个流程。最后本章通过"高速道路及服务区拥堵洞察"的案例，让读者深切体会实时处理系统在实际场景中的运作方式及作用。

本章学习目标：

（1）了解实时流处理的关键应用场景及其业务价值；

（2）熟悉 Spark Streaming、Flink 等当前主流分布式实时流处理框架的工作原理及编程模型，为构建实时数据处理应用奠定基础；

（3）熟悉 Flume、Kafka 等在流处理中进行数据采集和传输的方法，实现数据的高效收集和传输设计；

（4）通过实际案例，深入理解流处理框架的应用，掌握开发实时大数据分析应用的能力。

3.1 大数据实时处理技术栈

3.1.1 大数据实时处理应用场景

3.1 大数据实时
处理技术栈

数据价值是具有时效性的，在一条数据产生的时候，如果不能及时处理并在业务系统中使用，就不能让数据保持最高的"新鲜度"和实现价值最大化。相对于离线批处理技术，实时流处理技术是实际应用中非常重要的技术补充。在大数据业界内，实时计算技术的研究在近年非常热门。

随着技术的不断发展与用户需求的不断增加，满足以低延迟提供高时效性数据的需求越来越重要。实时计算有无穷数据、无界限数据处理、低延迟 3 个特点，可以针对海量数据实现秒级响应。实时计算技术目前主要应用于实时智能推荐系统、实时欺诈行为检测系统、舆情分析场景等，常见的大数据平台实时架构如图 3-1-1 所示。

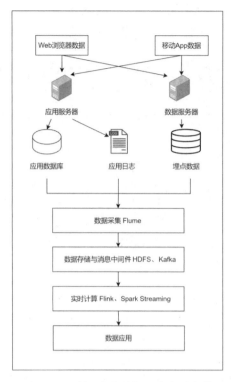

图 3-1-1 常见的大数据平台实时架构

为了能够同时进行批处理与流处理，企业通常采用"Hadoop+Storm"架构，如图 3-1-2 所示。在这种架构中，Hadoop 和 Storm 框架部署在资源管理框架 YARN 或 Mesos 之上，接受统一的资源管理和调度，并共享底层的数据存储（如 HDFS、HBase、Cassandra 等）。Hadoop 负责对批量历史数据进行实时查询和离线分析，而 Storm 负责对用户行为进行实时分析和对流数据进行实时流处理。

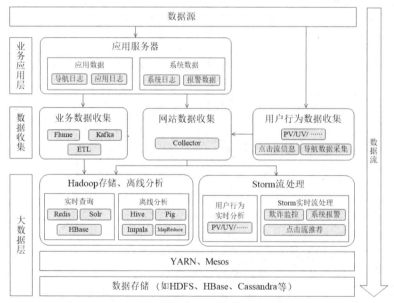

图 3-1-2 "Hadoop+Storm"架构

3.1.2 大数据实时处理技术栈演进

实时计算一般是针对海量数据的，并且响应速度为秒级。由于大数据兴起之初，Hadoop并没有给出实时计算解决方案，随后 Storm、Spark Streaming、Flink 等实时计算框架应运而生，而 Kafka、ES 的兴起使得实时计算的技术越来越完善。随着物联网、机器学习等技术的推广，实时流计算在这些领域得到充分的应用。

大数据实时处理技术栈的演进充满挑战和创新，经历了多个阶段的发展和不断完善，以下是大数据实时处理技术栈的演进历程。

1．实时处理需求的出现

随着大数据时代的到来，越来越多的应用场景需要实时处理大规模数据流，例如金融交易监控、社交媒体分析、在线广告投放等。这些场景对及时响应和实时洞察的需求越来越多，并推动了实时处理技术的发展。

具体来说，实时处理的业务诉求是在第一时间获取经过加工的数据，以便实时监控当前业务状态并做出运营决策，引导业务往好的方向发展。比如网站上一个访问量很高的广告位，需要实时监控该广告位的引流效果，如果转化率非常低，运营人员就需要及时更换广告，以避免流量资源的浪费。在这个例子中，需要实时统计广告位的曝光量和点击量等指标作为运营决策的参考。

按照数据的延迟情况，数据时效性一般分为 3 种：离线、准实时、实时。

（1）离线：在今天（T）处理 N 天前（$T-N$，$N \geq 1$）的数据，延迟时间粒度为天。

（2）准实时：在当前小时（H）处理 N 小时前（$H-N$，$N>0$，如 0.5h、1h 等）的数据，延迟时间粒度为小时。

（3）实时：在当前时刻处理当前时刻的数据，延迟时间粒度为秒。

离线和准实时都可以在批处理系统（如 Hadoop、MaxCompute、Spark 等系统）中实现，只是调度周期不一样而已，**而实时则需要在流处理系统中实现**。比较有代表性的应用有如下几种。

（1）实时智能推荐系统

实时智能推荐系统会根据用户的历史购买记录或浏览行为，通过推荐算法来训练模型，预测用户未来可能会购买的物品或喜爱浏览的资讯。对个人来说，实时智能推荐系统起着信息过滤的作用；对 Web/App 服务端来说，智能推荐系统起着满足用户个性化需求、提高用户满意度的作用。实时智能推荐系统本身也在飞速发展，除了算法越来越完善，对时延的要求也越来越严苛和实时化。利用 Flink 流计算帮助用户构建更加实时的智能推荐系统，对用户行为进行实时计算，对模型进行实时更新，对用户行为进行实时预测，并将预测的信息推送给 Web/App 服务端，帮助用户获取其想要的商品信息，也帮助企业提升销售额，创造更大的商业价值。

（2）实时欺诈行为检测系统

在金融领域的业务中，常常出现各种类型的欺诈行为，例如信用卡欺诈、信贷申请欺诈等。如何保证用户和公司的资金安全，是近年来许多金融公司及银行共同面临的挑战。随着不法分子欺诈手段的不断升级，传统的反欺诈手段已经不足以解决目前面临的问题。以往可能需要几个小时才能通过交易数据计算出用户的行为指标，然后通过规则判断出具有欺诈行为嫌疑的用户，再进行案件调查处理，在这种情况下资金可能早已被不法分子转移，从而给企业和用户等造成大量的经济损失。运用 Flink 流计算技术能够在毫秒内完成对欺诈行为判断指标的计算，然后对交易流水进行实时拦截，避免因为处理不及时导致经济损失。

（3）舆情分析场景

有的客户需要进行舆情分析，要求所有数据存放若干年，且舆情分析场景的数据量可能超百万条信息，每年的数据量可达到几十亿条信息。通常爬虫爬取的数据就是舆情，通过大数据技术进行分词之后得到的可能是大段的网友评论，客户往往要求对舆情进行查询、全文本搜索，并要求将响应时间控制在秒级。爬虫将数据存放到大数据平台的 Kafka 中，并在其中进行 Flink 流处理，去重、去噪，做语音分析，然后写到 Elasticsearch 里。大数据的一个特点是多数据源，大数据平台能根据不同的场景选择不同的数据源。

（4）复杂事件处理

比较常见的复杂事件处理集中于工业领域，例如对车载传感器、机械设备等进行实时故障检测，这些业务类型的数据量通常非常大，且对数据处理的时效性要求非常高。利用 Flink 提供的复杂事件处理（Complex Event Processing，CEP）进行时间模式的抽取，同时应用 Flink 的 SQL 进行事件数据的转换，在流处理系统中构建报警规则引擎，一旦事件触犯报警规则，便立即将警告结果传送至下游通知系统，从而实现设备故障快速预警检测、车辆状态监控等目的。

（5）实时机器学习

实时机器学习是一个宽泛的概念，传统静态机器学习侧重于使用静态的模型和历史数据进行训练并提供预测。很多时候用户的短期行为对模型有修正作用，或者对业务判断有预测作用。对系统来说，其需要采集用户最近的行为并进行特征处理，然后传给实时机器学习系统进行机器学习。如果动态地实施新规则或者推出新广告，会有很大的参考价值。

2. Storm 崭露头角

Storm 是第一个开源的实时数据处理框架，于 2011 年发布，它被提供给大多数企业使用。2014 年 9 月，Storm 成为 Apache 的顶级项目。截至完稿日，Storm 的最新版本为 2.0.0。Storm 提供高可用性、低延迟的实时数据处理能力，能够处理数据流并执行复杂的计算。Storm 的出现满足了一些实时处理需求，但并没有提供完整的数据流处理生态系统。大数据框架出现的时间统计如图 3-1-3 所示。

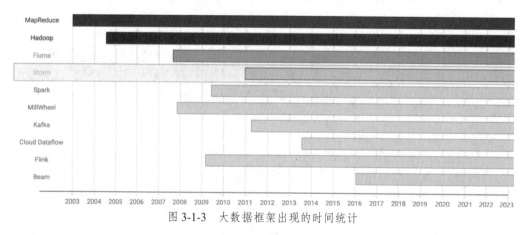

图 3-1-3　大数据框架出现的时间统计

值得一提的是，Storm 的设计原则和其他系统的大相径庭，Storm 更多考虑的是实时流计算的处理时延而非数据的一致性保证。Storm 针对每条流数据进行计算处理，并提供至多一次或者至少一次语义保证，但不提供任何状态存储能力。相比批处理系统能够提供语义一致性保证，Storm 能够提供更低的数据处理延迟。对于某些数据处理业务场景来说，这确实是一个非常合理的取舍。

Storm 集群采用主从架构方式，主节点是 Nimbus，从节点是 Supervisor，有关调度的信息存储在 ZooKeeper 集群中，如图 3-1-4 所示。

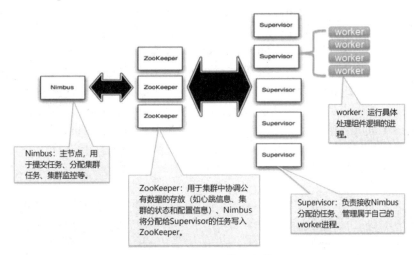

图 3-1-4　Storm 核心架构

Storm 出现之后，人们很快就清楚地知道想要什么样的流处理系统。他们不仅希望快速得到业务结果，同时希望系统具有低延迟和准确性，但仅凭 Storm 架构实际上是不可能做到这一点的。针对这种情况，又产生了 Lambda 等后续通过批处理系统纠正数据，最终给出一致结果的架构。

3．Spark Streaming 的微批处理

Spark 提供了一种"全家桶"解决方案，包括批处理、交互式查询和机器学习等多个组件。在 Spark 创建的几年后，当时 AMPLab 的研究生泰瑟加塔·达斯（Tathagata Das）意识到：我们有这个快速的批处理引擎，如果我们将多个批次的任务串接起来，能否用批处理引擎来处理流数据？于是，Spark Streaming 诞生了，如图 3-1-5 所示。

图 3-1-5　Spark Streaming

Spark 引入 Spark Streaming 模块，采用微批处理的方式将流数据划分为小批次数据，然后进行批处理分析。这种方式有高吞吐量和低延迟的特点，仍然是一种近似实时的处理方式。Spark 本身强大的批处理引擎解决了太多底层的问题，如果基于 Spark 构建流处理引擎则整个流处理系统将简单很多，于是又诞生了一个流处理引擎，而且它是可以独自提供语义一致性保障的流处理系统。

尽管整个系统的处理方式基于全局的数据切分规则，导致其同时具备低延迟和高吞吐量是不可能的，但 Spark Streaming 依然是流处理的分水岭，它是第一个被广泛使用的大规模流处理引擎，可以提供批处理系统的正确性保证。

4. Storm、Spark Streaming、Flume、Kafka 的协同解决方案

随着实时处理技术的发展与应用，人们发现其不仅需要处理数据，还需要稳定地接收和传输数据。因此，Storm、Spark Streaming 结合了 Flume、Kafka，形成了一套完整的实时处理解决方案。Flume 用于数据采集，Kafka 用于数据传输，Storm 和 Spark Streaming 用于数据处理，这种组合为实时大数据处理提供了一种可行的方式。

在具体的实践中，开发人员一般使用 Flume 和 Kafka 来完成实时流的日志处理，再使用 Storm 和 Spark Streaming 等实时流处理技术，从而完成日志实时解析。如果 Flume 直接对接实时计算框架，当数据采集速度大于数据处理速度时，很容易发生数据堆积或者数据丢失，而 Kafka 可以当作一个消息缓存队列。当数据从数据源到 Flume 再到 Kafka 时，数据一方面可以同步到 HDFS 进行离线计算，另一方面可以进行实时计算，可实现数据多分发。架构示例如图 3-1-6 所示。

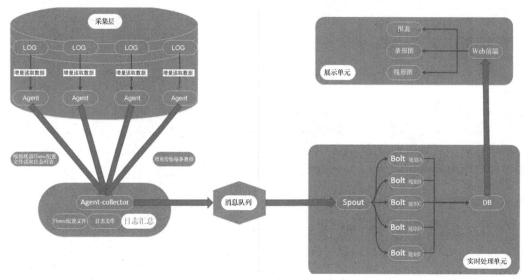

图 3-1-6　架构示例

（1）采集层：实现日志收集，使用负载均衡策略。采集层负责从各节点实时采集数据，可选用 Cloudera 的 Flume 来实现。

（2）消息队列：作用是解耦及缓冲不同速度系统，选用 Apache 的 Kafka。

（3）实时处理单元：用 Storm 来进行数据处理，最终数据流入数据库（Database，DB）中。

（4）展示单元：对分析后的结果持久化后进行数据可视化处理，使用 Web 框架展示。

5. Flink 的全流理解

Flink 是第一个全流理解的大数据实时处理引擎，它的出现标志着实时处理技术栈的重大突破。Flink 具备精确一次语义（Exactly-Once Semantics）的能力，能够确保数据处理的准确性和一致性。Flink 引入了事件时间（Event Time）的概念，允许处理乱序事件，并提供处理窗口、状态管理、CEP 等高级功能。Flink 内部架构如图 3-1-7 所示。

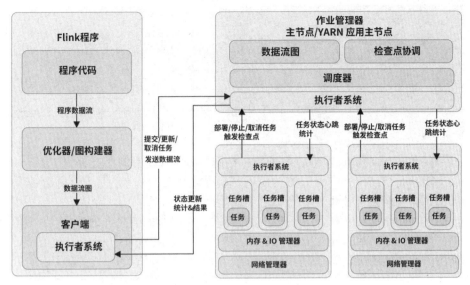

图 3-1-7　Flink 内部架构

Flink 崛起有两个主要原因。

（1）Flink 采用 Dataflow 和 Beam 编程模型，使其成为具备完整语义功能的开源流处理系统。

（2）Flink 高效的快照实现方式源自钱迪（Chandy）和兰波特（Lamport）的论文《分布式快照：确定分布式系统的全局状态》（*Distributed Snapshots: Determining Global States of Distributed Systems*），它为其提供了正确性所需的强一致性保证。

Flink 既能够支持精确一次语义处理保证，又能够提供支持事件时间的处理能力，这让 Flink 获得了巨大的成功。同时 Flink 通过定期和异步地对本地状态进行持久化存储来保证故障场景下精确一次的状态一致性。Flink 架构状态如图 3-1-8 所示。

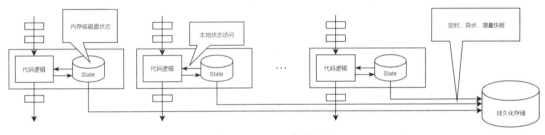

图 3-1-8　Flink 架构状态

Flink 可用于在无边界数据流（简称无界流）和有边界数据流（简称有界流）上进行有状态的计算。Flink 能在所有常见集群环境中运行，并能以内存速度和任意规模进行计算。

如图 3-1-9 所示，数据可以被作为无界流或者有界流来处理。

无界流定义了流的开始，但没有定义流的结束。无界流会无休止地产生数据。无界流的数据必须持续处理，即数据被获取后需要立刻处理，不能等到所有数据都到达再处理，因为输入是无限的。处理无界流通常要求以特定顺序获取事件，例如事件发生的顺序，以便推断结果的完整性。

有界流定义了流的开始，也定义了流的结束。有界流可以在获取所有数据后再进行处理。所有有界流数据可以被排序，所以并不需要有序获取。有界流处理通常被称为批处理。

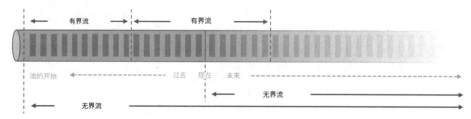

图 3-1-9　数据模型说明图

Flink 擅长处理无界流和有界流数据集，精确的时间控制和状态化使得 Flink 的运行时（Runtime）能够运行任何处理无界流的应用。有界流则由一些专为固定大小数据集设计的算法和数据结构进行内部处理，具有出色的性能。

大数据实时处理技术栈的演进经历了多个阶段，从最初的实时处理需求的出现到 Storm 崭露头角，再到 Spark Streaming 的微批处理，然后到 Storm、Spark Streaming、Flume、Kafka 的协同解决方案，最终到 Flink 的全流理解，每个阶段都在不同程度上满足了实时处理的需求，也带来了新的挑战和机遇。Flink 的出现为实时处理带来了更高的可靠性和灵活性，也推动了流批一体的技术理念形成，将实时处理推向了新的高度。

在此过程中，国内外的科技"巨头"发挥了重要作用。国外的 Google、亚马逊、微软等公司开发了一系列实时处理服务平台，如 Google Cloud Dataflow、Amazon Kinesis 和 Azure Stream Analytics。这些服务和平台广泛应用于实时数据处理场景，为企业提供处理和分析实时数据的能力。

与此同时，国内的平台和公司也在积极探索和发展实时处理技术。我国互联网"巨头"如阿里巴巴、腾讯、百度等，都在构建自己的大数据实时处理平台，并将其应用于广告推荐、用户行为分析、金融风控等场景。以阿里巴巴的"Blink"项目为例，它是一种基于 Flink 的流批一体化计算引擎，为阿里巴巴内部提供高性能、低延迟的实时数据处理能力。此外，在面向图模型的流批一体化计算引擎上取得重要进展的 TuGraph Analytics 和如图 3-1-10 所示的腾讯 Oceanus 平台等都为实时流计算贡献出了力量。

图 3-1-10　腾讯 Oceanus 平台

总的来说，大数据实时处理技术栈的演进是不断推动创新的过程，不仅有更高效的流处理技术，还有更多的应用场景和解决方案。在未来，实时处理技术将继续发展，以满足不断增长的大数据需求，并在全球范围内发挥重要作用。同时，国内外的科技巨头和创新公司将继续推动该领域的发展，为企业提供更多选择和机会。

值得注意的是，流系统的一个新的演进趋势是舍弃部分产品需求以简化编程模型，从而使整个系统简单易用。省略类似水位线等功能的系统看上去简单不少，但代价是功能受限。在很多情况下，这些功能有非常重要的业务价值。

3.2 分布式消息系统 Kafka

3.2 分布式消息
系统 Kafka

3.2.1 Kafka 体系框架及基本原理

Kafka 是一种基于发布/订阅的消息系统，是一种分布式流处理平台。Kafka 多用于以下 3种场景：构造实时流数据管道，在系统和应用之间可靠地获取数据；构建实时流应用程序，对其中的流数据进行转换，也就是进行流处理；将写入 Kafka 的数据写入磁盘，实现存储。

相比一般的消息队列，Kafka 提供了一些特性。基于磁盘的数据存储，数据持久化以及强大的扩展性使得 Kafka 成为构造企业级消息系统的首选。本节将简单介绍 Kafka。

1．Kafka 的基本术语和概念

Kafka 的基本术语主要如下。

（1）Broker：将已发布的消息保存在一组 Kafka 服务器中，每一个独立的 Kafka 服务器被称为一个 Broker，Broker 承担数据的中间缓存和分发功能。

（2）Topic：主题，指 Kafka 处理的消息源的不同分类，类似数据库的表。

（3）Partition：分区，Topic 物理上的分组，一个 Topic 可以分为多个 Partition，一个Partition 是一个有序的队列。Partition 中的每条消息都会被分配一个有序的 ID。

（4）Producer：消息的生产者，用来发布消息。

（5）Consumer：消息的消费者，用来订阅消息。

（6）Consumer Group：消费组，一个消费组由一个或多个消费者组成，对于同一个 Topic，不同的消费组能消费全部消息，而同一个消费组的消费者将竞争每条消息。

Kafka 架构如图 3-2-1 所示，以 3 个 Broker 的 Kafka 集群为例，生产者生产消息并"推送"（Push）到 Kafka 中，消费者从 Kafka 中"拉取"消息并消费掉。Kafka 使用 ZooKeeper来保存 Broker、主题和分区的元数据信息。在同一个集群中的所有 Broker 都必须配置相同的 ZooKeeper 连接，每个 Broker 的 broker.id 必须唯一。

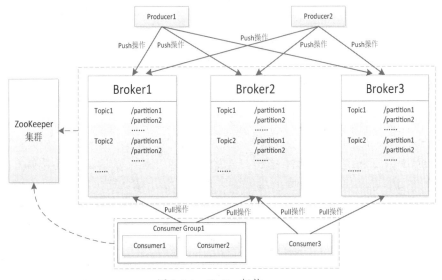

图 3-2-1　Kafka 架构

在 Kafka 0.9.0.0 之前，除了 Broker 之外，消费者也会使用 ZooKeeper 来保存一些信息，比如消费组的信息、肢体信息、消费分区的偏移量（在消费组里发生失效转移时会用到）。Kafka 0.9.0.0 引入了一个新的消费者接口，允许 Broker 直接维护相关信息。

2. 生产者

生产者是 Kafka 消息的创建源。在很多情况下一个应用程序需要往 Kafka 写入消息，以记录用户活动、保存日志消息、记录度量指标等。不同的使用场景对生产者 API 的使用和配置有不同的要求。比如在信用卡事务处理系统中，消息的丢失和重复是不被允许的，可接受的消息延迟时间为 0.5s，期望的吞吐量为每秒钟处理一百万条消息。而在保存网站点击量信息的应用场景中，少量的消息丢失和重复、消息到达 Kafka 服务器的延迟高一些是可接受的，只要用户单击一个链接后可以马上加载页面即可，而吞吐量取决于网站用户使用网站的频率。

生产者 API 的使用方法很简单，但是消息的发送过程有些烦琐。生产者向 Kafka 发送消息的流程图如图 3-2-2 所示。

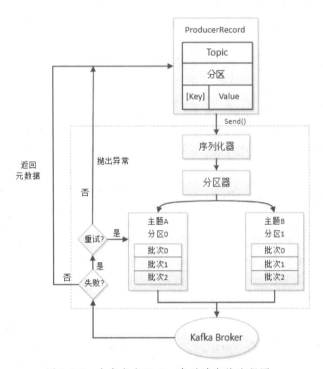

图 3-2-2　生产者向 Kafka 发送消息的流程图

ProducerRecord 是 Kafka 生产者的一种实现，主要功能是发送消息给 Kafka 中的 Broker。ProducerRecord 对象包含目标主题和要发送的内容，还可以指定键值对和分区。在发送 ProducerRecord 时，需要先对键值对进行序列化以保证可以进行网络传输。然后，将消息传给分区器。如果在 ProducerRecord 对象里指定了分区，则分区器不会做任何事情，而是直接把指定的分区返回。如果没有指定分区，那么分区器会根据 ProducerRecord 对象的键来选择分区。选好分区后，生产者就知道往哪个主题的分区中发送消息了。紧接着，这条消息被添加到一个消息批次里，这个批次里的所有消息会被发送到相同的主题和分区上。其中，有一个独立的线程负责把这些消息批次发送到相应的 Broker 上。

Kafka 服务器在收到这些消息时会返回响应。如果消息成功写入 Kafka，就返回一个 RecordMetaDate 对象，它包含主题、分区信息，以及记录在分区里的偏移量。如果写入失败，则返回一个错误。生产者在收到错误之后会尝试重新发送消息，几次之后如果还是失败，就返回错误信息。

3．消费者

应用程序利用 Kafka 消费者接口向 Kafka 订阅主题，并从订阅的主题上接收消息。Kafka 消费者属于消费组，一个群组内的消费者订阅的是同一个主题，每个消费者接收主题中的一部分分区的消息。消费组的出现是为了解决单个消费者无法匹配数据写入速度的问题。

假设一个主题 T1 有 4 个分区，创建消费者 C1，它是消费组 G1 里唯一的消费者。用消费者 C1 订阅主题 T1。消费者 C1 将接收到主题 T1 全部分区的消息，如图 3-2-3 所示。

如果消费组 G1 里增加 1 个消费者 C2，那么每个消费者分别从两个分区接收消息。例如消费者 C1 接收分区 0 和分区 2 的消息，消费者 C2 接收分区 1 和分区 3 的消息，如图 3-2-4 所示。

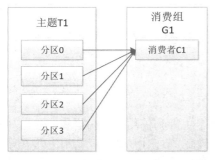

图 3-2-3　1 个消费者接收到 4 个分区的消息

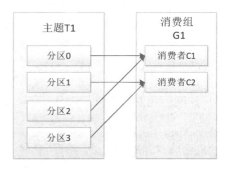

图 3-2-4　2 个消费者接收到 4 个分区的消息

如果消费组 G1 有 4 个消费者，那么每个消费者可以分配一个分区。但如果在群组中添加更多的消费者，且超过主题分区数量，此时有一部分消费者会被闲置，不会接收任何消息，如图 3-2-5 所示。因为每个分区只能被特定消费组内的一个消费者消费。

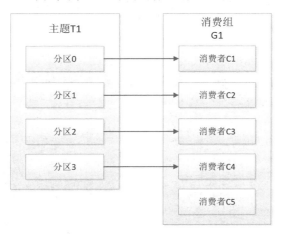

图 3-2-5　5 个消费者接收到 4 个分区内的消息

设计 Kafka 的目标之一就是让 Kafka 主题里的数据能够满足企业各种应用场景的需求。应用程序需要拥有自己的消费组，使用户获取主题的所有消息。

在上述例子中，只有一个消费组 G1 消费主题 T1 的消息。如果新增一个消费组 G2，那么这个消费组中的消费者将从主题 T1 中接收所有的消息，并且与 G1 互不影响，如图 3-2-6 所示。

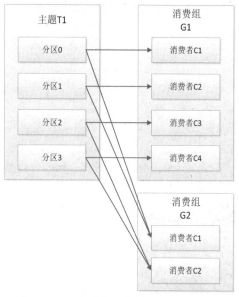

图 3-2-6　两个消费组接收一个主题的消息

4．数据传递的可靠性保障

由于 Kafka 适用于很多场景，如从跟踪用户点击事件到信用卡支付操作，所以 Kafka 在数据传递的可靠性上具有很大的灵活性。涉及金钱交易或用户保密信息相关的消息传递时，我们只需要牺牲一些存储空间用于存放冗余副本即可实现高可靠性的保障。

Kafka 的复制机制和分区的多副本架构是可靠性保障的核心。把消息写入多个副本可以使 Kafka 在发生崩溃时仍然能保证消息的持久性，下面介绍 Kafka 的副本机制及复制机制。

（1）副本机制

Kafka 每个主题的分区有 N 个副本，其中 N 是主题的复制因子。在 Kafka 中进行复制时应确保分区的预写式日志有序地写到其他节点上。N 个副本中，一个副本为 leader（领导者），其他都为 follower（追随者），leader 处理分区的所有读写请求，与此同时，follower 会被动定期地复制 leader 的数据。

如图 3-2-7 所示，Kafka 集群中有 4 个 Broker，topic1 有 3 个分区，且副本个数也为 3。

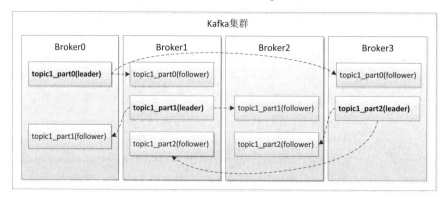

图 3-2-7　Kafka 副本分配

（2）复制机制

Kafka 提供数据复制算法保障，如果 leader 发生故障或"挂掉"，一个新 leader 会被选举并接收客户端的消息。新 leader 一定产生于副本同步队列（In-Sync Replica, ISR）。follower 需要满足下面的 3 个条件，才能被认为属于 ISR，即与 leader 同步。

- 与 ZooKeeper 之间有一个活跃的会话，也就是说，它在过去的一段时间内（默认是 6s）向 ZooKeeper 发送过心跳消息。
- 在过去 10s 内从 leader 那里获取过消息。
- 在 10s 内获取的消息应是最新消息，即获取消息不得滞后。

如果 follower 不能满足任何一个条件，那么它被认为是不同步的。不同步的副本可以与 ZooKeeper 重新建立连接，并从 leader 那里获取最新消息，重新变成同步副本。

复制过程只发生在 leader 与 ISR 之间，复制过程如图 3-2-8 所示。

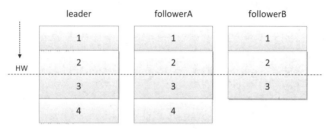

图 3-2-8　Kafka 复制过程

假设 leader 的高水位（HW）为 2，消费者只能获取 HW 之前的消息。ISR 与 leader 同步，故它们的 HW 相同。当 leader 有新消息时，会将阻塞的 follower 解锁，并通知它们复制消息。如图 3-2-8，followerA 完全复制了 leader 中的消息，而 followerB 只复制了部分消息。故 leader 更新 HW 为 3。当 followerB 复制完消息 4 之后，leader 更新 HW 为 4，此时 leader 中消息被所有 ISR 同步，ISR 被阻塞以等待新的消息。

Kafka 的复制既不是完全的同步复制，也不是单纯的异步复制。实际上，同步复制要求所有能工作的 follower 都复制完这条消息，这条消息才会被提交，这种复制方式极其影响吞吐率。而异步复制下，follower 异步地从 leader 复制数据，数据只要被 leader 写入 log（日志）就被认为已经提交，这种情况下如果 follower 还没有复制完，落后 leader 时，leader 会突然宕机，导致丢失数据。而 Kafka 使用的 ISR 方式很好地均衡了同步复制和异步复制，确保数据不丢失以及保证吞吐率。

3.2.2　Kafka 操作实践

从 3.2.1 节我们可以知道，Kafka 的定义是分布式、分区化的带备份机制的日志提交服务，也是一个分布式的消息队列。Kafka 为了集成其他系统和解耦应用，经常使用生产者来发送消息到 Broker，并使用消费者来消费 Broker 中的消息。

下面给出一个简单示例来展示消息队列的构建是如何实现的。

（1）Kafka 生产者程序生产数据并将其写入 Kafka 主题

```
import org.apache.kafka.clients.producer.*;

import java.util.Properties;

public class KafkaProducerExample {
    public static void main(String[] args) {
```

```
        //配置 Kafka 生产者属性
        Properties properties = new Properties();
        properties.put("bootstrap.servers",
"kafka-broker1:9092,kafka-broker2:9092,kafka-broker3:9092"); //Kafka 集群的节点信息
        properties.put("key.serializer",
"org.apache.kafka.common.serialization.StringSerializer");
        properties.put("value.serializer",
"org.apache.kafka.common.serialization.StringSerializer");
        //创建 Kafka 生产者
        Producer<String, String> producer = new KafkaProducer<>(properties);
        //生产并发送数据到 Kafka 主题
        String topic = "your_topic_name"; //替换 Kafka 主题名称
        //模拟生产数据并发送
        for (int i = 0; i < 10; i++) {
            String key = "key" + i;
            String value = "message" + i;
            ProducerRecord<String, String> record = new ProducerRecord<>(topic, key, value);
            producer.send(record, new Callback() {
                @Override
                public void onCompletion(RecordMetadata metadata, Exception exception) {
                    if (exception == null) {
                        System.out.println("消息发送成功, 偏移量: " + metadata.offset());
                    } else {
                        System.err.println("消息发送失败: " + exception.getMessage());
                    }
                }
            });
        }
        //关闭 Kafka 生产者
        producer.close();
    }
}
```

（2）Kafka 消费者程序消费数据

```
import org.apache.kafka.clients.consumer.*;
import org.apache.kafka.common.serialization.StringDeserializer;
import java.util.Collections;
import java.util.Properties;
public class KafkaConsumerExample {
    public static void main(String[] args) {
        //配置 Kafka 消费者属性
        Properties properties = new Properties();
        properties.put("bootstrap.servers", "kafka-broker1:9092,kafka-broker2:
9092,kafka-broker3:9092"); //Kafka 集群的节点信息
        properties.put("key.deserializer", StringDeserializer.class.getName());
        properties.put("value.deserializer", StringDeserializer.class.getName());
        properties.put("group.id", "your_consumer_group"); //替换消费组名称

        //创建 Kafka 消费者
        KafkaConsumer<String, String> consumer = new KafkaConsumer<>(properties);

        //订阅 Kafka 主题
```

```
        String topic = "your_topic_name"; //替换 Kafka 主题名称
        consumer.subscribe(Collections.singletonList(topic));

        //消费并处理 Kafka 中的数据
        while (true) {
            ConsumerRecords<String, String> records = consumer.poll(100);
            for (ConsumerRecord<String, String> record : records) {
                //解析 JSON 数据
                String jsonData = record.value();
                //接收处理基站拉链数据表的数据
                processStationChainData(jsonData);
            }
        }
    }
}
```

上述代码创建了一个 Kafka 生产者，将数据发送到指定的 Kafka 主题，然后创建了一个 Kafka 消费者，订阅指定的 Kafka 主题，再通过 processStationChainData 方法来接收处理基站拉链数据表的数据。之后便只需要替换以下信息。

- Kafka 集群的节点信息（bootstrap.servers）。
- Kafka 主题的名称。
- 消费组的名称（在消费者示例中）。

最新的 Kafka 已经不局限于分布式的消息队列，而是流处理平台。这源于 Kafka 0.9.0.0 和 Kafka 0.10.0.0 引入的两个全新的组件 Kafka Connect 与 Kafka Streaming。消息队列必须存在上下游的系统，对消息进行移入或移出。比如经典的日志分析系统，上游由 Flume 读取日志并写入 Kafka，下游由 Storm 进行实时的数据处理。

Kafka Connect 的作用是替代 Flume，让数据传输工作可以由 Kafka Connect 来完成。Kafka Connect 是一个用于在 Kafka 和其他系统之间可靠地传输数据的工具。Kafka Connect 可以快速地将大量数据移入或移出 Kafka。

Kafka Connect 的导入作业可以将从数据库或从应用程序服务器收集的数据传入 Kafka，还可以将 Kafka 中的数据传递到查询系统，也可以传输到批处理系统进行离线分析。如图 3-2-9 所示，Kafka 上游的数据 Stream 传输过来后，经过定义好的 Connector，分解为一组 Task，然后推送数据到 Kafka 的不同主题。

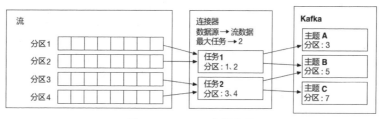

图 3-2-9　Kafka 数据传输

Kafka Connect 用户可快速定义并实现各种 Connector（如 File、JDBC、HDFS 等），可使 Kafka 方便地执行大量数据导入或导出。Kafka Connect 有两个核心概念：Source 和 Sink。Source 负责导入数据到 Kafka，Sink 负责从 Kafka 导出数据，它们都被称为 Connector。

要在 Kafka 和另一个系统之间复制数据，用户可为想要拉取数据或者推送数据的系统创建一个 Connector。Connector 有两类：SourceConnector 负责从其他系统导入数据（例如 JDBCSourceConnector 会将关系数据库导入 Kafka）；SinkConnector 负责导出数据（例如 HDFSSinkConnector 会将 Kafka 主题的内容导出到 HDFS 文件）。

其中 Connector 自身不进行任何数据复制：Connector 的配置描述要复制的数据，并且 Connector 负责将作业分解为可分发给 Worker 的一组任务。这些任务分为两类：SourceTask 和 SinkTask。

开发一个 Connector 只需要实现两个接口：Connector 接口和 Task 接口。Connector 用于单机模式，并用 SourceConnector 和 SourceTask 实现读取一个文件的每行记录，再将其作为记录发送，SinkConnector 的 SinkTask 将记录写入文件。

这里我们简单开发一个连接器。此连接器在独立模式下使用，SourceConnector 和 SourceTask 读取文件的每一行，SinkConnector 和 SinkTask 将每行记录写入一个文件。

（1）连接器示例（FileStreamSourceConnector）。

```java
public class FileStreamSourceConnector extends SourceConnector {
    private String filename;
    private String topic;
    @Override
    //返回连接器的任务实现类 FileStreamSourceTask.class
    //每个 Kafka Connect 任务负责执行实际的数据传输工作
    public Class<? extends Task> taskClass() {
        return FileStreamSourceTask.class;
    }
    @Override
    //这个方法在连接器启动时被调用
    //它从传入的配置 props 中读取文件名和主题，并将它们赋值给成员变量
    public void start(Map<String, String> props) {
        filename = props.get(FILE_CONFIG);
        topic = props.get(TOPIC_CONFIG);
    }
    @Override
    //这个方法在连接器停止时被调用
    public void stop() {
        //在这个例子中，没有实现任何特定的停止逻辑，因为连接器不需要执行任何后台监控或清理工作
    }
    @Override
    //这个方法返回一个配置列表，每个配置用于运行一个任务实例
    //本例中只有一个输入流，则只创建了一个配置，将文件名和主题添加到配置中
    public List<Map<String, String>> taskConfigs(int maxTasks) {
        ArrayList<Map<String, String>> configs = new ArrayList<>();
        //只有一个输入流有意义
        Map<String, String> config = new HashMap<>();
        if (filename != null)
            config.put(FILE_CONFIG, filename);
        config.put(TOPIC_CONFIG, topic);
        configs.add(config);
        return configs;
    }
}
```

FileStreamSourceConnector 是一个自定义的 Kafka 连接器，继承自 Kafka Connect 的 SourceConnector 类。FileStreamSourceConnector 的主要功能是配置和管理连接到外部数据

源的任务。在这个示例中，FileStreamSourceConnector 需要知道要读取的文件名和要发送数据的 Kafka 主题。

（2）任务示例（FileStreamSourceTask）。

```java
public class FileStreamSourceTask extends SourceTask {
    String filename;
    InputStream stream;
    String topic;
    @Override
    //在任务启动时被调用
    //从传入的配置 props 中读取文件名和主题，打开文件输入流，赋值给相应的成员变量
    public void start(Map<String, String> props) {
        filename = props.get(FileStreamSourceConnector.FILE_CONFIG);
        stream = openOrThrowError(filename);
        topic = props.get(FileStreamSourceConnector.TOPIC_CONFIG);
    }
    @Override
    //这个方法在任务停止时被调用，它负责关闭文件输入流
    public synchronized void stop() {
        if (stream != null) {
            try {
                stream.close();
            } catch (IOException e) {
                // Log error on closing stream
            }
        }
    }
    @Override
    //poll 方法是 Kafka Connect 源任务的核心，用于不断读取数据并生成 Kafka 消息
    //从文件中逐行读取数据，并将这些数据封装成 Kafka Connect 的 SourceRecord 对象
    public List<SourceRecord> poll() throws InterruptedException {
        try {
            ArrayList<SourceRecord> records = new ArrayList<>();
            while (streamValid(stream) && records.isEmpty()) {
                LineAndOffset line = readToNextLine(stream);
                if (line != null) {
                    Map<String, Object> sourcePartition =
Collections.singletonMap("filename", filename);
                    Map<String, Object> sourceOffset =
Collections.singletonMap("position", line.getOffset());
                    records.add(new SourceRecord(sourcePartition, sourceOffset,
topic, Schema.STRING_SCHEMA, line.getLine()));
                    //这行代码创建了一个新的 SourceRecord 对象，并将其添加到 records 列表中
                    /**SourceRecord 构造函数的参数包括源分区信息、源偏移信息、目标 Kafka
主题、数据模式(这里使用的是字符串模式)和实际的数据内容(line)**/
                } else {
                    Thread.sleep(100); // Sleep briefly to avoid tight loop if no data
                }
            }
            return records;
        } catch (IOException e) {
            //**如果底层数据流因为调用 stop 方法而被关闭，poll 方法将返回 null 并且任务的
关闭和资源释放将由 Kafka Connect 框架处理**/
        }
        return null;
```

```
      }
   }
```

FileStreamSourceTask 是与连接器相关的任务，继承自 Kafka Connect 的 SourceTask 类。FileStreamSourceTask 的主要功能是进行数据传输。start 方法用于根据连接器配置的文件名和主题打开文件流，并准备进行数据读取。poll 方法用于从输入系统获取事件并返回 SourceRecord 列表，这些记录将被传输到 Kafka 主题。如果没有可用的数据，FileStreamSourceTask 可能会进入休眠状态。

上述 2 个示例展示了如何创建一个自定义的 Kafka 连接器，以连接外部数据源，并且演示了如何使用数据模式来处理数据。

3.3　分布式实时处理 Spark Streaming

3.3　分布式实时处理 Spark Streaming

3.3.1　Spark Streaming 基本原理

Spark Streaming 是 Spark API 的核心扩展，它支持快速移动的流数据的实时处理，从而提取业务的内在规律，并实时地做出业务决策。与离线处理不同，实时处理要求实现低延迟、高可扩展性、高可靠性和高容错等能力。Spark Streaming 能满足大部分业务场景实时处理的响应需求，延迟大约为几百毫秒并且具备出色的可扩展性、可靠性和容错能力。

Spark Streaming 通过将连续事件中的流数据分割成一系列微小的批量作业（即微批处理作业），使得计算机几乎可以实现流处理。因为存在大约几百毫秒的延迟，所以不可能做到完全实时，但可满足大部分应用场景的需要。Spark Streaming 通过将数据流拆分为离散流（Discretized Stream, DStream）来实现从批处理到微批处理的转化。DStream 是由 Spark Streaming 提供的 API，用于创建和处理微批处理任务。DStream 是在 Spark 核心引擎上处理的 RDD 序列。

如图 3-3-1 所示，Spark Streaming 接收器接收来自数据源的输入，数据可以从多处获取，如 Kafka、Flume、HDFS 等，甚至可以从 TCP 套接字、文件流等基本数据源中获取。获取到的数据通过接收器，从而创建亚秒级批处理的 DStream，再将其交给 Spark 核心引擎进行处理。最后，每个输出的批处理数据会被存储起来。

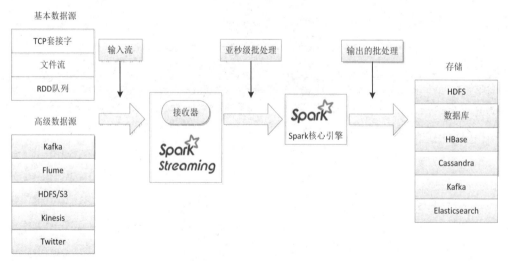

图 3-3-1　Sprak Streaming 体系架构

将输入流拆分为 DStream 进而转化为近似流处理有多个优点。

- 动态负载均衡：传统的"一次处理一条记录"的流处理框架会使数据流不均匀地分布至不同的节点，导致部分节点性能降低，而 Spark Streaming 会根据资源的可用性来调度任务。
- 快速恢复故障：任何节点发生故障，该节点处理的任务将会失败，失败的任务将在其他节点上重新启动，从而实现快速恢复故障。
- 批处理与流处理统一：批处理和流处理的工作负载可以合并到同一个程序中，而不是分开处理。
- 性能好：Spark Streaming 具有比其他流架构更高的吞吐量。

1. 输入数据源

Spark Streaming 支持 3 种类型的输入数据源。
- 基本数据源：文件流、TCP 套接字、RDD 队列等。
- 高级数据源：Kafka、Flume 等，它们可以通过额外的实用程序类访问。
- 自定义数据源：需要实现用户定义的接收器。

2. DStream 的转换操作

DStream 的转换操作与 RDD 的类似。DStream 的转换操作允许修改来自 DStream 的数据。DStream 支持许多标准 Spark RDD 上可用的转换操作，部分重要的转换操作如表 3-3-1 所示。

表 3-3-1　DStream 上部分重要的转换操作

转换操作	描述
map()	利用函数 func 处理 DStream 的每个元素，返回一个新的 DStream
join(otherStream,[numTasks])	当应用于两个 DStream（一个包含(K,V)，一个包含(K,W)）时，返回一个包含 (K,(V,W))的新 DStream
union(otherStream)	返回一个新的 DStream，其中包含源 DStream 和 otherStream 的联合元素
count()	通过计算源 DStream 中每个 RDD 的元素数量，返回一个包含单元素（Single-Element）RDD 的新 DStream
reduce(func)	利用函数 func 聚集源 DStream 中每个 RDD 的元素，返回一个包含单元素 RDD 的新 DStream。函数应该是相关联的，使计算可以并行化
reduceByKey(func,[numTasks])	在一个由(K,V)组成的 DStream 上调用这个算子，返回一个新的由(K,V)组成的 DStream，每一个 key 值由给定的 reduce 函数聚集。注意：在默认情况下，这个算子利用 Spark 默认的并发任务数分组。参数 numTasks 用于设置任务数
updateStateByKey(func)	利用给定的函数更新 DStream 的状态，返回一个新"state"的 DStream
Transform(func)	通过对源 DStream 的每个 RDD 应用 RDD-to-RDD 函数，创建一个新的 DStream。这个方法可以在 DStream 中的任何 RDD 操作中使用

3. 输出存储

数据在 Spark Streaming 应用程序中处理好之后，就可以写入各种接收器，如 HDFS、HBase、Cassandra、Kafka 等。所有输出操作都按照它们在应用程序中定义的顺序执行。

4. Spark Streaming 容错机制

Spark Streaming 应用程序中有两种故障：执行进程故障和驱动进程故障。下面对两种故障及其恢复进行介绍。

（1）执行进程故障

执行进程在运行过程中会由于硬件或软件的问题出现故障，称为执行进程故障。如果执行进程出现故障，则在执行进程上运行的任务都会失败，并且存储在执行进程 JVM 中的所有内存数据会丢失。如果故障进程所在节点上有接收器在运行，则所有已经缓冲但尚未处理的数据块会丢失。针对执行进程故障，Spark Streaming 的处理方式是在一个新节点上布置一个新的接收器用来处理故障，并且任务会在数据块的副本上重新启动，如图 3-3-2 所示。

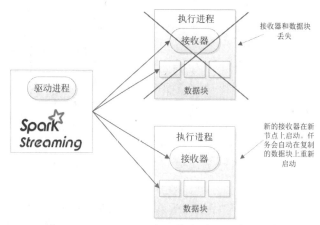

图 3-3-2　Spark Streaming 执行进程故障的恢复

（2）驱动进程故障

如果驱动进程出现故障，则所有执行进程都会失败。Spark Streaming 从驱动进程故障中恢复有两种方法：使用检查点恢复和使用预写日志（Write Ahead Log，WAL）恢复。要实现零数据恢复，需要两种方法配合使用。

① 使用检查点恢复。

Spark Streaming 应用程序把数据作为检查点存储到存储系统中。检查点目录中存储两种类型的数据：元数据和数据。元数据主要是应用程序的配置信息、DStream 操作信息和不完整的批处理信息。数据就是 RDD 内容。元数据的检查点用于恢复驱动进程，而数据的检查点用于恢复 DStream 有状态的转换。

Spark Streaming 使用检查点恢复驱动进程故障如图 3-3-3 所示。

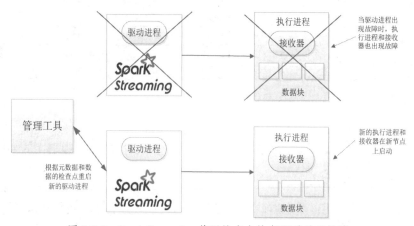

图 3-3-3　Spark Streaming 使用检查点恢复驱动进程故障

② 使用 WAL 恢复。

当 Spark Streaming 应用程序从驱动进程故障中恢复时，已经被接收器接收但尚未被处理的数据块会丢失，启动 WAL 恢复功能可以减少这种损失。

3.3.2 Spark Streaming 操作实践

（1）union 操作

union 操作可以将两个 DStream 组合起来创建一个 DStream。例如，Kafka 或 Flume 的多个接收器接收的数据可以组合起来，创建新的 DStream。这是 Spark Streaming 中提高可扩展性常用的方法。

```
stream1 = ...
stream2 = ...
MultiDStream = stream1.union(stream2)
```

（2）transform 操作

transform 操作可以把批处理和流处理结合在一起。通过 transform 操作，开发者能够对 DStream 中的每个 RDD 应用任意的 RDD-to-RDD 函数。transform 操作可在 Spark Streaming 数据流上执行复杂的数据转换操作。

```
//创建 Spark Conf 和 StreamingContext
val conf = new SparkConf().setAppName("CleanedDStreamApp")
val ssc = new StreamingContext(conf, Seconds(10))  //批处理间隔时间为 10s
//从 HDFS 读取数据创建 RDD
val cleanRDD = ssc.sparkContext.textFile("hdfs://hostname:8020/input/
cleandata.txt")
//创建一个 DStream，例如，从网络套接字读取
val myDStream: DStream[String] = ssc.socketTextStream("hostname", portNumber)
//对 DStream 中的每个 RDD 进行 transform 操作
val myCleanedDStream = myDStream.transform { rdd =>
//在这里进行 join 操作和过滤，撰写具体的 join 逻辑和 filter 条件
rdd.join(cleanRDD).filter(/* 过滤条件 */)
```

（3）updateStateByKey 操作

updateStateByKey 操作可以为每个 key 维护一个 state，并持续不断地更新 state。使用时需要定义状态和状态更新函数。updateStateByKey 操作是一种有状态的变换操作，其将启动到结束过程中的结果全部进行缓存，并实时更新。

（4）窗口操作

Spark Streaming 提供强大的窗口计算，并允许在数据的滑动窗口上应用变换。举例代码如下。

```
val countsDStream = hashTagsDStream.window(Minutes(10),Seconds(1))
.countByValue()
```

如图 3-3-4 所示，窗口长度为 20s，滑动间隔为 10s，批处理间隔为 5s。程序在 20s 的滑动窗口中对来自 Twitter 的主题标签的数量进行计数。当窗口每 10s 滑动一次时，会在 20s 的窗口中计算出主题标签的数量。

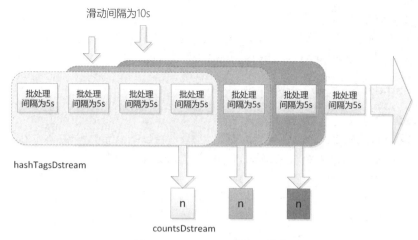

图 3-3-4　DStream 的窗口操作

表 3-3-2 所示为 Spark Streaming 的常见窗口操作。

表 3-3-2　**Spark Streaming 的常见窗口操作**

窗口操作	描述
window()	返回具有批量窗口的新 DStream
countByWindow()	返回用于流中元素的滑动窗口计数的新 DStream
reduceByWindow()	通过使用聚合元素的函数来返回新的 DStream
reduceByKeyAndWindow()	通过使用聚合每个键对应值的函数来返回新的 DStream
countByValueAndWindow()	返回含有键值对的新 DStream，其中每个键的值是其在滑动窗口内的频率

3.4 分布式实时处理 Flink

3.4.1　Flink 体系框架及基本原理

3.4.1　Flink 体系框架及基本原理

Flink 是框架，也是分布式处理引擎，用于对无界和有界数据流进行状态计算。Flink 能在所有常见集群环境中运行，并能以内存速度和任意规模进行计算。

1．有状态分布式流处理

传统的批处理方法通常是持续接收数据，以时间作为划分数个批次数据集的依据，再周期性地执行批次运算。假设时间间隔是 2min，如果需要计算每小时进行时间转换的次数，就跨越了时间间隔，并且传统批处理需要将中间结果带入下一个批次进行计算；此外，当出现接收的事件顺序颠倒的情况，传统批处理仍会将中介状态带到下一个批次的运算结果中，这种处理方式不尽如人意，可能会导致跨批次计算出现错误。

理想的方法应该是有状态的流处理，流处理状态图如图 3-4-1 所示。

这种方法的主要特点如下。

- **大规模分布式状态管理**：Flink 可以累积状态和维护状态，可以基于历史接收的所有事件计算并生成输出。
- **时序性**：Flink 可以操控数据完整性，并保证时序性。
- **实时性**：采用持续性数据处理模型来生成实时结果。

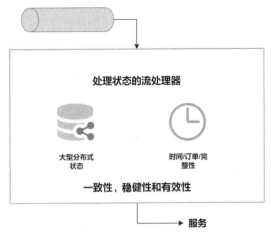

图 3-4-1　流处理状态图

（1）流处理的本质需求

流处理以代码作为数据处理的基础逻辑，从一个提供无穷无尽的数据的数据源持续接收数据，数据流经代码处理后产生结果，然后输出，如图 3-4-2 所示。

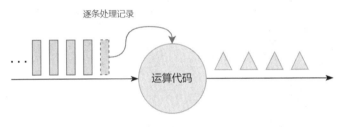

图 3-4-2　流处理示意图

（2）分布式流处理

假设数据流有多个使用者，每个使用者有自己的 ID。如果要计算每个使用者出现的次数，则需要让同一个使用者的出现事件"流"到一般运算代码中，这与其他批次需要做 group by 原理相似，所以与 Stream 一样需要进行分区，设定相应的键 key，然后让具有相同 key 的数据流到同一个计算实例并进行同样的运算，如图 3-4-3 所示。

（3）有状态分布式流处理

如图 3-4-4 所示，图中的代码定义了变量 x，x 在数据处理过程中会执行读操作和写操作，在最后输出结果时，可以依据变量 x 决定输出的内容，即变量 x 会影响最终的输出结果。

在这个过程中，第一个关键点是依据键值的状态进行协同划分，具有相同 key 的状态会流到相同的计算实例，这些状态会与同一个 key 的事件累积在同一个计算实例。相当于根据数据流的 key 对状态进行重新分区，当不同分区的状态进入 Stream 之后，其累积的状态就变成了 co-partition（合作分区）。

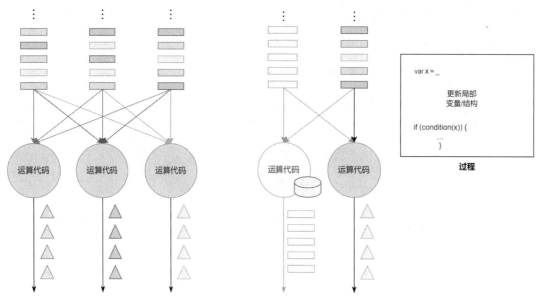

图 3-4-3　分布式流处理示意图　　　　　图 3-4-4　有状态分布式流处理示意图

第二个关键点是合理使用嵌入式本地状态后端。有状态分布式流处理引擎的状态可能会累积得非常多，即当 key 非常多时，状态可能会超出单一节点的负荷量，这时必须用嵌入式本地状态后端去维护。在正常状况下，这个嵌入式本地状态后端用 In-Memory 技术维护即可。

2．分布式流处理的状态维护及容错

有状态分布式流处理中有两大挑战，具体如下。

- **状态维护**：将每次输入的事件反映到状态。
- **状态容错**：更改状态都是精确一次的，如果更改超过一次，意味着数据引擎产生的结果是不可靠的。

要确保状态拥有精确一次的容错，要在分布式场景下对多个拥有本地状态的算子产生一个全域一致的快照（Global Consistent Snapshot）。更重要的是，要在不中断运算的前提下产生快照。

（1）非并行的简单场景

在非并行的简单场景中，精确一次的容错方法面对无限流的数据，之后只需要使用单一的程序 Process 进行运算，每执行完一次运算就会累积一次状态，每处理完一组数据、更改完状态后进行一次快照，快照包含在队列中并与相应的状态进行对比。完成一致的快照，就能确保精确一次的容错机制。

（2）分布式场景

① 全域一致的快照。

分布式快照可以用来实现状态容错，任何一个节点挂掉的时候我们都可以在之前的检查点（Checkpoint）中将其恢复。如图 3-4-5 所示，其中检查点的各个运算值的状态数据的快照是连续的，每次产生检查点时将各个状态数据传入共享的文件系统中。

如图 3-4-6 所示，当任何一个 Process 出错挂掉后，可以直接从 3 个完整的 Checkpoint

中将所有的算子运算值的状态恢复，从上次消费数据的地方重新计算，使整个 Process 能够实现分布式场景中精确一次的容错。

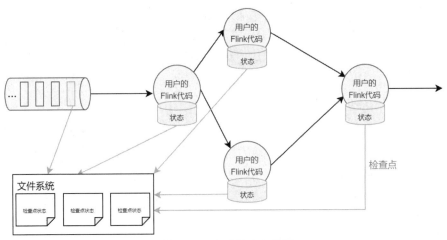

图 3-4-5　生成检查点快照

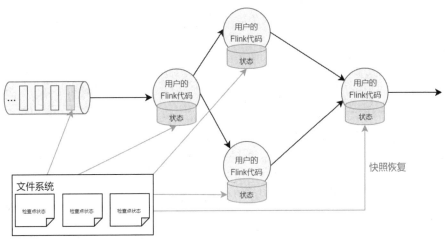

图 3-4-6　恢复检查点快照

② 持续产生分布式快照。

用一个简单的场景来描述 Checkpoint 的具体过程，如图 3-4-7 所示，在周期性的流事件中，隔一段时间会插入一个栅栏（Barrier）事件，用于隔离不同批次的事件。比如在 Flink 中，由 job manager 触发 Checkpoint，Checkpoint 被触发后开始从数据源产生 Checkpoint barrier，生成所有运算值的状态。当 job 开始生成 Checkpoint barrier N 时，情况可以抽象为 Checkpoint barrier N 需要逐步填充图 3-4-7 中的表格。

当数据源收到 Checkpoint barrier N 之后，其会先将自己的状态保存。以读取 Kafka 资料为例，数据源的状态就是目前数据源在 Kafka 分区的位置，这个状态会写入图 3-4-7 中的表格。

如图 3-4-8 所示，当事件标为深色，且 Checkpoint barrier N 也标为深色时，代表右侧的数据或事件由 Checkpoint barrier N 负责，左侧白色的数据或事件则不由 Checkpoint barrier N 负责。

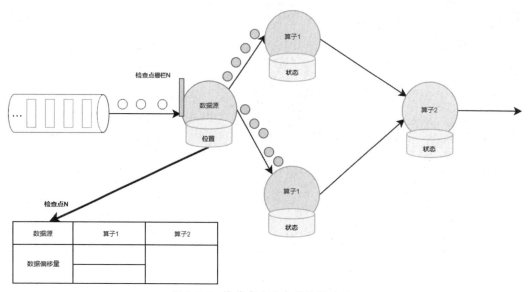

图 3-4-7　持续产生分布式快照（1）

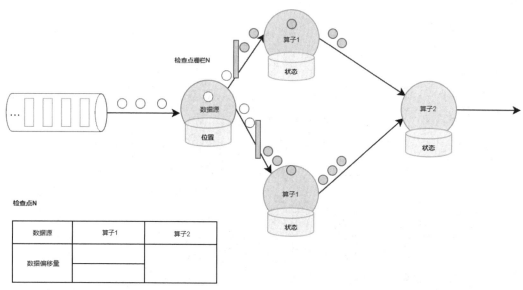

图 3-4-8　持续产生分布式快照（2）

　　下游的算子 1 会开始运算属于 Checkpoint barrier N 的数据。当 Checkpoint barrier N 跟着这些数据流到算子 1 之后，算子 1 会将属于 Checkpoint barrier N 的所有数据都反映在状态中，收到 Checkpoint barrier N 的数据时会直接对 Checkpoint 进行快照。

　　当快照完成后，算子 2 会接收所有数据，然后搜索 Checkpoint barrier N 的数据并直接反映到状态中，当状态收到 Checkpoint barrier N 的数据之后会直接写入 Checkpoint N，如图 3-4-9 所示。

　　通过以上过程可以看到 Checkpoint barrier N 已经形成了一个完整的表格，这个表格叫作 Distributed Snapshots，即分布式快照。

　　在多个 Checkpoint 同时执行的情况下，以 Flink 为例，如果 Checkpoint barrier N 已经从 job manager 1 流到 job manager 2，Flink 的 job manager 就可以触发其他的 Checkpoint，

如 Checkpoint N + 1、Checkpoint N + 2 等同步进行。利用这种机制，可以在不妨碍运算的状况下持续地产生 Checkpoint。

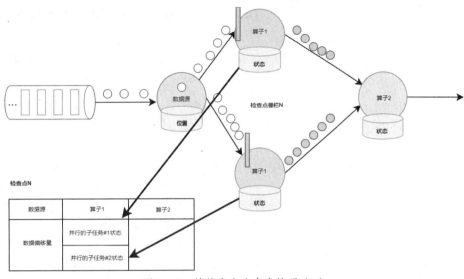

图 3-4-9　持续产生分布式快照（3）

（3）状态维护

State 的存储、访问以及维护是由一个可插拔的组件决定的，这个组件称为状态后端（State Backend）。一个状态后端主要负责两件事：本地 state 管理以及为状态做检查点并存储到外部地址。

在 Flink 程序中，可以采用 getRuntimeContext().getState(desc) 访问状态，如图 3-4-10 所示。Flink 提供 3 种状态后端，分别是基于内存的状态后端 MemoryStateBackend、基于文件系统的状态后端 FsStateBackend 以及以 RocksDB 为存储介质的 RocksDBStateBackend。这 3 种状态后端都能够有效地存储 Flink 流计算过程中产生的状态数据。在默认情况下，Flink 使用的是 MemoryStateBackend。3 种状态后端的区别见表 3-4-1。

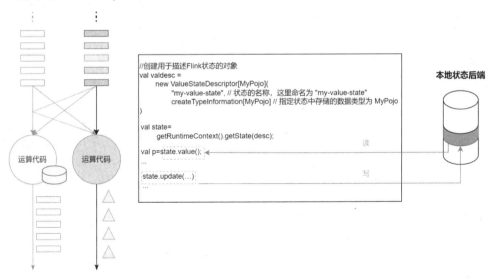

图 3-4-10　状态后端读写

表 3-4-1　Flink 中 3 种状态后端的区别

		种类		
		MemoryStateBackend	FsStateBackend	RocksDBStateBackend
区别	存储方式	State：TaskManager 内存。Checkpoint：JobManager 内存	State：TaskManager 内存。Checkpoint：外部文件系统 HDFS	State：TaskManager 上的 RocksDB（外存+硬盘）。Checkpoint：外部文件系统 HDFS
	使用场景	本地测试	分钟级窗口聚合、join，生产环境使用	超大状态作业，天级窗口聚合，生产环境使用

　　MemoryStateBackend 将状态数据存储到 JVM 堆内存中，包括用户在使用 DataStream API 时创建的键值对 State、窗口中缓存的状态数据，以及触发器等数据。MemoryStateBackend 存储快速且高效，但是受到内存容量的限制，一旦存储的状态数据过多就会导致系统内存溢出，影响整个应用的正常运行。同时内存中的数据无法保证持久化，一旦机器本身出现故障，很可能导致状态数据全部丢失。因此从数据安全的角度出发，应尽量避免使用 MemoryStateBackend 作为状态后端，其主要使用场景为在本地测试环境进行调试和验证。

　　FsStateBackend 是一种基于文件系统的状态后端，其文件系统可以是本地文件系统，也可以是 HDFS。FsStateBackend 默认采用异步的方式将状态数据同步到文件系统中，异步方式能够尽可能地避免在 Checkpoint 的过程中影响流计算任务，当然用户也可以自定义为同步方式。相比 MemoryStateBackend，FsStateBackend 更适合任务状态数据量非常大的情况，例如应用中含有时间范围非常大的窗口计算，或键值对 State 状态数据量非常大的场景，这时系统内存不足以支撑状态数据的存储。同时 FsStateBackend 最大的优点是相对比较稳定，在 Checkpoint 时，其能将状态持久化到 HDFS 中，并且能最大程度地保证状态数据的安全性。

　　与前两种状态后端不同，RocksDBStateBackend 需要单独引入相关的依赖包。RocksDB 是一个键值对的内存存储系统，类似 HBase，是一种内存和磁盘混合的 LSM（Log-Structured Merge-Tree，基于日志结构的合并树）数据库。当写数据时会先写入 write buffer（类似 HBase 的 memstore），然后 flush（刷新）到磁盘文件；当读数据时会先读取 block cache（类似 HBase 的 block cache），所以速度很快。RocksDBStateBackend 在性能上要比 FsStateBackend 好一些，因为借助 RocksDB 存储了最新热数据，然后通过异步方式将其同步到文件系统中，但 RocksDBStateBackend 比 MemoryStateBackend 性能较差。

　　RocksDB 不支持同步的 Checkpoint，因此构造方法中没有同步快照这个选项。不过 RocksDB 支持增量的 Checkpoint，也是目前唯一增量 Checkpoint 的后端，这意味着不需要把所有 SST 文件上传到 Checkpoint 目录，仅上传新生成的 SST 文件即可。RocksDB 的 Checkpoint 存储在外部文件系统（HDFS）中，其容量限制只要单个 TaskManager 上 State 总量不超过它的内存和磁盘，单个 Key 最大为 2GB，总大小不超过配置的文件系统容量即可。对于超大状态的作业，例如天级窗口聚合等场景，可以使用该状态后端。

3．Flink 框架关键概念

（1）流

　　在基于流的世界中，数据流可以分为有界流和无界流，如图 3-4-11 所示。

　　无界流（Unbounded Stream）：无界流是有始无终的数据流，即无限数据流，其必须被持续处理，即数据被接收后需要立即被处理，简单来说就是数据没有边界，采用流数据处理。Flink 就是按照流数据的产生方式，将有界数据转换为无界数据统一进行流处理。

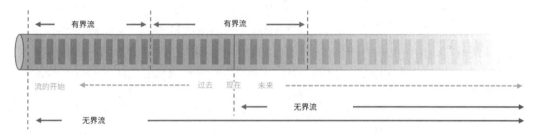

图 3-4-11　数据流示意图

有界流（Bounded Stream）：有界流是限定大小的有始有终的数据集合，即有限数据流。有界流可以获取所有数据后再进行计算。有界流可以对所有数据进行排序，所以不需要有序获取。简单来说就是数据有边界，采用批数据处理。Spark 按照批次，微批处理流数据。

统一数据处理：一段时间内的无界数据集其实就是有界数据集，一定时间范围内的数据，如一年的交易数据，一条一条地按照产生的顺序发送到流系统，通过流系统对数据进行处理，可以认为是相对的"无界数据"。

（2）状态

状态是计算过程中的数据信息，在容错恢复和 Checkpoint 中有重要的作用。流计算的本质是增量处理，需要不断查询、保持状态，为了确保精确一次语义，需要数据能够写入状态中并持久化存储，保证在整个分布式系统运行失败或者挂掉的情况下做到精确一次。此外，有些操作是没有状态的，如 Map 操作只跟输入数据有关。

Flink 有以下两类状态。

- 数据处理应用程序自定义的状态，这类状态由应用程序创建和维护。
- 引擎定义的状态，这类状态由引擎负责管理，如窗口缓存的时间及中间聚合结果。

（3）时间

流数据处理的一大特点是数据具有顺序，即时间概念。如图 3-4-12 所示，Flink 根据事件的产生规定了如下 3 种不同的时间概念。

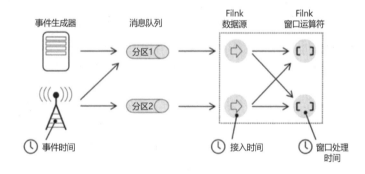

图 3-4-12　Flink 时间概念

① 事件时间。

事件时间（Event Time）是事件发生时的时间，一般是数据本身携带的时间，在进入 Flink 之前就已经确定下来。在时间数据的后续处理过程中，事件时间始终保持不变，与后续数据处理系统无关，并且一定早于进入 Flink 后产生的时间戳的时间。在事件进入 Flink 后，数据系统可以根据事件时间判断不同事件执行的先后顺序，不会出现数据传输过程中的记录出错、乱序等问题，保证流处理的稳定性。

② 接入时间。

接入时间（Ingestion Time）是事件进入 Flink 的时间，具体时间戳依赖数据源算子所在主机的系统时间。接入时间介于事件时间和处理时间之间。相比处理时间，获取接入时间的代价较高，但可以提供更可预测的结果。由于接入时间使用稳定的时间戳，在数据源处分配后不再变化，因此不会受到本地系统时钟异步和传输延迟的影响。

接入时间与事件时间非常相似，都具有自动分配时间戳和自动生成水印功能。与事件时间相比，接入时间无法处理任何乱序事件或延迟的数据，但是接入时间不必指定生成水位线。

③ 处理时间。

处理时间（Processing Time）是指事件被系统处理时主机的系统时间，即数据流入某个具体算子时的系统时间。当一个流程序通过处理时间来运行，所有基于时间的操作（如时间窗口）将使用各自所在的物理机的系统时间。

处理时间拥有最好的性能和最低的延迟，但在分布式计算环境中，处理时间具有不确定性，相同数据流多次运行可能产生不同的计算结果。因为分布式系统容易受到从记录到达系统的速度和记录在系统内算子之间流动速度的影响，所以处理时间通常适用于对时间精度要求不高的运算场景。

Flink 中默认使用处理时间，如果要选择使用事件时间或接入时间，需要调用 setStreamTimeCharacteristic()方法，传入对应的参数，设定系统时间概念，使之全局生效。

（4）水位线

流处理从事件产生，流经 Source，到 Operator，中间有一个过程和时间。虽然大部分情况下，流到 Operator 的数据都是按照事件产生的时间顺序流入的，但是不排除由于网络延迟等原因导致乱序。一旦出现乱序，如果只根据事件时间决定 window 的运行，则不能明确数据是否全部到位，又不能无限期地等下去，所以必须要有一个机制来保证一段特定的时间后，触发 window 进行计算，这个特定的机制就是水位线（Watermark），也称为水印。

Watermark 用来权衡数据的处理进度，保证数据到达的完整性，事件数据能够全部到达 Flink，并且在数据乱序或延迟等情况下，依然能够按照预期计算出正确、连续的结果。

① Watermark 的定义。

Watermark 是一种特殊的时间戳，也是一种被插入数据流的特殊的数据结构，用于表示事件时间小于 Watermark 的事件已经全部落入相应的窗口，此时可进行窗口操作。图 3-4-13 所示为乱序数据流，窗口大小为 5。w(5) 表示事件时间小于 5 的所有数据均已落入相应窗口，window_end_time ≤5 的所有窗口都将进行计算。w(10) 表示事件时间小于 10 的所有数据均已落入相应窗口，5＜window_end_time ≤10 的所有窗口都将进行计算。

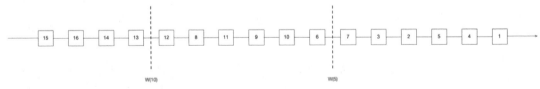

图 3-4-13　乱序数据流

② Watermark 的生成、更新。

生成 Watermark 的方式主要有如下两种。

- 使用周期性水位线：周期性生成 Watermark，周期默认为 200ms，可通过 env.getConfig(). setAutoWatermarkInterval() 进行修改。这种方法较为常用。
- 使用断点式水位线：在满足自定义条件时生成 Watermark，每一个元素都有机会决定是否生成一个 Watermark，如果得到的 Watermark 不为 NULL 并且比之前的大就注入流中。

Watermark 有如下两种更新规则。
- 单并行度：Watermark 单调递增，一直覆盖较小的 Watermark。
- 多并行度：每个分区都会维护和更新自己的 Watermark，某一时刻的 Watermark 为所有分区中最小的 Watermark，如图 3-4-14 所示。

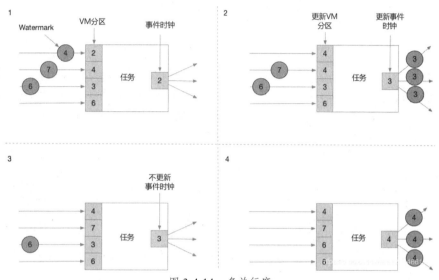

图 3-4-14　多并行度

③ Watermark 示例。

在实际中，Watermark 时间戳的计算如下。

Watermark 时间戳=MaxTimestamp 最新的事件时间−固定时间延迟

窗口计算的触发条件为 Watermark 时间戳大于或等于窗口的结束时间，窗口内必须有事件发生，即[window_start_time，window_end_time)内必须有数据。

首先定义窗口大小为 10s，延迟时间为 3s，每隔 1s 启动一个检查点。如图 3-4-15 所示，在本次窗口内 Watermark 随着 MaxTimestamp 的变化而变化，当 Watermark 超过当前窗口的结束时间 20000ms 时，触发新的窗口计算。

10s window，3s 延迟（基于事件最大时间戳）			
事件时间	MaxTimestamp	Watermark	
10000	10000	7000	
11000	11000	8000	
12000	12000	9000	
13000	13000	10000	
18000	18000	15000	Watermark无变化
12500	18000	15000	Watermark无变化
12000	18000	15000	Watermark无变化
17000	18000	15000	Watermark无变化
19000	19000	16000	

图 3-4-15　Watermark 计算示例

（5）API 分层与抽象

Flink 的 API 分层如图 3-4-16 所示，大致分为 3 层：SQL/Table API、DataStream API、ProcessFunction。越顶层越抽象，表达含义越简明，使用越方便；越底层越具体，表达能力越丰富，使用越灵活。

图 3-4-16　Flink 的 API 分层

最底层的 API 仅提供状态流，它将通过过程函数（Process Function）被嵌入 DataStream API 中。底层过程函数与 DataStream API 集成，叫以对某些特定的操作进行底层的抽象，它允许用户自由地处理来自一个或多个数据流的事件，并使用一致的容错的状态。除此之外，用户可以注册事件时间并进行时间回调，从而使程序可以处理复杂的计算。

实际上，大多数应用并不需要底层抽象，而是针对核心 API（Core APIs）进行编程，比如 DataStream API 以及 DataSet API。这些 API 为数据处理提供通用的构建模块，比如由用户自定义的多种形式的转换（Transition）、连接（Join）、聚合（Aggregation）、窗口操作等。DataSet API 为有界数据集提供额外的支持，例如循环与迭代。这些 API 处理的数据类型以类（Class）的形式由各自的编程语言表示。

SQL/Table API 是以表为中心的声明式编程接口，其中表可能会在表达流数据时动态变化。SQL/Table API 遵循扩展的关系数据模型：表有二维数据结构（类似关系数据库中的表）。同时 API 提供可比较的操作，例如 select、project、join、group-by、aggregate 等。SQL/Table API 程序声明式地定义了什么逻辑操作应该执行，而不是准确地定义这些操作代码看上去如何。尽管 SQL/Table API 可以通过多种类型的用户自定义函数进行扩展，其仍不如核心 API 更具表达能力，但是使用起来更加简洁（代码量更少）。除此之外，SQL/Table API 程序在执行之前会经过内置优化器进行优化。

我们可以在表与 DataStream 和 DataSet 之间无缝切换，以允许程序将 SQL/Table API、DataStream、DataSet 混合使用。

Flink 提供的最高层的抽象是 SQL API。这一层抽象在语法与表达能力上与 SQL/Table API 的类似，但是其以 SQL 查询表达式的形式表示程序。SQL 抽象与 SQL/Table API 交互密切，而 SQL 查询表达式可以直接在 SQL/Table API 定义的表上执行。

4．Flink 架构原理

（1）Flink 层级架构

为了降低系统耦合度，Flink 在设计时采用分层的系统架构，给上层提供丰富的接口。如图 3-4-17 所示，Flink 整体架构大致分为 4 层，由下至上依次是 Deploy、Core、API 和 Library。

Deploy 主要涉及 Flink 的部署模式，如本地、集群（Standalone 和 YARN）和云服务器（GCE 和 EC2）模式。通过该层，Flink 能够实现不同平台的部署，让用户自由选择需要使用的部署模式。

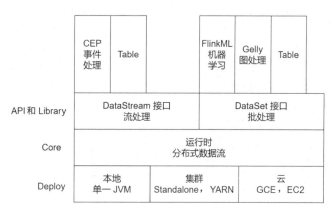

图 3-4-17　Flink 层级架构

Core 提供支持 Flink 分布式计算的全部核心实现，为 API 提供基础服务。具体包括支持分布式 Stream 作业的执行、JobGraph 到 ExecutionGraph 的映射转换、任务调度管理等。该层将流数据和批数据转换成统一的任务算子，使得流引擎能够同时进行批量计算和流计算。

API 主要实现面向无界流的流处理 API 和面向 Batch 的批处理 API，其中 DataStream API 对应流处理，DataSet API 对应批处理。

Library 是在 API 之上构建的满足特定应用的计算实现框架，包括支持面向流处理的 CEP 库、支持面向批处理的 FlinkML（机器学习库）、基于类 SQL 的操作（基于 Table 的关系操作）、Gelly（图处理）等。

（2）Flink 运行时架构

如图 3-4-18 所示，Flink 中有 4 个不同的组件，协作运行流程序，分别为派发器 Dispatcher、作业管理器 JobManager、资源管理器 ResourceManager 和任务管理器 TaskManager。Flink 由 Java 和 Scala 实现，这些组件全部运行在 JVM 中。每个组件的具体功能如下。

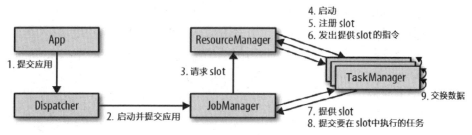

图 3-4-18　Flink 运行时架构

① Dispatcher。

Dispatcher 可以跨作业运行，它为应用提交提供 REST 接口。当一个应用被提交执行时，Dispatcher 就会启动一个 JobManager 并将应用移交给它。REST 接口使得 Dispatcher 可以作为一个位于防火墙之后的 HTTP 入口服务提供给外部。Dispatcher 也运行 Web 控制面板，用于提供 job 执行的信息。Dispatcher 有时并不是必须的，具体取决于应用如何提交执行。

② JobManager。

控制应用程序执行的主进程，即每个应用程序会被不同的 JobManager 接收并控制执行。一个应用包含一个 JobGraph、一个逻辑数据流图（Logical Dataflow Graph）以及一个

JAR 文件（包含所有需要的类、lib 库以及其他资源）。JobManager 将 JobGraph 转化为物理数据流图（Physical Dataflow Graph），称为 ExecutionGraph。ExecutionGraph 由一些可以并行执行的任务（Task）组成。JobManager 向 ResourceManager 申请必需的计算资源（称为 slot）用于执行任务。一旦 JobManager 接收到足够的 slot，就将 ExecutionGraph 中的 Task 分发到 TaskManager 并执行。在执行过程中，JobManager 负责进行任何需要中心协调(center coordination）的操作，例如检查点的协调。

③ ResourceManager。

Flink 为不同的环境和资源提供者（如 YARN、Kubernetes、Standalone）提供不同的 ResourceManager。ResourceManager 负责管理 Flink 的处理资源单元——任务管理器槽 slot。当 JobManager 申请 slot 时，ResourceManager 会指示一个拥有空闲 slot 的 TaskManager，将其 slot 提供给 JobManager。如果 ResourceManager 的 slot 数量无法满足 JobManager 的请求，则 ResourceManager 可以与资源提供者通信，让它们提供额外的容器来启动更多的 TaskManager 进程。同时，ResourceManager 还负责终止空闲进程的 TaskManager 以释放计算资源。

④ TaskManager。

TaskManager 是 Flink 中的工作进程。通常在 Flink 中有多个 TaskManager 运行，每个 TaskManager 包含一定数量的槽（slot），slot 的数量限制了 TaskManager 可执行的任务数。TaskManager 在启动之后会向 ResourceManager 注册 slot，当接收到 ResourceManager 的指示时，TaskManager 会向 JobManager 提供一个或者多个 slot，然后 JobManager 可以向 slot 分配并执行任务。在执行过程中，运行同一个应用的不同任务的 TaskManager 之间会产生数据交换。

从资源角度来看，slot 是 TaskManager 中的最小资源分配单位。一个 TaskManager 中有多少个 slot 就意味着能支持多少并发的 Task 处理。一个 slot 中可以执行多个 Operator，一般这些 Operator 是能被绑定在一起处理的。

从任务角度来看，Task 是 Flink 中资源调度的最小单位，在一个 DAG 中不能被链接在一起的 Operator 会被分隔到不同的 Task 中。

基于上述两种架构特点，Flink 具有以下特性。

- Flink 具备使用统一的框架处理有界流和无界流两种数据流的能力。
- Flink 部署灵活。Flink 底层支持多种资源调度器，包括 YARN、Kubernetes 等。Flink 自身带的 Standalone 的调度器，在部署上也十分灵活。
- Flink 具有极高的可伸缩性。可伸缩性对分布式系统十分重要，例如，阿里巴巴"双十一"采用 Flink 处理海量数据，使用过程中测得 Flink 峰值可达 17 亿条每秒。
- Flink 具有极致的流处理性能。Flink 相对 Storm 最大的特点是可将状态语义完全抽象到框架中，支持本地状态读取，避免大量网络输入输出，可以极大地提升状态存取的性能。

3.4.2 Flink DataStream 知识

1．DataStream 类型转换

数据流 DataStream 是 Flink 流处理 API 中最核心的数据结构之一，常用的 API 如图 3-4-19 所示，不同 DataStream 通过不同的 Operator 转换成 Stream 图。

3.4.2 Flink DataStream 知识

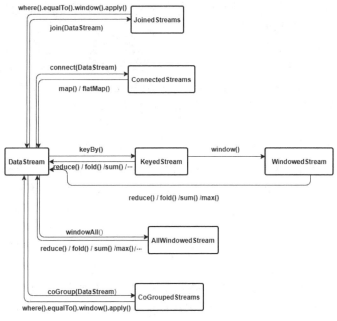

图 3-4-19　数据流类型转换

图中 DataStream 代表了运行在多个分区上的并行流。ConnectedStreams 用来连接两个流，且只能连接两个流。用 ConnectedStreams 连接的两个流类型可以不一致，并可以对两个流的数据应用不同的处理方法；流之间可以共享状态，当第一个流的输入会影响第二个流时，会非常有用。

KeyedStream 用来表示根据指定的 key 进行分组的数据流。一个 KeyedStream 可以通过调用 DataStream.keyBy() 来获得；而在 KeyedStream 上进行任何转换都将使其转化为 DataStream。WindowedStream 代表根据 key 分组，且基于 WindowAssigner 切分窗口的数据流，所以 WindowedStream 是从 KeyedStream 衍生而来的，对它进行任何转换都将转化为 DataStream。

JoinedStreams 与 CoGroupedStreams 类似。CoGroupedStreams 侧重的是对数据进行分组，对同一个 key 上的两组集合进行操作；JoinedStreams 侧重的是数据对，是对同一个 key 上的每对元素进行操作。CoGroupedStreams 和 JoinedStreams 两者都对不断产生的数据进行运算，但不能无限地在内存中持有数据。在底层，两者都是基于窗口实现。

2．DataStream 实时处理

DataStream 是 Flink 编写流处理作业的 API。根据 DataStream 构建一个典型的 Flink 流应用，其处理流程如图 3-4-20 所示。

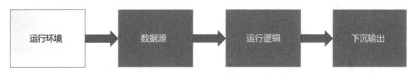

图 3-4-20　Flink 流应用处理流程

Flink 流应用处理的具体流程为：①设置运行环境，得到环境上下文对象；②准备数据源，用不同数据源创建 DataStream 对象；③编写运行逻辑，把一个或多个 DataStream 转换

为另一个 DataStream；④数据下沉输出，将处理完的数据发送到指定的存储系统、后续处理系统，触发程序执行，实现数据的输出。

总的来说，数据源模块定义数据接入功能，主要将各种外部数据接入 Flink 系统，并将接入数据转换为对应的 DataStream 数据集。运行逻辑模块定义对 DataStream 数据集的各种转换操作，例如 map、filter、windows 等。最终数据通过下沉输出模块写到外部存储介质中，例如将数据输出到文件或 Kafka 消息中间件等。

3. 窗口

Streaming 流计算是一种被设计用于处理无限数据集的数据处理引擎。无限数据集是指一种不断增长的无限的数据集，而窗口是一种切割无限数据为有限块并进行处理的手段。

窗口是无限数据流处理的核心，窗口将一个无限的 Stream 拆分成大小有限的"桶"（Buckets），然后在这些桶上进行计算操作，可以对某一段时间内的数据进行统计，如求最大值、最小值、平均值等。

Flink 支持的窗口可以分成两大类。

- 计数窗口（CountWindow）：按照指定的数据量生成一个窗口，与时间无关，例如每 5000 条数据生成一个窗口。该窗口中接入的数据依赖数据接入算子的顺序，如果数据出现乱序，将导致窗口的计算结果不准确。在 Flink 中可以通过调用 DataStream API 中的 countWindows()来定义计数窗口。
- 时间窗口（TimeWindow）：该窗口基于起始时间戳（闭区间）和终止时间戳（开区间）来确定窗口的大小，数据根据时间戳被分配到不同的窗口中完成计算。Flink 使用 TimeWindow 类来获取窗口的起始时间戳和终止时间戳，以及该窗口允许进入的最新时间戳信息等元数据。

时间窗口和计数窗口根据窗口实现原理的不同可以细分为 3 类：滚动窗口（Tumbling Window）、滑动窗口（Sliding Window）和会话窗口（Session Window）。这些方法在 Flink 中已经实现，用户调用 DataStream API 的 windows 或 windowsAll 方法即可。

（1）滚动窗口

如图 3-4-21 所示，滚动窗口依据固定的窗口长度对数据进行切片，窗口间的元素互不重叠。滚动窗口的特点是比较简单、时间对齐、窗口长度固定且没有重叠，适合进行商务智能统计（每个时间段的计算），但滚动窗口可能导致某些有前后关系的数据计算结果不正确。

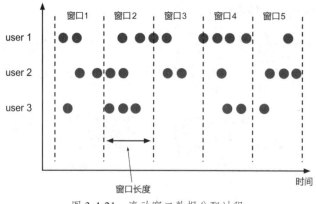

图 3-4-21　滚动窗口数据分配过程

用时间窗口实现滚动窗口通过调用 timeWindow()方法，传入的参数为滚动窗口时间间隔；用计数窗口实现滚动窗口通过调用 countWindow()方法，传入的参数为滚动窗口计数大小。时间间隔可以通过 Time.milliseconds()、Time.seconds()、Time.minutes()其中的一个来指定，代码如下。

```
WindowedStream<User, String, TimeWindow> timeWindow = userDataStream.keyBy(new
KeySelector<User, String>(){
    @Override
    public String getKey(User user) throws Exception {
        return user.getName();
    }
}).timeWindow(Time.seconds(15));
```

（2）滑动窗口

滑动窗口是固定窗口的更广义的一种形式，滑动窗口由固定的窗口长度和滑动间隔组成，其特点是时间对齐、窗口长度固定，且窗口之间的数据可以重叠，适合对最近一个时间段内的数据进行统计。当窗口长度固定后，窗口根据设定的滑动间隔向前滑动，窗口之间的数据重叠大小由窗口长度和滑动间隔共同决定，当滑动间隔小于窗口大小时，便会出现窗口重叠，如图 3-4-22 所示；当滑动间隔大于窗口大小会出现窗口不连续，数据可能不被包含在窗口内。

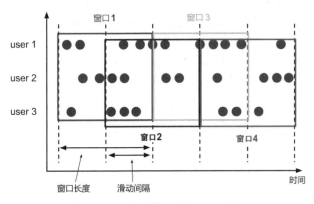

图 3-4-22　滑动窗口数据分配过程

用时间窗口实现滚动窗口通过调用 timeWindow()方法，传入的两个参数分别为滑动窗口的窗口长度、滑动间隔，还可以传入第 3 个参数时区偏移量，如果在国内则设置为 Time.hours(-8)。代码如下。

```
WindowedStream<User, String, TimeWindow> timeWindow = userDatastream.keyBy(new
KeySelector<User, String>() {
    @Override
    public String getKey(User user) throws Exception {
        return user.getName();
    }
}).timeWindow(Time.seconds(15), Time.seconds(5));
```

（3）会话窗口

会话窗口是由一段时间内活跃度较高的一系列事件组合成的窗口，触发条件为 Session Gap（会话间隙），类似 Web 应用的 Session，即在规定时间内没有接收到新数据就认为当前窗口结束，触发窗口计算。会话窗口的特点就是窗口长度不固定，只需要规定不活跃数据的时间上限。

会话窗口适合非连续的数据处理或者周期性数据生产场景。如图 3-4-23 所示，当时间跨度达到 Session Gap 的长度就结束当前窗口。

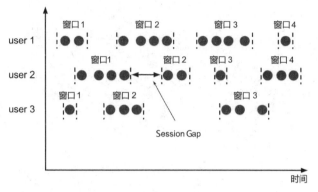

图 3-4-23 会话窗口数据分配过程

4．Flink DataSet 知识

Flink 将接入数据转换成 DataSet 数据集，并行分布在集群的每个节点上，然后基于 DataSet 数据集实现各种转换操作，并通过 sink 操作将数据输出到外部系统中。DataSet API 与 DataStream API 有相同的编程规范，两者的程序结构也基本相同。本节只对 DataSet API 中特有的算子进行详细介绍。

DataSet API 与 DataStream API 相似，首先创建环境 ExecutionEnvironment，使用其提供的方法读取外部数据，将数据转换为 DataSet 数据集，然后在创建好的数据集上进行数据转换，得到最终的结果并输出，具体代码如下。

```java
public class DataSetTest {
    public static void main(String[] args) throws Exception {
        //创建批处理执行环境
        ExecutionEnvironment env = ExecutionEnvironment.getExecutionEnvironment();
        //从字符串集合创建数据源
        DataSet<String> text = env.fromElements("Hello Flink", "Hadoop Flink");
        //使用 FlatMapFunction 对数据集进行处理，并分组求和
        DataSet<Tuple2<String, Integer>> flatMapData = text.flatMap(new
MyFlatMapper()).groupBy(0).sum(1);
        //输出结果
        flatMapData.print();
    }
    //自定义 FlatMapFunction
    public static class MyFlatMapper implements FlatMapFunction<String,
Tuple2<String, Integer>> {
        @Override
        public void flatMap(String s, Collector<Tuple2<String, Integer>> out) {
            //按空格分词
            String[] words = s.split(" ");
            for (String word : words) {
                out.collect(new Tuple2<>(word, 1));
            }
        }
    }
}
```

DataSet API 读取外部数据的方法与 DataStream API 的相同，可以直接使用 Flink 预定义的数据源或者自定义数据源接入第三方数据。

3.4.3　Flink 操作实践

1．设置运行环境

设置运行环境时有 3 个相关 API，Flink 流程序的入口是 StreamExecutionEnvironment 类的一个实例，它定义了程序执行的上下文，具体代码如下。

```
ExecutionEnvironment env = ExecutionEnvironment.getExecutionEnvironment();
//本地流处理执行环境，用于在本地机器上执行流处理作业，通常用于开发和测试
StreamExecutionEnvironment localEnvironment = StreamExecutionEnvironment.
createLocalEnvironment(1);

//远程流处理执行环境，用于连接到远程 Flink 集群并在那里执行流处理作业
StreamExecutionEnvironment remoteEnvironment = StreamExecutionEnvironment.
createRemoteEnvironment("hostID", 666, "/home/WordCount.jar");
```

（1）getExecutionEnvironment

返回一个执行环境，表示当前执行程序的上下文。如果程序是独立调用的，则可用此方法返回本地执行环境；如果从命令行客户端调用程序并提交到集群，则可用此方法返回此集群的执行环境。也就是说，getExecutionEnvironment 会根据查询运行的方式决定返回的运行环境，这是最常用的一种创建执行环境的方式。

（2）createLocalEnvironment

返回本地执行环境，需要在调用时指定默认的并行度。

（3）createRemoteEnvironment

返回集群执行环境，将 JAR 文件提交到远程服务器，需要在调用时指定 JobManager 的 IP 地址和端口号，并指定要在集群中运行的 JAR 包。

2．DataStream 数据源

Flink 提供几类预定义的数据源：基于集合的预定义数据源、基于文件的预定义数据源、基于 Socket 的预定义数据源。此外 DataStream 可以添加各类自定义数据源，方法是通过实现 StreamExecutionEnvironment.addResource（SourceFunction）中的 SourceFunction 接口。

（1）基于集合的预定义数据源

使用基于集合的预定义数据源一般是指从内存集合中直接读取要处理的数据，StreamExecutionEnvironment 提供 4 类预定义方法。

① fromCollection。

从给定的数据集合中创建 DataStream，StreamExecutionEnvironment 提供 4 种重载方法。

- fromCollection(Collection<T> data)：通过给定的集合创建 DataStream，返回的数据类型为该集合元素的数据类型。
- fromCollection(Collection<T> data,TypeInformation<T> typeInfo)：通过给定的非空集合创建 DataStream，返回的数据类型为 typeInfo。
- fromCollection(Iterator<T> data,Class<T> type)：通过给定的迭代器创建 DataStream，返回的数据类型为 type。

- fromCollection(Iterator\<T> data,TypeInformation\<T> typeInfo)：通过给定的迭代器创建 DataStream，返回的数据类型为 typeInfo。

② fromParallelCollection。

fromParallelCollection 和 fromCollection 类似，但是 fromParallelCollection 是并行地从迭代器中创建 DataStream。

- fromParallelCollection(SplittableIterator\<T> data,Class\<T> type)：传入两个参数并行创建 DataStream，第一个是继承 SplittableIterator 的实现类的迭代器，第二个是迭代器中数据的类型。
- fromParallelCollection(SplittableIterator\<T>,TypeInfomation typeInfo)：传入两个参数并行创建 DataStream，第一个是继承 SplittableIterator 的实现类的迭代器，第二个表示返回的数据类型为 typeInfo。

③ fromElements。

fromElements 从给定的对象序列中创建 DataStream，StreamExecutionEnvironment 提供两种重载方法。

- fromElements(T... data)：从给定的对象序列中创建 DataStream，返回的数据类型为该对象的数据类型。
- fromElements(Class\<T> type,T... data)：从给定的对象序列中创建 DataStream，返回的数据类型为 type。

④ generateSequence(long from,long to)。

从给定间隔的数字序列中创建 DataStream，比如 from 为 1，to 为 10，生成 1～10 的序列。

以 fromCollection 为例，从集合中读取数据的代码如下。

```
DataStream<User> userDataStream = env.fromCollection(Arrays.asList(
new User( name: "张明",age: 28,sex:"男"),
new User( name: "李丽",age: 27,sex:"女"),
new User( name: "王刚",age: 25,sex:"男")
));
```

（2）基于文件的预定义数据源

基于文件的预定义数据源创建 DataStream 主要有两种方式：readTextFile 和 readFile。readTextFile 是简单读取文件，而 readFile 的使用方式比较灵活。

① readTextFile。

readTextFile 提供两个重载方法。

- readTextFile(String filePath)：逐行读取指定文件来创建 DataStream，使用系统默认字符编码读取。
- readTextFile(String filePath,String charsetName)：逐行读取指定文件来创建 DataStream，使用 charsetName 编码读取。

第一种重载方法使用示例代码如下。

```
DataStreamSource<String> userDataStream = env.readTextFile( filePath:"FILE_PATH");
```

② readFile。

readFile 通过指定的 FileInputFormat 来读取用户指定路径的文件。对于指定路径文件，我们可以使用不同的模式来处理，FileProcessingMode.PROCESS_ONCE 模式只会处理一次文件数据，而 FileProcessingMode.PROCESS_CONTINUOUSLY 会监控数据源文件是否有新数据，如果有新数据则继续处理。需要注意，在使用 PROCESS_CONTINUOUSLY 模式修改读取文件时，Flink 会将文件整体内容重新处理，也就是打破精确一次容错保证。

readFile 提供了几个便于使用的重载方法。

- readFile(FileInputFormat<T> inputFormat,String filePath)：读取文件，需要指定输入文件的格式，处理模式默认为 FileProcessingMode.PROCESS_ONCE。
- readFile(FileInputFormat<T> inputFormat,String filePath,FileProcessingMode watchType, long interval)：返回数据类型默认为 inputFormat。

（3）基于 Socket 的预定义数据源

通过基于 Socket 的预定义数据源创建的 DataStream 能够从 Socket 中无限接收字符串，字符编码采用系统默认的字符集。当 Socket 关闭时，数据源停止读取。Socket 目前提供 3 个可用的重载方法。

① socketTextStream(String hostname,int port)：指定 Socket 的主机和端口，默认数据分隔符为换行符（\n）。

② socketTextStream(String hostname,int port,String delimiter)：指定 Socket 的主机和端口，数据分隔符为 delimiter。

③ socketTextStream(String hostname,int port,String delimiter,long maxRetry)：当与 Socket 断开时进行重连，重连次数为 maxRetry，时间间隔为 1s。如果 maxRetry 为 0 则表示立即终止不重连；如果 maxRetry 为负数则表示一直重连。

（4）自定义数据源

除了预定义数据源外，我们可以通过实现 SourceFunction 来自定义数据源，然后通过 StreamExecutionEnvironment.addSource(sourceFunction) 添加。

我们可以通过实现以下 3 个接口来自定义数据源。

- SourceFunction：创建非并行数据源。
- ParallelSourceFunction：创建并行数据源。
- RichParallelSourceFunction：创建并行数据源。

可以通过实现 SourceFunction 定义单个线程的数据源接入器，也可以通过实现 ParallelSourceFunction 或继承 RichParallelSourceFunction 类定义并发数据源接入器。数据源定义完成后，可以使用 StreamExecutionEnvironment.addSource(sourceFunction) 添加数据源，这样就可以将外部系统中的数据转换成 DataStream[T]数据集合，其中 T 是 SourceFunction 返回值类型，然后就可以完成各种流数据的转换操作。

此外也可以使用第三方定义的数据源，以 Kafka 为例，用户需要在 Maven 编译环境中导入如下所示的环境配置代码，将需要用到的第三方 Connector 依赖库引入应用工程。

```
<dependency>
    <groupId>org.apache.flink</groupId>
    <artifactId>flink-connector-kafka-0.8_2.11</artifactId>
    <version>1.8.0</version>
</dependency>
```

引入 Connector 依赖库后，就可以在 Flink 应用工程中使用相应的 Connector。Kafka 中主要使用的 Connector 参数包括 kafka topic、bootstrap.servers、zookeeper.connect，如以下代码所示。其中 FlinkKafkaConsumer08 的第二个参数的主要作用是根据事先定义的 Schema

信息将数据序列化成该 Schema 定义的数据类型，默认是 SimpleStringSchema 类型，代表从 Kafka 中接入的数据将转换成 String 类型。

```
//配置 Kafka 连接属性
Propertiesproperties = new Properties()
//Properties 参数定义
properties.setProperty("bootstrap.servers", "localhost:9092");
properties.setProperty("zookeeper.connect", "localhost:2181");
properties.setProperty("group.id","test");
FlinkKafkaConsumer08<String>myconsumer =new FlinkKafkaConsumer08<>(
"topicName", new SimpleStringSchema(), properties);
//默认消费策略
myconsumer.setStartFromGroupOffsets();
DataStream<String> dataStream = env.addSource(myconsumer);
```

3. DataStream 转换算子

Flink 通过一个或多个 DataStream 生成新的 DataStream 的过程被称为转换。在转换过程中，每种操作类型被定义为不同的算子 Operator，Flink 程序能够将多个 Operator 组成一个数据流的拓扑。

（1）map

输入一个元素，然后返回一个元素，数据格式可能会发生变化，中间可以进行数据集内数据的清洗、转换等操作。将用户数据集中的用户年龄全部加 1 处理，并将数据输出到下游数据集，代码如下。

```
DataStream<User> map = userDataStream.map(new MapFunction<User,User>() {
    public User map(User user) throws Exception {
            return new User(user.getName(),age: user.getAge() + 1,user.getSex());
        }
    });
```

（2）flatmap

输入一个元素，返回 0 个或多个元素。常用于 WordCount，flatmap 函数将每一行文本数据切割，生成单词序列。对于输入的字符串，通过 flatmap 函数进行处理，字符串按逗号切割，形成新的单词数据集，代码如下。

```
DataStream<String> flatMap = userDataStream.flatMap(new FlatMapFunction<String,
String>() {
    public void flatMap(String s, Collector<String> collector) throws Exception {
        String[] fields = s.split(",");
        for (String field : fields) {
            collector.collect(field);
        }
    }
});
```

（3）filter

过滤函数，对传入的数据集进行筛选操作，符合条件的数据才会被输出。经过 filter 函数处理的数据集仅保留返回值为 true 的元素，即将年龄不为 20 的元素过滤掉，代码如下。

```
DataStream<User> filter = userDataStream.filter(new FilterFunction<User>() {
    public boolean filter(User user) throws Exception {
        return user.getAge() == 20;
    }
});
```

（4）keyBy

根据指定的 key 在逻辑上将流分为互不相交的分区，具有相同 key 的所有记录会分配到同一个分区。该函数根据 key 将输入的 DataStream 数据格式转换为 KeyedStream。在内部，keyBy 使用哈希分区实现。Flink 中有多种指定键的方法。

① DataStream.keyBy("key")：根据指定对象中的具体 key 字段进行分组。

② DataStream.keyBy(0)：根据元组中的第一个字段（即第 0 个元素）进行分组。

（5）reduce

对分组数据流的聚合操作，将 KeyedStream 转换为 DataStream，然后合并当前的元素和上次聚合的结果，产生一个新的值，返回的流中包含每一次聚合的结果，具体流程如图 3-4-24 所示。reduce 调用前必须进行分区，即先调用 keyBy 函数。

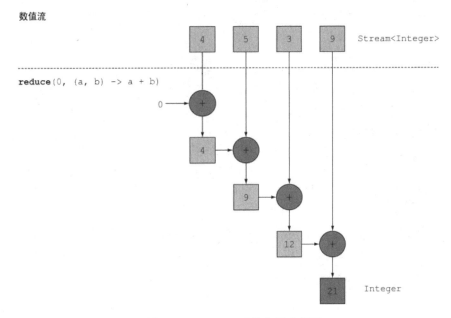

图 3-4-24　reduce 函数使用示意图

（6）split

根据某些特征把一个 DataStream 拆分成两个或多个 DataStream，生成 SplitStream 格式的数据集。使用 split 函数时，首先需要指定函数中的切分逻辑生成条件判断函数，然后根据判断结果标记数据，并把数据放入对应标记的流中，最后生成划分好的数据集，代码如下。

```
DataStreamSource<Integer> streamSource = env.fromElements(1,2,3,4,5,6,7,8);
SplitStream<Integep> split = streamSource.split(new OutputSelector<Integer>() {
    @override
    public Iterable<String> select(Integer integer) {
        List<String> outPut = new ArrayList<>();
        if (integer % 2 ==0) {
            outPut.add ("even");//如果元素为偶数，就放入一个叫作"even"的流中}
```

```
        else {
                outPut.add("odd");//如果元素为就奇数，就放入一个叫作"odd"的流中
        }
        return outPut;
    }
});
```

（7）select

与 split 函数配合使用，可以从一个 SplitStream 中获取一个或多个 DataStream，即从使用 split 函数后的结果中选择切分后的流，因为 split 函数只对数据流做标记，并没有真正地实现数据集切分，代码如下。

```
//通过前面定义的名字调用 select 函数来获取对应的流
DataStream<Integer> odd = split.select("odd");
```

（8）connect

连接且只能连接两个数据流，保持类型不变。对两个数据流使用 connect 函数之后，它们只是被放在了同一个流中，内部依然保持各自的数据和形式，两个流相互独立。ConnectedStream 会对两个流的数据应用不同的处理方法，且两个流可以共享状态，也就是说在多个数据集之间可以操作和查看对方数据集的状态，代码如下。

```
DataStreamSource<String> source = env.fromElements("张明","李丽","王刚");
DataStreamSource<Integer> source2 = env.fromElements(1, 2, 3, 4, 5, 6, 7);
ConnectedStreams<String, Integer> connect = source.connect(source2);
```

（9）coMapFunction/coFlatMapFunction

对于 ConnectedStreams 类型的数据集不能直接进行类似 print 的操作，需要将其转换成 DataStream 类型数据集，在 Flink 中 ConnectedStreams 提供的 map 方法和 flatMap 方法需要定义 CoMapFunction 或 CoFlatMapFunction 对输入的每一个数据集分别进行 map 或 flatMap 处理，代码如下。

```
DataStream<String> streamOperator = connect.map(new CoMapFunction<String, Integer,
String>() {
    public String map1(String s) throws Exception {
        return s + "是字符串类型，直接加扩展名";
    }

    public String map2(Integer Integer) throws Exception {
        return "原本是 Int 类型:" + integer + "现在也变为 String";
    }
});
```

（10）union

对两个或两个以上的 DataStream 进行 union 操作，产生一个包含所有 DataStream 元素的新 DataStream，此过程需要保证两个数据集的格式一致，数据将按照 FIFO 模式合并，且不去重。可以直接调用 DataStream API 中的 union 函数，并传入多个要合并的 DataStream 数据集，代码如下。

```
DataStreamSource<String> source = env.fromElements("张明", "李丽", "王刚");
DataStreamSource<String> source2 = env.fromElements("赵伟", "钱明", "刘铭");
```

```
DataStreamSource<String> source3 = env.fromElements("周强", "唐波", "吴勇");

DataStream<String> union = source.union(source2).union(source3);
DataStream<String> streamOperator = union.map(new MapFunction<String, String>() {
    @Override
    public String map(String value) throws Exception {
        return value.toUpperCase();
    }
});
```

4. DataStream 数据输出 sink

经过各种数据转换操作后，DataStream 包含用户所需的结果数据集。通常情况下，用户希望将结果数据集保存在外部存储介质中或者传输到下游的消息中间件内，在 Flink 中将 DataStream 数据输出到外部系统的过程被定义为 sink 操作。Flink 中没有类似 Spark 中的 foreach 操作让用户进行迭代，所有对外的输出操作都要用 sink 操作完成。

官方提供一部分框架的 sink，用户可以引入 Redis、Flume 等第三方框架的 Connector 并自定义实现 sink 操作。

（1）基本数据输出

基本数据输出包括文件、客户端、Socket 网络接口等，其对应输出方法均已定义在 Flink DataStream API 中，无须引入第三方库，代码如下。

```
//从一组元素创建数据流
DataStreamSource<String> personStream = env.fromElements("张明", "李丽");
//将数据转换成 CSV 文件输出，并设定输出模式为 OVERWRITE
personStream.writeAsCsv("file:///path/to/person.csv", FileSystem.WriteMode.
OVERWRITE);
//将数据直接输出到本地文本文件
personStream.writeAsText("file:///path/to/person.txt", FileSystem.WriteMode.
OVERWRITE);
//将 DataStream 数据集输出到指定 Socket 端口
personStream.writeToSocket("outputHost", 9999, new SimpleStringSchema());
```

（2）第三方数据输出

通过 sink 操作可以将数据发送到指定的位置，如 Kafka、Redis 和 HBase 等，下述代码导入了 Flink，整合 Kafka 的 JAR 包。

```
<dependency>
    <groupId>org.apache.flink</groupId>
    <artifactId>flink-connector-kafka-0.8_2.11</artifactId>
    <version>1.8.0</version>
</dependency>
```

一个简单的例子如下所示。

```
import java.util.Properties;

public class WordCount {
    public static void main(String[] args) throws Exception {
        //获取 Flink 运行环境
        StreamExecutionEnvironment env = StreamExecutionEnvironment.
getExecutionEnvironment();
```

```java
//配置 Kafka 连接属性
Properties properties = new Properties();
properties.setProperty("bootstrap.servers", "zyw-2021148807-0801:9892");
properties.setProperty("zookeeper.connect", "zyw-2021140807-0801:2181");
properties.setProperty("group.id", "1");

//创建 Kafka 消费者
FlinkKafkaConsumer08<String> myConsumer = new FlinkKafkaConsumer08<>(
        "test", //Kafka 主题
        new SimpleStringSchema(), //序列化 Schema
        properties);

//默认消费策略
myConsumer.setStartFromGroupOffsets();

//添加 Kafka 消费者作为数据源
DataStream<String> dataStream = env.addSource(myConsumer);

//数据处理和单词计数
DataStream<Tuple2<String, Integer>> result = dataStream
        .flatMap(new MyFlatMapper())
        .keyBy(0)
        .sum(1);

//输出结果
result.print().setParallelism(1);

//执行 Flink 作业
env.execute("Kafka Flink WordCount");
    }

    public static class MyFlatMapper implements FlatMapFunction<String,
Tuple2<String, Integer>> {
        @Override
        public void flatMap(String value, Collector<Tuple2<String, Integer>>
out) throws Exception {
            //按空格分词
            String[] words = value.split("\\s+");
            for (String word : words) {
                out.collect(new Tuple2<>(word, 1));
            }
        }
    }
}
```

5．DataSet API 转换算子

（1）distinct

获取 DataSet 数据集中的不同记录，去除所有重复的记录，代码如下。

```java
public class FlinkDistinctWords {
    public static void main(String[] args) throws Exception {
        //获取 Flink 批处理执行环境
```

```
        ExecutionEnvironment env = ExecutionEnvironment.getExecutionEnvironment();
        //创建数据集
        ArrayList<String> data = new ArrayList<>();
        data.add("I love Beijing");
        data.add("I love China");
        data.add("Beijing is the capital of China");
        //从集合创建数据源
        DataSource<String> text = env.fromCollection(data);
        //使用 FlatMapFunction 处理数据并将其分割为单词
        DataSet<String> flatMapData = text.flatMap(new FlatMapFunction<String,
String>() {
            public void flatMap(String value, Collector<String> out) throws
Exception {
                String[] words = value.split("\\s+");
                for (String word : words) {
                    out.collect(word);
                }
            }
        });
        //去除重复的单词并输出结果
        flatMapData.distinct().print();
    }
}
```

（2）join

join 即内连接，根据指定的条件关联两个数据集，根据选择的字段形成一个数据集。例如对元组类型的数据集可以通过直接指定字段位置进行关联，代码如下。

```
public class FlinkJoinExample {
    public static void main(String[] args) throws Exception {
        //获取 Flink 批处理执行环境
        ExecutionEnvironment env = ExecutionEnvironment.getExecutionEnvironment();

        //创建第一张表: 用户 ID 和姓名
        ArrayList<Tuple2<Integer, String>> data1 = new ArrayList<>();
        data1.add(new Tuple2<>(1, "张明"));
        data1.add(new Tuple2<>(2, "李丽"));
        data1.add(new Tuple2<>(3, "王刚"));
        data1.add(new Tuple2<>(4, "周伟"));

        //创建第二张表: 用户 ID 和所在城市
        ArrayList<Tuple2<Integer, String>> data2 = new ArrayList<>();
        data2.add(new Tuple2<>(1, "北京"));
        data2.add(new Tuple2<>(2, "上海"));
        data2.add(new Tuple2<>(3, "广州"));
        data2.add(new Tuple2<>(4, "重庆"));

        //将集合转换为 DataSet
        DataSet<Tuple2<Integer, String>> table1 = env.fromCollection(data1);
        DataSet<Tuple2<Integer, String>> table2 = env.fromCollection(data2);

        //执行 join 操作
```

```
        table1.join(table2)
            .where(0)
            .equalTo(0)
            .with(new JoinFunction<Tuple2<Integer, String>, Tuple2<Integer,
String>, Tuple3<Integer, String, String>>() {
                public Tuple3<Integer, String, String> join(Tuple2<Integer,
String> first, Tuple2<Integer, String> second) {
                    return new Tuple3<>(first.f0, first.f1, second.f1);
                }
            })
            .print();
    }
}
```

（3）cross

将两个数据集合并为一个数据集，返回两个数据集所有数据元素的笛卡儿积。不指定返回数据集目标格式则默认返回元组类型的数据集，具体代码如下。

```
DataSet<Tuple2<Integer,String>> table1 = env.fromCollection(data1);
DataSet<Tuple2<Integer,String>> table2 = env.fromCollection(data2);

//生成笛卡儿积
table1.cross(table2).print();
```

（4）First-n

返回指定数据集的前 n 条结果，代码如下。

```
//创建数据集
DataSet<Tuple3<String, Integer, Integer>> grade = env.fromElements(
    new Tuple3<>("张明", 1000, 10),
    new Tuple3<>("李丽", 1500, 20),
    new Tuple3<>("王刚", 1200, 30),
    new Tuple3<>("周伟", 2000, 10)
);

//按照插入顺序取前 3 条记录
grade.first(3).print();
```

3.5 高速道路及服务区拥堵洞察案例实践

3.5.1 高速道路及服务区拥堵洞察背景概述

高速道路及服务区拥堵问题是交通管理部门多年未能解决的问题，拥堵的严重程度取决于多个因素，包括道路网络、车流量、交通管理、地理条件等。尤其是节假日，由于车流量激增，拥堵问题更加严重。为了解决高速道路及服务区拥堵问题，需要政府、交通管理部门和社会各方面共同努力。

3.5 高速道路及服务区拥堵洞察案例实践

常规的手段是通过摄像头以及雷达等形式进行车流及人流的分析，但是这些分析方式建设成本巨大，且需要大量人员进行维护，若利用手机信令数据则可实现高速道路全路段的实时客流洞察，包括实时拥堵情况和实时客流数据。

实时拥堵情况：通过高速道路用户速度表分析高速道路用户的速度，能够实时监测高速路口的安全情况，包括高速车道长时间低速行驶或超速行驶等情况，以便及时发现和处理问题；能够实时监测高速路口的拥堵情况，包括路段、车道、事故等，以便及时掌握和应对交通情况。

实时客流数据：通过服务区枢纽人数表，能够实时获取高速枢纽及服务区的客流数据，以便对客流情况进行实时监测和分析。

数据服务的行业目标用户包括高速管理局、交警部门、应急管理部门。

高速管理局：高速管理局的主要职责是高速公路养护、通行费征收、服务设施管理、科技研发及智能交通建设。每逢节假日，高速道路拥堵对于高速管理局来说是非常头疼的事，针对高速管理局的痛点，通过对手机信令数据进行分析和处理，可以预测未来的交通流量，为路段的管理提供有效数据。利用大数据的实时性和连续性可以预测未来某段时间的交通流量，从而提前做好应对措施，提高道路管理效率。

交警部门：高速交警的主要职责是维护公路公共秩序，预防和制止公路上的违规行为，针对高速道路上车辆因意外停止行驶的情况，需要第一时间通知乘车人转移出高速公路，避免二次伤害。针对道路事故等情况，高速交警需要第一时间了解现场情况，从而指导人员进行紧急避险，通过信令数据，高速交警可以实时监测路况，包括道路的拥堵情况、事故发生状况等，为道路公共秩序的维护提供数据支持。通过分析车辆行驶过程中驾驶员手机信令的数据，可以识别出经常发生事故的路段，然后采取针对性的维护措施，提高道路的安全性。

应急管理部门：应急管理部门的主要职责是针对高速道路上自然灾害、大规模车辆拥堵等情况进行快速救援和指挥。在高速道路上遇到自然灾害或其他情况导致车辆大规模堵塞时，如何快速指引抢险救灾人员入场以及引导后方车辆分流，是应急管理部门需要考虑的问题。利用信令数据分析，应急管理部门可以了解高速道路上出现拥堵时，大规模客流的行为规律和分布情况，为应急疏散和救援提供数据支持。通过分析高速道路上的用户手机的数据，可以实时监测高速拥堵路段的人群驻留分布和流动情况，为应急疏散提供决策依据。

解决以上问题需要在手机信令数据的基础上建立完善的数据分析和处理机制，确保数据的准确性和可靠性，以便对高速道路的客流情况及服务区情况进行实时洞察和应对。

针对上述场景及功能，通过大数据技术从大量普通用户中识别出"高速客流"群体特征，交管部门就可以利用出行线路规划及高速道路上下道口分流规避拥堵。

本节以高速道路及服务区拥堵洞察为案例，重点说明此案例的数据准备和分析过程。该案例数据有以下 5 个数据表。

（1）**基站拉链数据表**：基站拉链数据表包括用户信令进入基站的时间和离开基站的时间等。

（2）**高速道路信息表**：高速道路信息表包含平台使用方定义的高速道路对应的基站信息等。

（3）**服务区信息表**：服务区信息表包含用户定义的服务区对应的基站信息等。

（4）**高速用户速度表**：通过基站拉链数据表中的信令数据和高速道路信息表中的高速道路信息计算各条高速道路中用户的速度等。

（5）**服务区枢纽人数表**：通过服务区信息表中的服务区信息和基站拉链数据表中的信令数据计算各服务区的人数等。

其中基站拉链数据表、高速道路信息表、服务区信息表是输入表，高速用户速度表、服务区枢纽人数表是输出表。相关数据表的数据字典见表 3-5-1 至表 3-5-5。

表 3-5-1　基站拉链数据表数据字典

字段名	类型	说明	备注
MSISDN	String	用户手机号	
SOURCELAC	String	源基站的 lac	lac 是位置区域码
SOURCECELL	String	源基站的 cell ID	cell ID 是小区标识码
SOURCESTARTTIME	Long	用户在源基站最早出现信令时间	
SOURCELASTTIME	Long	用户在源基站最后出现信令时间	
TARGETLAC	String	目标基站的 lac	
TARGETCELL	String	目标基站的 cell ID	
TARGETSTARTTIME	Long	用户在目标基站最早出现信令时间	

表 3-5-2　高速道路信息表数据字典

字段名	类型	说明	备注
ID	Int	ID	
ROAD_ID	Int	高速道路 ID	
NO	Int	高速道路各基站的顺序编号	
LAC_CELL	String	基站位置	确定基站所在位置
DISTANCE	Double	当前基站到下一个基站的距离	

表 3-5-3　服务区信息表数据字典

字段名	类型	说明	备注
ID	Int	ID	
AREA_ID	Int	服务区 ID	
AREA_NAME	String	服务区名称	
LAC_CELL	String	基站位置	确定基站所在位置

表 3-5-4　高速用户速度表数据字典

字段名	类型	说明	备注
ROAD_ID	Int	高速道路 ID	
LAC_CELL	String	基站位置	确定基站所在位置
TIME	String	时间	
OPPOSITETIMEINTERVAL	Double	用户速度	

表 3-5-5　服务区枢纽人数表数据字典

字段名	类型	说明	备注
AREA_ID	Int	服务区 ID	
LAC_CELL	String	基站位置	确定基站所在的位置
TIME	String	时间	
OPPOSITEDIRECTION	Int	人数	

高速用户速度表用来分析各条高速道路的拥堵情况，服务区枢纽人数表用来分析当前人员规模及流入流出情况。关于实时拥堵情况、实时客流数据的数据分析规则说明如下。

（1）实时拥堵情况：需要以基站拉链数据表、高速道路信息表作为输入，高速用户速度表作为输出，使用 LAC_CELL 字段进行关联，获取基站对应数据的高速道路 ID 和各高速道路基站的编号，再根据编号，以进入目标基站的时间（TARGETSTARTTIME）减去进入源基站的时间（SOURCESTARTTIME）为时间差，以当前编号的基站到下一个编号基站的距离（DISTANCE）为距离差，使用距离差除以时间差得到当前的用户速度（OPPOSITETIMEINTERVAL）。

（2）实时客流数据：需要基站拉链数据表、服务区信息表作为输入，服务区枢纽人数表作为输出，其中通过 LAC_CELL 进行关联，使用服务区 ID 和时间分组统计基站拉链数据表中手机号（MSISDN）的数量，并按照手机号去重得到服务区各时间段的人数（OPPOSITEDIRECTION）。

3.5.2 高速道路及服务区拥堵人数数据方案设计

对高速道路及服务区内的客流情况，首先要进行数据挖掘模型的训练和推理。根据案例数据分析，数据是实时（刷新率为 5 分钟/次）统计的，并且标签数据是历史积累，因此，本案例基于历史用户的特征数据和标签数据进行模型训练，预测当前高速道路及服务区内"高速客流"用户。

确定了基本方案，下面进行训练数据的特征宽表设计及数据集准备。

（1）数据清洗，使用乒乓滤波算法对信令数据进行过滤。乒乓现象是由于物理等因素导致信号在极短时间内在相邻基站间快速来回切换；乒乓滤波将信令数据看作一种波，波峰与波谷大幅振荡则过滤，小幅波动则保留。在接收到 Kafka 的信令数据之后，基于乒乓滤波算法对信令数据进行过滤处理，以达到数据清洗的目的。乒乓滤波算法的过滤方式有如下 3 种。

① ABA 切换。信号快速在 A、B 基站切换，最后切换回 A，过滤掉 B 的信号。

② ABAB 切换。信号快速在 A、B 基站切换，最后切换回 B，过滤掉中间的切换过程，只保留开头和结尾的信号。

③ ABCBA 切换。信号快速在多个基站切换，最后切换回 A，且中间过程可等效为 ABA 切换，过滤掉中间的基站信号。

具体如图 3-5-1 所示。

图 3-5-1　过滤方式

（2）速度计算，将序号相邻的两个基站的距离作为栅格，然后依据基站位置投射到高速道路上的位置，定位两点经纬度，并将这两点经纬度的欧式距离作为栅格的长度。

经过以上步骤后，会得到某个时间段的每个用户的切换序列，然后通过两两基站轨迹点计算行程距离差和行程时间差，最后计算用户速度，通过信令数据经过相邻两个基站，第一个基站的进入时间和第二个基站的进入时间的差来计算时间，利用两个基站之间的距离和时间来计算速度。

（3）人数统计，根据服务区的 LAC_CELL 用信令数据中的手机号（MSISDN）进行去重，统计当前手机号的数量，得到服务区的人数。

3.5.3 基于梧桐·鸿鹄大数据实训平台的高速道路用户速度和服务区人数的计算

本节介绍使用梧桐·鸿鹄大数据实训平台的数据编排工具进行**数据准备**，并计算用户速度和服务区人数。

（1）创建工程，工程作为基本管理单元可进行编排开发和数据模型管理。在工作空间首页，如图 3-5-2 所示，单击"创建工程"按钮，选择"通用"模板，然后在弹出的"工程信息"对话框中输入工程相关信息，如图 3-5-3 所示，单击"创建按钮"，完成工程创建。

图 3-5-2　工作空间首页

图 3-5-3　"工程信息"对话框

（2）流程编排，可通过图形化界面进行数据加工，操作简单。打开创建的工程，在导航栏单击"数据处理"进入数据处理页面，单击流处理类型下的"流处理"，在右侧单击"新建流程"按钮，如图 3-5-4 所示。弹出"新建数据流"对话框，输入名称完成数据流的创建。在流处理画布中进行算子的编排，第一个阶段是抽取数据，即从 Kafka 和 Hadoop 中抽取本案例的数据到编排的数据流中；第二个阶段是进行数据的处理，即根据实际需要进行表关联或字段关联，再进行乒乓滤波算法数据清洗，然后计算和统计；第三个阶段是将处理完成后的数据加载成文件存放到 FTP 主机上，本案例的详细编排流程如图 3-5-5 所示。

图 3-5-4　新建流处理

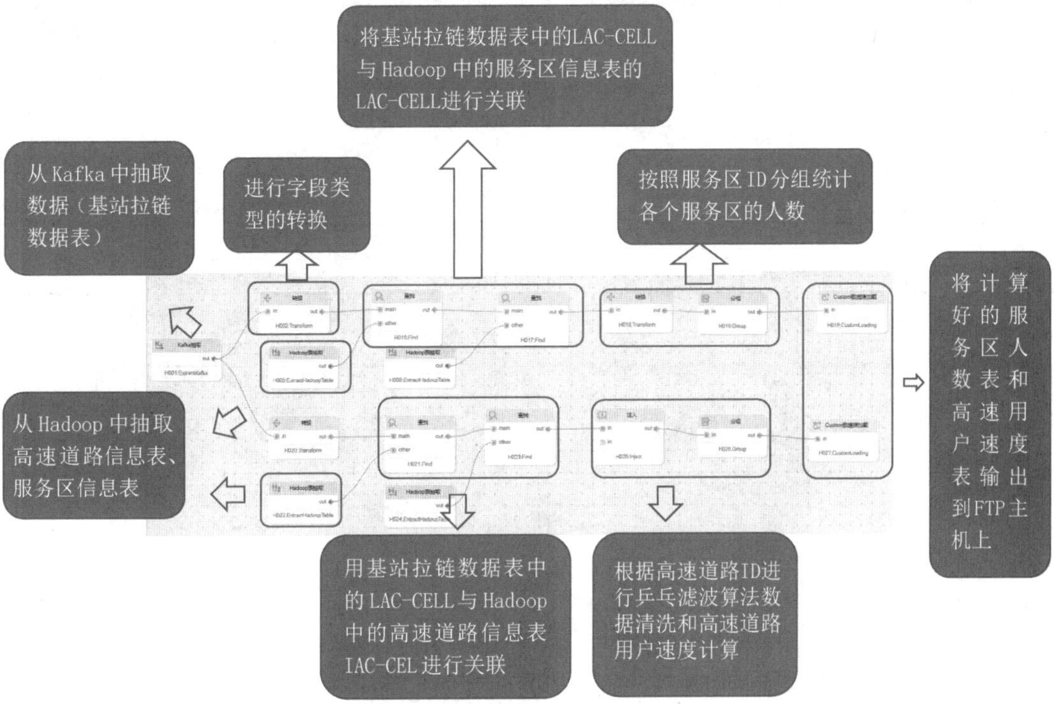

将基站拉链数据表中的LAC-CELL与Hadoop中的服务区信息表的LAC-CELL进行关联

从 Kafka 中抽取数据（基站拉链数据表）

进行字段类型的转换

按照服务区ID分组统计各个服务区的人数

将计算好的服务区人数表和高速用户速度表输出到FTP主机上

从 Hadoop 中抽取高速道路信息表、服务区信息表

用基站拉链数据表中的 LAC-CELL 与 Hadoop 中的高速道路信息表 IAC-CEL 进行关联

根据高速道路ID进行乒乓滤波算法数据清洗和高速道路用户速度计算

图 3-5-5　本案例的详细编排流程

说明：本案例输入数据的 Kafka 的主题为 COMM_TRACE_SPE_ROAD_HE。

该主题包括**基站拉链数据表**，另外从 Hadoop 中抽取 highway_road_lac（**高速道路信息表**）、highway_monitor_area（**服务区信息表**）。

3.5.4 高速用户和服务区实时数据的应用

1．数据传输到接口平台

经过上述操作的数据传输到了 FTP 主机上，通过写 JAR 包的方式将 FTP 文件数据内容写入应用的数据库。然后通过 Linux 命令定时调用 JAR 包的方式实现主机文件中的实时同步。

高速用户速度表、服务区人数表如表 3-5-6 及表 3-5-7 所示。

表 3-5-6　高速用户速度表

ROAD_ID （高速道路 ID）	LAC_CELL （基站位置坐标）	TIME （时间）	OPPOSITETIMEINTERVAL （用户速度 km/h）
11	12613_199654465	202308031122	56.76499
11	12453_4543	202308041122	39.46849
11	16627_61211915	202308061122	60.51376
11	12430_238871297	202308041122	42.94933
11	12832_54313732	202308031122	45.07181
9	12444_124613184	202308091122	99.52813
9	12444_50966	202308111122	98.47244
9	12444_54277889	202308111122	122.8652
9	12444_187293505	202308031122	67.84652
9	12444_240819456	202308051122	93.46837
9	12444_21078	202308061122	86.41732
9	12444_240819457	202308111122	97.34281
9	12444_175556482	202308061122	12.13937
9	12444_187293506	202308091122	39.46849
9	12444_175580034	202308071122	60.51376
9	12444_54499333	202308051122	42.94933
9	12444_175583104	202308041122	45.07181
9	12444_124613952	202308041122	99.52813

表 3-5-7　服务区人数表

AREA_ID （服务区 ID）	LAC_CELL （基站位置坐标）	TIME （时间）	OPPOSITEDIRECTION （人数）
12	12382_169072577	202308031122	928
12	12382_22962	202308041122	517
12	12382_13282	202308061122	1044
12	12382_169146304	202308041122	724
12	12498_25136256	202308031122	858
12	12382_50791169	202308091122	984
12	12382_173429954	202308111122	351
12	12382_132245074	202308111122	499
12	12382_132244819	202308031122	772
12	12498_241457666	202308051122	251
12	12382_132245072	202308061122	727
12	12382_25131648	202308111122	859
12	12382_173094082	202308061122	236

2．高速用户速度表的应用

使用高速用户速度表中的高速道路 ID、时间和速度（65km/h 以上为畅通、40km/h～65km/h 为缓行、40km/h 以下为拥堵）来实时刷新（每分钟刷新一次）高速道路上各道路 ID 路段的平均速度，并对拥堵情况进行展示，如图 3-5-6 和图 3-5-7 所示。

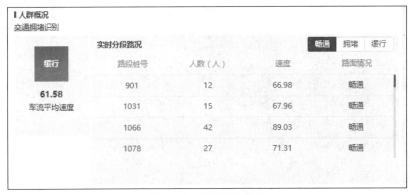

图 3-5-6　路段速度概况

图 3-5-7　轨迹分析统计

3．服务区人数表的应用

使用服务区人数表数据中的服务区 ID、时间、人数进行服务区实时人员流动、服务区分时段人员流动趋势的可视化展示，如图 3-5-8 及图 3-5-9 所示。

图 3-5-8　服务区实时人员流动展示

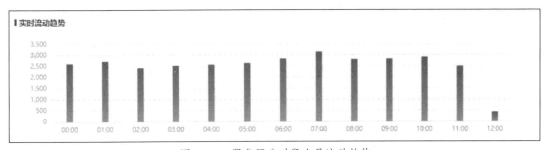

图 3-5-9　服务区分时段人员流动趋势

3.6 本章小结

本章主要介绍了大数据实时处理系统,通过讲解 Flume、Kafka、Spark Streaming 和 Flink 框架的体系结构,让读者从数据采集、数据传递、数据处理 3 个串联的过程理解整个实时处理系统的运行流程。每个框架都辅以相应的操作实践,将理论与实践相结合。

最后基于梧桐·鸿鹄大数据实训平台讲解"高速道路及服务区拥堵洞察"案例,让读者能够亲手完成一个大数据实时处理项目,理解大数据实时处理在实际生活中的意义。

3.7 习题

1. 大数据实时处理会应用在哪些场景?请举例说明。
2. Kafka 适用于哪些场景?有什么特性?
3. Spark Streaming 实时处理的原理是什么?有哪些优点?
4. Flink 的基本原理是什么?与 Spark Streaming 分别适用于哪些场景?
5. 设计一套校园大数据分析实时处理方案,以监控上下课时间和各个食堂的人员情况,给学生发出某些食堂人数较少的提示。

第4章

大数据交互式 OLAP 多维分析开发实践

大数据交互式查询分析及联机分析处理（Online Analytical Processing，OLAP）多维分析相比大数据批处理、实时处理，侧重于对海量历史数据即席查询。即席查询（Ad Hoc Query）是指用户根据自己的需求，灵活地选择查询条件，系统能够根据用户选择的查询条件生成相应的统计报表，进而支持商业分析和智能决策。从商务智能（Business Intelligence，BI）概念兴起，到数据仓库技术的出现已经发展了 30 多年。它承受了传统关系数据库难以应对海量大数据查询分析的性能压力，Hadoop 生态中出现的越来越多的组件和技术栈，例如分布式 SQL 查询引擎 Hive、Spark SQL、Presto、Drill 等，以及分布式 OLAP 引擎 Kylin、ClickHouse、Druid 等，百花齐放，在大数据时代支撑大数据交互式查询分析场景。

本章首先介绍数据仓库与 OLAP 多维数据分析基础知识，使读者了解交互式分析的应用场景和技术栈演进过程。然后具体讲解 Hive 分布式数据仓库、Spark SQL、Flink SQL 的基本知识和操作实践方法。最后用"用户画像的交互式分析"案例，带领读者体会交互式分析在实际情况中的具体应用。

本章学习目标：

（1）了解大数据交互式分析的应用场景和技术栈演进过程；

（2）掌握大数据交互式分析的核心思想，熟悉 Hive、Spark SQL、Flink SQL 的基本原理；

（3）熟练完成 Hive、Spark SQL、Flink SQL 的实践操作部分；

（4）能够利用本章的知识完成"用户画像的交互式分析"案例，体会交互式分析在实际情况中的具体应用。

4.1 大数据交互式分析技术栈

4.1.1 大数据交互式分析应用场景

大数据应用的目标是对海量数据进行数据建模和分析，提取新的信息和知识，挖掘新的价值。其中非常成熟和普遍的大数据应用就是支撑 BI 分析与决策的报表类应用，也称为 BI 应用。

BI 应用是指将企业的不同业务系统（如营销系统、订单系统、客户服务系统、供应链系统等各类业务系统及支撑系统）的数据进行整合、清洗，在保证数据正确性的同时，进行数据分析和处理，并利用合适的查询和分析工具快速、准确地为企业提供报表展现、报表分析，以及决策支持。从最早的 BI 类的数据交互式分析应用的功能及特点可知，BI 核心是进行数据整合、报表分析，提供直观易懂的查询结果、支撑经营决策。

4.1 大数据交互式分析技术栈

随着数据规模不断增长，BI 系统、报表系统、探索式数据分析系统逐渐采用大数据技术组件来实现，形成了丰富的大数据交互式分析应用。

这些系统的本质是采用分布式交互式 SQL 查询引擎、分布式 OLAP 多维分析引擎，构建包括固定维度、统计项的报表应用、可视化大屏应用，以及具有个性化定制能力（灵活的选择查询条件、组合统计维度及统计项）的交互式 SQL 查询、多维分析查询的探索式分析应用。

大数据交互式分析应用包括 4 个层次：数据源的数据收集、数据仓库的数据整合、数据 SQL 引擎及 OLAP 多维分析引擎的数据查询、分析结果的数据展现。

数据源的数据收集可以是通过数据传输及数据同步工具，将保存在 HDFS 分布式文件系统、OSS 对象存储系统、RDBMS 关系数据库、NoSQL 数据库中的数据同步到数据仓库 Hive 中，或者直接由 ClickHouse、Druid、Presto 等分布式实时查询引擎连接读取数据。

在数据仓库的数据整合中，Hive 经常被选为数据仓库的建设方案，配合关系数据库如 MySQL 数据库进行元数据管理，构建海量历史数据的、面向主题治理和存储的数据集中仓储层。为了优化实时交互查询分析性能，ClickHouse 等大数据组件包含高性能的数据存储能力（列数据库），实现数据仓库存储能力和 OLAP 多维分析能力。

在数据 SQL 引擎及 OLAP 多维分析引擎的数据查询中，Hive SQL、Spark SQL、Flink SQL 提供基于 SQL 的分布式数据查询，且容易与批处理或批流处理的技术栈统一，是对交互式分析实时性要求不高的主流选择。OLAP 多维分析引擎的 Kylin、ClickHouse、Druid，提供海量数据交互式查询分析亚秒级的响应。

通过 Java 的后端程序实现将前端 Web UI 的查询单击转化为 SQL 查询，将查询结果可视化展现在 Web UI 中。也可以通过 Rest API、JDBC 与各类可视化探索分析应用或可视化应用结合实现交互式查询。

图 4-1-1 所示为大数据交互式分析应用的通用技术架构。

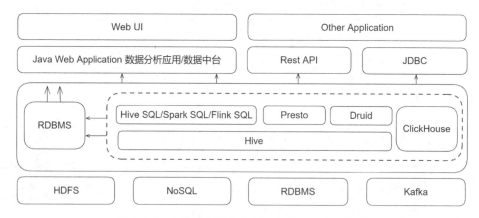

图 4-1-1　大数据交互式分析应用的通用技术架构

4.1.2　数据仓库基本概念

大数据交互式分析应用场景主要存在于 BI 领域，因此在技术实现路线上，通常沿用数据仓库、OLAP 多维分析的技术体系。

数据仓库（Data Warehouse，DW）是面向主题的、集成的、随时间变化的、非易失的数据集合，用于支持管理者的决策过程。可以说，数据仓库是大数据时代到来之前，IT 业界收集、积累数据，并进行海量历史数据综合分析的技术、工具、系统的总称。数据仓库基本结构如图 4-1-2 所示。

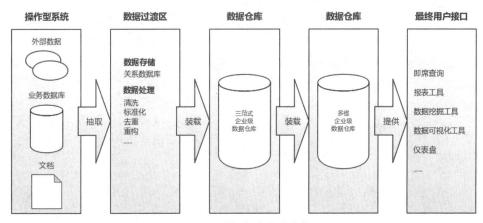

图 4-1-2　数据仓库基本结构

数据仓库汇聚、存储数据，并基于数据挖掘获取数据价值，支持企业决策（如营销策略、生产计划安排）。所以，数据的存储、分析、应用系统和技术等，从源数据被信息化开始，到数据仓库阶段，是一个海量业务数据（主要是关系数据）被计算机长久存储、挖掘、得到商业应用的过程。但传统的数据仓库不是基于分布式集群存储、分布式并行计算框架的，存在数据分析规模的上限。因此传统数据仓库工具系统在 Hadoop 生态出现后逐渐被替代，并涌现了 Hive 数据仓库工具、NoSQL 数据库工具及数据湖工具等新型数据仓库方案。所以，大数据技术的涌现，使数据仓库技术实现并"拥抱"了分布式并行计算架构，焕发了新的生命力。

在数据仓库概念体系中，读者通过区分数据生产型系统与数据分析型系统，能够更好地理解数据仓库技术系统的定位。

数据生产型系统：数据生产型系统是一类专门用于管理面向事务的应用的信息系统，它的开发是为了满足某种业务功能的需求。典型的数据生产型系统包括电商系统、学校教务管理系统等。数据生产型系统的特征是存储大量"短"的事务，强调快速处理查询。每秒处理查询事务数是数据生产型系统的度量指标。在数据库的使用上，数据生产型系统常用的操作是增、删、改、查，并且通常是插入与更新密集型的，同时对数据库进行大量的并发查询，而删除操作相对较少。数据生产型系统一般可直接在数据库上修改数据，没有数据过渡区。

数据分析型系统：数据分析型系统是指从海量综合性、长期性数据中获取新的、有价值结论的系统。在计算机领域，数据分析型系统是一种快速回答多维分析查询的实现方式。数据分析型系统的典型应用包括销售业务分析报告、市场管理报告、业务流程管理、预算和预测、金融分析报告等。数据分析型系统的特征是事务量相对较少，但查询通常非常复杂并且包含聚合计算，例如今年和去年同时期的数据对比、百分比变化趋势等。数据分析型数据库中的数据一般来自企业级数据仓库，是整合过的历史数据。对于数据分析型系统，吞吐量是一个有效的性能度量指标。在数据库层面，数据分析型系统操作被定义成少量的事务，复杂的查询，处理归档和历史数据。这些数据很少被修改，从数据库提取数据是最常见的操作。

表 4-1-1 总结了两种系统主要区别，可以帮助读者更容易理解大数据交互式分析系统

与以基于关系数据库实现为主的业务系统（数据生产型系统）的定位及主旨。

表 4-1-1　数据生产型系统和数据分析型系统对比

对比项	数据生产型系统	数据分析型系统
数据源	最原始的数据	历史的、归档的数据，一般来源于数据仓库
数据更新	插入、更新、删除数据，要求快速执行，立即返回结果	大量数据装载，花费时间很长
数据模型	实体关系数据模型	多维数据模型
数据的时间范围	从天到年	几年或者几十年
查询	简单查询，快速返回查询结果	复杂查询，执行聚合汇总操作
速度	快，在表中需要建立索引	相对较慢，需要更多的索引
所需空间	小，只需存储操作数据	大，需要存储大量历史数据

对比两种系统发现，数据分析型系统是典型的采用数据仓库组织数据，实现对历史数据的查询，通过在大量存储的数据上的分析能力，形成各类报表支撑智能决策的应用。

4.1.3　多维数据模型与多维数据分析

前文介绍了数据生产型系统与数据分析型系统的区别，我们可以理解数据仓库采取多维数据模型来实现多维数据分析。因此，本节先介绍关系数据模型，帮助读者对比理解什么是多维数据模型，及与之相关的多维数据分析方法。

1．关系数据模型

关系数据模型是由埃德加·弗兰克·科德（Edgar Frank Codd）在 1970 年提出的一种通用数据模型。关系数据模型是以集合论中的关系概念为基础发展起来的。关系数据模型无论是实体还是实体间的联系均由单一的结构类型——关系来表示。关系数据模型被广泛应用于数据处理和数据存储，尤其是在数据库领域。现在主流的数据库管理系统几乎都是以关系数据模型为基础实现的。

关系数据模型具有 3 个要素：第一个要素是关系数据模型的数据结构；第二个是关系数据模型的运算，如并、差、积、选择、投影、交、连接、除；第三个是关系数据模型的完整性约束，包括实体完整性、参照完整性和用户自定义完整性。

在关系数据库中，数据结构用单一的二维表结构来表示实体以及实体间的联系。在实际的关系数据库中的关系也称表。一个关系对应一个二维表，二维表表名就是关系名。一个关系数据库是由若干个表组成的。关系数据模型是指用二维表的形式表示实体和实体间联系的数据模型。

在关系数据库中，还包括许多要素。属性（Attribute）：二维表中的列（字段）。属性域（Domain）：属性的取值范围。元组（Tuple）：在二维表中的一行（记录的值），称为一个元组。超键（Super Key）：一个列或者列集，唯一标识表中的一条记录。候选键（Candidate Key）：仅包含唯一标识记录必需的最小数量列的超键。主键（Primary Key）：唯一标识表中记录的候选键，主键是唯一的、非空的。外键（Foreign Key）：外键是一个或多个列的集合，匹配其他表中的候选键，代表两张表记录之间的关系。

2．维度数据模型

维度数据模型简称维度模型（Dimension Model，DM），是数据仓库中最常用的数据模型之一。维度模型通过将数据按照事实和维度进行组织，使得用户可以更好地理解和分析数据。维度模型通常包括一个事实表和多个维表，因此也称为多维数据模型。

事实和维度是维度模型中的核心概念。事实表示对业务数据的度量，因此在多维数据模型中，事实也称为度量。维度是观察数据的角度。例如，销售金额、单击次数、购买数量都是事实，销售时间、销售的产品、销售产品类别、购买的顾客、销售地区等都是销售事实的维度。

事实通常是数字类型的、连续的值，如销售额或销售商品的数量，可以进行聚合计算。事实也是被聚合的统计值，是聚合的结果，通过比较和测算事实，数据分析人员可对数据进行评估，比如今年的销售额相比去年有多大的增长，增长的速度是否达到预期，不同商品类别的增长比例是否合理等。

维度通常是一组层次关系或描述信息，用来观察事实的角度（不同维度下该业务数据的取值）。比如电商的销售数据可以从时间的维度来观察，也可以从时间和地区的维度来观察。维度一般是一组离散的值，例如时间维度上的每个独立的日期，商品维度上的每件独立的商品。统计时把维度相同的记录聚合在一起，用聚合函数进行累加、平均、去重等计算。

通过将维度模型应用于数据仓库，用户可以轻松地按照不同的维度对数据进行聚合或分析。例如，在销售数据仓库中，用户可以通过销售产品类别、销售时间、销售地区等维度来分析销售业绩，以便更好地了解销售情况，制定具有针对性的销售策略。

维表中的信息一般是可以分层的，称为维的层次。比如时间维表的年、季度、月、周、日，地域维度的省、市、县，部门维度的集团、一级分公司、二级分公司、部门等，这类分层的信息就是为了满足事实表中的事实可以在不同的维度上完成聚合。维度的层次能反映出数据分析人员对数据分析统计的粗细粒度，比如按天统计、按月统计、按季度统计、按年统计商品的销售数量。

维度的一个取值称为该维度的一个维成员。如"某年某月某日"是时间维的一个成员。把多个维度和变量组成一组，就构成多维数组。一个多维数组可以表示为：(维 1,维 2,…,维 n,变量)，例如一个 5 维的结构可以表示为(产品,地区,时间,销售渠道,销售额)。多维数组的取值称为数据单元，例如一个 5 维数据单元(牙膏,上海,1998 年 12 月,批发,销售额为100000 元)。

3．星型模型

数据仓库建模最常见的维度模型是星型模型。星型模型就是以一个事实表为中心，周围环绕多个维表的维度模型。多维星型模型示例如图 4-1-3 所示。

事实表是指存储事实记录的表，如系统日志、销售记录等。因为事实表的记录在不断地动态增长，所以它的体积通常远大于其他表。事实表主要包含两方面的信息：维度和事实。维度的具体描述信息记录在维表，事实表中的维度只是一个关联维表的键，并不记录具体信息；事实一般都会记录事件的相应数值。例如，订单事实表 FACT_ORDER 中保存的是产品的购买数量、金额这些事实，以及产品信息维表、日期维表、销售人员信息维表、客户信息维表的外键。

维表（Dimension Table），也称查找表（Lookup Table），是与事实表对应的表。维表主要包含观察事实的不同维度的信息，例如产品信息维表 DIM_PRODUCT 保存产品名、产品品牌、产品类别等。维表保存维度的属性值，可以跟事实表关联。使用维表有诸多好处：缩小事实表的大小；便于维度的管理和维护；便于增加、删除和修改维度的属性，不必对事实表的大量记录进行改动；可以为多个事实表重用，减少重复工作。

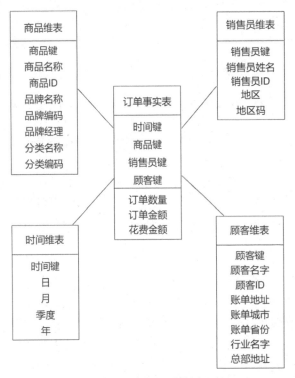

图 4-1-3　多维星型模型示例

4.1.4　OLAP 与数据立方体

OLAP 由关系数据库之父埃加德·弗兰克·科德博士于 1993 年提出，又称多维分析，是指通过多种不同的维度审视数据，进行深层次分析。OLAP 是在数据仓库多维数据模型的基础上实现的面向分析的各类操作的集合。

1．OLAP 的基本操作

OLAP 的操作以查询（Select）为主，但是查询可以很复杂，比如基于关系数据库的查询可以多表关联，可以使用 COUNT、SUM、AVG 等聚合函数。OLAP 基于多维数据模型定义了一些常见的面向分析的操作类型使这些操作更加直观。

OLAP 是多维分析的各类操作的集合，具体包含哪些操作呢？这里先介绍一个概念：数据立方体（Data Cube）。从多维数据模型可以看出，事物（事实）的所有维度联合在一起，可以构成数据立方体。比如时间、地区、产品构成 3 个维度的数据立方体，就是可以从这 3 个维度衡量和展示数据。数据立方体允许多维度地对数据进行建模和观察，它由维度和事实定义。

其实数据立方体只是对多维数据模型的形象比喻。从表面看，数据立方体是三维的，但是多维数据模型不仅限于三维模型，可以组合更多的模型，比如四维、五维等，例如根据时间、地域、产品和产品型号这 4 个维度，统计销售量等指标。图 4-1-4 所示为一个数据立方体的示例。

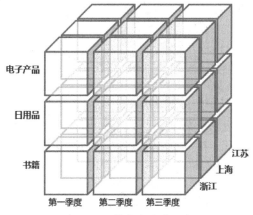

图 4-1-4　数据立方体示例

有了数据立方体后，OLAP 的多维分析就可以对这个数据立方体进行钻取（Drill-Down）、上卷（Roll-Up）、切片（Slice）、切块（Dice）以及旋转（Pivot）等分析操作。

利用图 4-1-5 所示的图例可以很好地理解 OLAP 的多维分析操作。

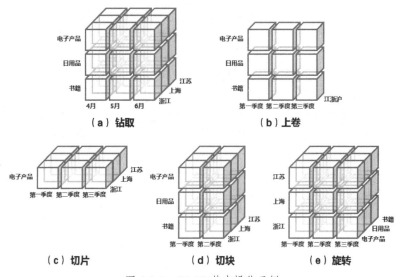

图 4-1-5　OLAP 基本操作示例

钻取：在维度的不同层次间的变化，从上一层到下一层，或者将汇总数据拆分成更细节的数据，比如通过对第二季度的总销售数据进行钻取查看第二季度每个月的消费数据，如图 4-1-5（a）所示；也可以钻取江苏省的销售数据来查看南京、苏州、宿迁等城市的销售数据。当然所有数据都已经在预处理中根据维度组合计算出了所有的事实结果。

上卷：钻取的逆操作，即从细粒度数据向更高汇总层聚合，如将江苏省、上海市和浙江省的销售数据进行汇总来查看江浙沪地区的销售数据，如图 4-1-5（b）所示。

切片：选择维度中特定的值进行分析，比如只选择电子产品的销售数据，如图 4-1-5（c）所示，或者二季度的数据。

切块：选择维度中特定区间的数据或者某些特定值进行分析，比如选择第一季度到第二季度的销售数据，如图 4-1-5（d）所示，或者电子产品、日用品、书籍的销售数据。

旋转：即互换维度的位置，就像二维表的行列转换，如图 4-1-5（e）所示，通过旋转实现产品维和地域维的互换。

2．OLAP 的分类

为了实现 OLAP 的基本操作，常见的 OLAP 架构主要分为以下 3 类：关系 OLAP（Relational OLAP，ROLAP）、多维 OLAP（Multi-Dimensional OLAP，MOLAP）、混合型 OLAP（Hybrid OLAP，HOLAP）。

ROLAP 直接使用关系数据模型构建，数据模型常使用星型模型或者雪花模型。因为 OLAP 概念在最初提出的时候，是建立在关系数据库之上的。ROLAP 将分析用的多维数据存储在关系数据库中，并根据应用的需要，有选择地定义一批实视图作为表，这些表也存储在关系数据库中。不必将每一个 SQL 查询都作为实视图保存，只定义那些使用频率比较高、计算工作量比较大的 SQL 查询作为实视图保存。对每个针对 OLAP 服务器的查询，优先利用已经计算好的实视图来生成查询结果以提高查询效率。同时，用作 ROLAP 存储器的 RDBMS 也针对 OLAP 进行相应的优化，比如并行存储、并行查询、并行数据管理、基于成本的查询优化、位图索引、SQL 的 OLAP 扩展（cube、rollup）等。

ROLAP 多维分析的操作可以直接转换成 SQL 查询。例如，通过上卷操作查看各省的销售额，可以转换成类似这样的 SQL 语句：SELECTSUM(价格)FROM 销售数据表 GROUPBY 省市。但是这种架构对数据的实时处理能力要求很高。试想对一张存有上亿行数据的数据表同时执行数十个字段的 GROUPBY 查询，将会发生什么事情？

MOLAP 将 OLAP 分析所用到的多维数据物理上存储为多维数组的形式，形成"立方体"的结构。维度的属性值被映射成多维数组的下标或下标的范围，而汇总数据作为多维数组的值存储在数组的单元中。

MOLAP 使用多维数组的形式保存数据，其核心思想是借助事先聚合结果，使用空间换取时间的形式提升查询性能，即用更多的存储空间换取查询时间的减少。MOLAP 具体的实现方式是依托立方体模型的概念。首先，对需要分析的数据进行建模，框定需要分析的维度字段；然后，通过预处理的形式，对各个维度进行组合并事先聚合；最后，将聚合结果以某种索引或者缓存的形式存储起来（通常只存储聚合结果，不存储明细数据）。这样，在随后的查询过程中，就可以直接利用聚合结果返回数据。但是这种架构并不完美，原因是维度预处理可能会导致数据膨胀。

以图 4-1-4 所示的产品销售数据立方体为例，如果数据立方体包含 5 个维度，那么维度组合的方式有 31 种（维度数为 n 时，维度组合的方式为 2^n-1 种）。

对于每一种维度的组合，将事实做聚合运算，然后将运算的结果保存为一个物化视图。如图 4-1-4 中，省份和产品类别两个维度的组合就有<浙江,书籍>、<上海,书籍>、<江苏,书籍>等 3 个物化视图。维度的基数（Cardinality）会快速增加物化视图的数量。维度的基数指的是该维度在数据集中出现的不同值的个数，例如"国家"是一个维度，如果有 200 个不同的值，那么此维度的基数就是 200。通常一个维度的基数为几十个到几万个不等，个别维度如"用户 ID"的基数会超过百万个甚至千万个。基数超过 100 万个的维度通常被称为超高基数维度（Ultra High Cardinality，UHC），可想而知，当维度的基数较高时，其立方体预聚合后的数据量可能会膨胀 10～20 倍。

HOLAP 可以理解成 ROLAP 和 MOLAP 的集成。如低层是 ROLAP 的，高层是 MOLAP 的。这种方式具有更好的灵活性。HOLAP 的特点是能将明细数据保留在关系数据库的事实表中，但是聚合后的数据保存在立方体中，聚合时需要花费比 ROLAP 更多的时间，查询效率比 ROLAP 的高，但低于 MOLAP 的。

4.1.5　大数据交互式分析技术栈演进

由于大数据多维分析数据量规模的增长、实时性需求的压力，涌现了不同的大数据交互式分析的实现技术路线。

首先，Hadoop 生态的 MapReduce、HDFS 及 HBase 数据库，撼动了 RDBMS 在商用数据库和数据仓库方面的"统治性"地位，也在一定程度上突破了使用传统关系数据库建设模式的数据仓库及 BI 系统无法满足的海量数据查询分析的性能瓶颈。

随着时间的推移，诞生了许多分布式数据查询引擎，如美国 Facebook 公司开发的基于 MapReduce 的 Hive，广告分析公司 Metamarkets 开发的一个用于实时查询和分析的分布式实时处理系统 Druid，Google 公司推出的 Dremel 技术，基于 Google Dremel 的开发实现的 Drill，大数据公司 Cloudera 开源的大数据查询分析引擎 Impala，Facebook 公司开发的数据查询引擎 Presto，UC Berkeley AMPLab 实验室以 Spark 为核心开发的大数据查询分析引擎 Shark，后来演进为 Spark SQL。

分布式数据查询引擎主要分为分布式 SQL 查询引擎和分布式 OLAP 引擎。分布式 SQL 查询引擎包括 Hive、Spark SQL、Presto、Drill 等。分布式 OLAP 引擎包括 Kylin、ClickHouse、Druid 等。

Hive 是一个基于 Hadoop 构建的数据仓库软件项目，用于大数据的查询和分析。Hive 提供一个 SQL 类的接口，用于查询存储在 Hadoop 集成的各种数据库和文件系统中的数据，其提供的 Hive SQL 可以进入 Java 底层实现查询，从而提高工作效率。虽然 Hive 由 Facebook 公司开发，但是其也被 Netflix 和 FINRA 等公司使用，且已经成为 Hadoop 生态中的一个重要的组件。

Impala 是 Cloudera 公司发布的实时查询开源项目，可以直接为存储在 HDFS 或 HBase 中的 Hadoop 数据提供快速、交互式的 SQL 查询。Impala 能查询存储在 Hadoop 的 HDFS 和 HBase 中的 PB 级数据。

从 Shark 演进而来的 Spark SQL，在 Spark 基于内存的迭代运算框架之上，提供完全兼容 Hive、JSQN 等数据类型，并通过 SQL 实现高性能计算。

Presto 是由 Facebook 公司开源发布的大数据实时查询计算的产品。Presto 在多数据源支持、高性能、易用性、可扩展性方面具有优势。经过 Facebook 和京东商城的测试，Presto 的平均查询性能是 Hive 的 10 倍以上。

Kylin 是一个开源的分布式存储引擎，由 eBay 开发并贡献至开源社区。Kylin 提供 Hadoop 之上的 SQL 查询接口及 OLAP 能力以支持大规模数据，能够处理 TB 级甚至 PB 级的分析任务，能够在亚秒级查询巨大的 Hive 表，并支持高并发。Kylin 通过空间换时间的方式，实现在亚秒级别延迟的情况下，对 Hadoop 上的大规模数据集进行交互式查询。

Druid 是广告分析公司 Metamarkets 开发的一个分布式内存 OLAP 系统。其主要用于广告分析，互联网广告系统监控、度量和网络监控。Druid 是为 OLAP 工作流的探索性分析构建的，它支持各种过滤、聚合和查询操作。Druid 以其数据吞吐量大、支持流数据、查询灵活且迅速而出名，因此广泛应用于广告数据分析等实时数据分析场景。

ClickHouse 是由俄罗斯 Yandex 公司研发的基于页面点击事件流的高性能 OLAP 系统。为了满足 Yandex 公司的 Web 流量分析的需求，ClickHouse 可以做到在存储数据超过 20 万亿行的情况下，使 90%的查询结果能在 1s 内返回。所以 ClickHouse 非常适用于 BI 领域，也被广泛应用于广告浏览、Web、App 流量、电信、物联网等多个场景。

4.2 分布式数据仓库 Hive

4.2 分布式数据仓库 Hive

Hive 是一个基于 Hadoop 的数据仓库工具,可以将结构化的数据文件映射为数据库表,并提供简单的 SQL 查询功能,可以将 SQL 语句转换为 MapReduce 任务运行。Hive 的优点是学习成本低,可以通过 SQL 类语句快速实现简单的 MapReduce 统计,不必开发专门的 MapReduce 应用,非常适用于数据仓库的统计分析。Hive 并不适合需要低延迟的应用,例如联机事务处理(Online Transaction Processing,OLTP)。Hive 查询操作过程严格遵守 Hadoop MapReduce 的作业执行模型的规则,整个查询过程比较慢,不适用于实时数据分析。Hive 的一般使用场合是大数据集的批处理作业,例如网络日志分析。

几乎所有的 Hadoop 环境都会配置 Hive。虽然 Hive 易用,但内部的 MapReduce 还是会带来速度非常慢的查询体验。

4.2.1 Hive 体系框架及基本原理

Hive 的主要组成是 Java 代码。在$HIVE 目录下可以发现有众多的 JAR(Java 压缩包)文件,例如 hive-exec*.jar 和 hive-metastore*.jar。每个 JAR 文件都实现 Hive 功能中某个特定的部分。$HIVE_HOME/bin 目录下包含可以执行各种 Hive 服务的可执行文件,包括 Hive 命令行界面(Command-Line Interface,CLI)。CLI 是 Hive 的最常用方式。除非有特别说明,否则我们都使用 hive(小写,固定宽度的字体)来代表 CLI。CLI 可用于为交互式的界面提供输入语句或者提供用户执行含有 Hive 语句的"脚本"。conf 目录下存放 Hive 的配置文件。Hive 具有非常多的配置属性,这些属性控制的功能包括元数据存储(如数据存放在哪里)、各种优化和"安全控制"等。

所有的 Hive 客户端都需要 metastoreservice(元数据服务),Hive 使用这个服务来存储表模式信息和其他元数据信息。通常情况下使用一个关系数据库中的表来存储这些信息。默认情况下,Hive 会使用内置的 Derby SQL 服务器,其可以提供有限的、单进程的存储服务。例如,当使用 Derby 时,用户不可以执行两个并发的 Hive CLI 实例,然而,如果是在个人计算机上或者某些开发任务上执行两个并发的 Hive CLI 实例是没问题的。对于集群来说,需要使用 MySQL 等关系数据库。

Hive 还有一些其他组件。Thrift 服务提供远程访问其他进程的功能,也提供使用 JDBC 和 ODBC 访问 Hive 的功能。

最后,Hive 还提供一个简单的网页界面——Hive 网页界面(Hive Web Interface,HWI),其提供远程访问 Hive 的服务。

图 4-2-1 所示为 Hive 组件及在 Hadoop 平台的位置。

Hive 所有的命令和查询都会进入 Driver(驱动模块),通过该模块对输入进行解析、编译,对需求的计算进行优化,然后执行指定的步骤(通常是启动多个 MapReduce 任务来执行)。当需要启动 MapReduce 任务(job)时,Hive 本身是不会生成 Java MapReduce 算法程序的。相反,Hive 通过一个表示"job 执行计划"的 XML 文件驱动执行内置的、原生的 Mapper 模块和 Reducer 模块。换句话说,这些通用的模块函数类似微型的语言翻译程序,而这个驱动计算的"语言"是以 XML 形式编码的。

Hive 通过和 JobTracker 通信来初始化 MapReduce 任务,而不必部署在 JobTracker 所在的管理节点上。在大型集群中,通常有网关机专门用于部署 Hive 的工具。在这些网关机上可远程登录和管理节点上的 JobTracker 通信来执行 MapReduce 任务。通常，要处理的数据文件是存储在 HDFS 中的，HDFS 是由 NameNode 进行管理的。Metastore（元数据存储）是一个独立的关系数据体（通常是 MySQL 实例），Hive 会在其中保存表模式和其他系统的元数据。

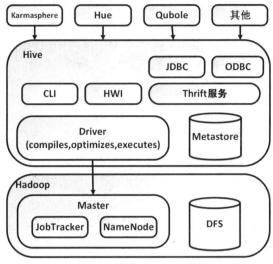

图 4-2-1 Hive 组件及在 Hadoop 平台的位置

4.2.2　Hive 在数据仓库中的应用

数据仓库一般会将数据模型分为 3 层：操作数据层、公共维度模型层和应用数据层。其中公共维度模型层包括明细数据层和汇总数据层，有时这两层会直接拆分出来单独表述，有时会合并为一层表述，如图 4-2-2 所示。

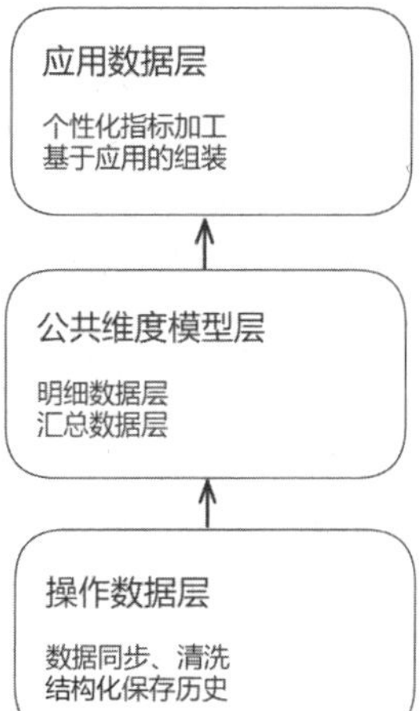

操作数据层（Operational Data Store，ODS）：面向对接的数据源建立的一个接入层，也叫作"贴源层"。ODS 几乎将数据无处理地存放到数据仓库中。

- 数据同步：将结构化数据增量或者全量同步。
- 结构化：将非结构化数据（如日志）进行结构化处理并存储。
- 保存历史、清洗：根据数据业务需求和审计要求保存历史数据、清洗数据。

公共维度模型层（Common Dimensional Model，CDM）：存放明细事实数据、维表数据和公共指标汇总数据，其中明细事实数据、维表数据一般根据 ODS 数据加工生成；公共指标汇总数据根据明细事实数据和维表数据加工生成。

图 4-2-2　模型层次关系

CMD 包括明细数据层（Detailed Workforce Dimension，DWD）和汇总数据层（Data Warehouse Store，DWS）。CMD 采用维度模型方法作为理论基础，更多地采用一些维度退化方法，将维度退化至事实表中，减少事实表和维表的关联，以提高明细数据表的易用性；同时在 DWS 中，加强指标的维度退化，采取更多的宽表化方法构建公共指标数据层，提升公共指标的复用性，减少重复加工。

- 组合相关和相似数据：采用明细宽表，复用关联计算，减少数据扫描。
- 公共指标统一加工：基于标准体系构建命名规范、口径一致和算法统一的统计指标，为上层数据产品、应用和服务提供公共指标；建立逻辑汇总宽表。
- 建立一致性维度：建立一致的数据分析维表，降低数据计算口径、算法不统一的风险。

应用数据层（Applicaton Data Store，ADS）： 存放数据产品个性化的统计指标数据，根据 CDM 和 ODS 加工生成。
- 个性化指标加工：对不公用性、复杂性（如指数型、比值型）指标加工。
- 基于应用的组装：大宽表集市、横表转纵表、趋势指标串。实际模型架构如图 4-2-3 所示。

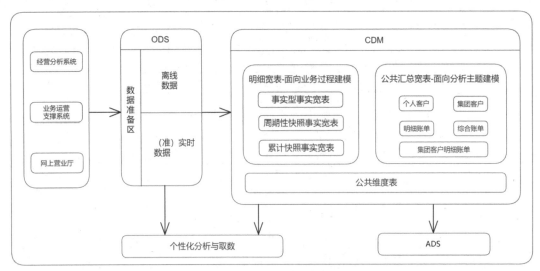

图 4-2-3　实际模型架构

构建 Hive 数据仓库的业务目的如下。

（1）支持业务决策
- 数据分析和报表：通过复杂的查询和分析，生成报表和仪表盘，支持业务决策。
- 实时数据处理：通过实时数据处理和分析，提供最新的业务洞察。

（2）数据驱动的应用
- 预测分析：利用历史数据进行趋势分析和预测，帮助企业进行战略规划和风险管理。
- 个性化推荐：基于用户行为数据，提供个性化推荐服务，提升用户体验和满意度。

（3）成本效益
- 降低存储成本：利用 HDFS 等分布式存储系统，降低数据存储成本。
- 提高资源利用率：通过优化资源管理和任务调度，提高系统的资源利用率。

（4）提高数据访问速度
- 高效查询：通过数据分区、索引和缓存等技术，提高数据查询速度。
- 并行处理：利用分布式计算框架，实现大规模数据的并行处理，加快数据处理速度。

（5）支持数据共享和协作
- 数据共享：提供数据共享机制，支持不同部门和团队之间的数据协作。
- 多用户支持：支持多用户并发访问和查询数据仓库中的数据，满足不同数据需求。

因为 Hadoop 中的数据是以 HDFS 文件格式保存的，所以想要完成数据的汇总、合并、筛选，就只能使用 MapReduce 算法，而该算法的开发依赖 Java，并且每一个 MapReduce 都需要提交到 Hadoop 环境中，如果出现错误就要在 Hadoop 的日志系统中查找原因。Hive

提供以命令行的方式查看 HDFS 中的结构化数据，并能够对数据进行检索、按列求和、求平均值等。Hive 还提供 Hive SQL 语法，该语法结构类似 MySQL，以此来创建数据库、创建表、导入数据、检索数据和删除等。如图 4-2-4 所示，Hive 分布式系统的功能特点使得Hive 组件系统逐渐发展成大数据时代数据仓库系统的典型方案。

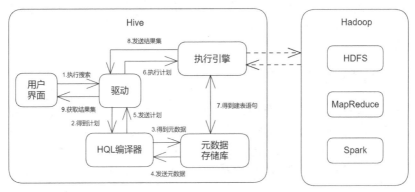

图 4-2-4 Hive 分布式系统的功能特点

4.3 Hive SQL 操作实践

4.3.1 Hive SQL：数据定义

Hive SQL 是 Hive 查询语言。和普遍使用的 SQL 一样，Hive SQL 不完全遵守 ANSISQL 修订版的标准。Hive SQL 和 MySQL 的语言最接近，但是两者还是存在显著差异。Hive SQL 不支持行级插入操作、更新操作和删除操作，也不支持事务。Hive SQL 增加了在 Hadoop 背景下可以提供更高性能的扩展，以及一些个性化的扩展，还增加了一些外部程序。

1．Hive 中的数据库

Hive 的数据库本质上是表的目录或者名字空间。对于具有很多组和用户的大集群来说，Hive 的数据库是非常有用的，因为它可以避免表名冲突。人们通常使用数据库来将生产表组织成逻辑组。

如果用户没有指定数据库，那么将使用默认数据库 default。

如下语句展示了如何创建一个数据库。

```
hive> create database financials;
```

如果数据库 financials 已经存在，将会抛出一个错误信息。使用如下语句可避免在这种情况下抛出错误信息。

```
hive> create database IF NOT EXISTS financials;
```

虽然通常情况下用户期望在同名数据库已经存在的情况下抛出错误信息，但是 IF NOT EXISTS 子句对于在继续执行之前需要根据需求实时创建数据库的情况来说是非常有用的。

2．Hive 中的管理表

管理表也称为内部表。因为这种表，Hive 会或多或少地控制数据的生命周期。Hive

默认情况下会将管理表的数据存储在由配置项 hive.metastore.warehouse.dir（例如/user/hive/warehouse）定义的子目录下。

当删除一个管理表时，Hive 会删除这个表中的数据。

管理表不方便和其他工具共享数据。例如，假设有一份由 Pig 或者其他工具创建并且主要由这个工具使用的数据，同时还想使用 Hive 在这份数据上执行一些查询操作，可是并不准备给予 Hive 对数据的所有权，此时可以创建一个外部表指向这份数据，而并不需要对其具有所有权。

3. Hive 中的外部表

假设我们正在分析来自股票市场的数据，我们会定期地从如 Infochimps 的数据源接收关于 NASDAQ 和 NYSE 的数据，然后使用很多工具来分析这两份数据。我们后面将要使用的模式和这两份数据是匹配的。假设这些数据文件位于分布式文件系统的/data/stocks 目录下。

使用如下语句将创建一个外部表，其可以读取所有位于/data/stocks 目录下的以逗号分隔的数据。

```
CREATE EXTERNAL TABLE IF NOT EXISTS stocks(
exchange STRING,
symbol        STRING,
ymd           STRING,
price_open    FLOAT,
price_high    FLOAT,
price_low     FLOAT,
price_close   FLOAT,
volume        INT,
price_ad_close FLOAT
)
ROW FORMAT DELIMITED FIELDS TERMINATED BY ','
LOCATION '/data/stocks';
```

关键字 EXTERNAL 用于告诉 Hive 这个表是外部的，LOCATION 子句用于告诉 Hive 数据位于哪个路径下。

因为表是外部的，所以 Hive 并非认为其完全拥有这份数据。因此，删除该表并不会删除这份数据，但描述表的元数据信息会被删除。

4. Hive 中的分区表

数据分区的一般概念存在已久，其有多种形式，但是通常使用分区来水平分散压力，将数据从物理上转移到与使用最频繁的用户更近的地方，以及实现其他目的。

Hive 中有分区表的概念。分区表具有重要的性能优势，而且分区表可以将数据以一种符合逻辑的方式进行存储，比如分层存储。

4.3.2　Hive SQL：数据导入

1. 从本地文件系统中导入数据到 Hive 表

先在 Hive 中创建表，语句如下。

```
hive> create table test
    > (id int, name string,
```

```
> age int, tel string)
> ROW FORMAT DELIMITED
> FIELDS TERMINATED BY '\t'
> STORED AS TEXTFILE;
```

本地文件系统中有/home/test.txt 文件，其内容如下。

```
1       xw      25      231
2       tc      30      137
3       zs      34      89
```

test.txt 文件中的数据列之间是使用\t 分隔的，可以通过如下语句将 test.txt 文件里的数据导入 test 表。

```
hive> load data local inpath 'test.txt' into table test;
```

2. 从 HDFS 中导入数据到 Hive 表

从本地文件系统中将数据导入 Hive 表的过程，其实是先将数据临时复制到 HDFS 的一个目录中，然后将数据从该目录下移动到对应的 Hive 表的数据目录里的过程。所以，Hive 支持将数据直接从 HDFS 中的一个目录移动到相应 Hive 表的数据目录下，假设有文件 /home/test.txt，具体的操作如下。

```
bin/hadoop fs -cat /home/test.txt
```

test.txt 文件存放在 HDFS 中的/home 目录（和"从本地文件系统中导入数据到 Hive 表"中不同，"从本地文件系统中导入数据到 Hive 表"中提到的 test.txt 文件是存放在本地文件系统中的）里面，可以通过如下语句将这个文件的内容导入 Hive 表中。

```
hive> load data inpath '/home/test.txt' into table test;
hive> select * from test;
```

从运行结果可以看到，数据导入 test 表了。注意 load data inpath '/home/test.txt' into table test; 里面没有 local 关键词。

3. 通过查询语句向表插入数据

INSERT 语句允许用户通过查询语句向目标表插入数据。使用表 employees 作为要导入数据的表，假设另一张名为 staged_employees 的表里已经有相关数据。在表 staged_employees 中使用不同的名字来表示国家和城市，分别称作 country 和 city。

```
INSERT OVERWRITE TABLE employees
PARTITION (country = 'CN', city = 'BJ')
SELECT * FROM staged_employees se
WHERE se.country = 'CN' AND se.city = 'BJ';
--WHERE 子句用于过滤 staged_employees 表中的数据
--只有 country(表示国家的列)等于'CN'并且 city(表示城市的列)等于'BJ'的行才会被选中
```

这个查询的作用是将 staged_employees 表中 country 为 'CN' 和 city 为 'BJ' 的数据复制到 employees 表的对应分区（country = 'CN', city = 'BJ'），且使用了 OVERWRITE 关键字，因此之前分区中的内容（如果是非分区表，就是之前表中的内容）将会被覆盖。

Hive 支持用多种方式来完成从源表 source_table 读出数据复制到目标表 target_table 中。

追加到目标表中采用 INSERT INTO 关键字。与 INSERT OVERWRITE 不同的是，INSERT INTO 不会覆盖 target_table 中已经存在的数据，而是将新数据追加到表中。

```
INSERT INTO TABLE target_table
SELECT * FROM source_table;
```

4．在单个查询语句中创建表并加载数据

用户可以在一个语句中完成创建表并将查询结果载入这个表的操作，如下。

```
CREATE TABLE bj_employees
AS SELECT name, salary, address
FROM employees
WHERE se.city = 'BJ';
```

上面的示例表示创建一个新表 bj_employees，从原始的 employees 表抽取满足 se.city = 'BJ'的行，取出的字段包括 name、salary、address。

在 Hive 中，CREATE TABLE ... AS SELECT ...（简称 CTAS）语句用于创建一个新表，并将 SELECT 查询的结果填充到这个新表中。Hive 中的 CTAS 语句创建的是内部表，并且它会立即执行 SELECT 查询以填充新创建的表。这种语法不能直接用于创建外部表。在 Hive 中，外部表的数据是由 Hive 外部管理的。数据文件可能由外部应用程序或过程创建和维护，而 Hive 仅引用这些数据。使用 CTAS 语句来创建外部表并填充数据会违背外部表的设计理念。

如果需要创建一个外部表并使用现有表的数据，通常采取以下步骤。

首先，使用 CREATE TABLE 语句创建一个外部表，并指定其数据文件的位置。

然后，使用 INSERT INTO 语句或 INSERT OVERWRITE 语句将数据从现有表导入新创建的外部表。

```
-- 创建外部表
CREATE EXTERNAL TABLE new_external_table LIKE target_table
LOCATION 'hdfs_path_to_store_data';
-- 将数据从现有表复制到外部表
INSERT INTO TABLE new_external_table
SELECT * FROM target_table;
```

4.3.3　Hive SQL：数据查询

1．基本查询

（1）全表查询和选择特定列查询。
- 全表查询：hive (default)> select * from emp;。
- 选择特定列查询：hive (default)> select empno,ename from emp;。

（2）列别名查询：hive (default)> select ename AS name,deptno dn from emp;。

（3）算术运算符：hive (default)> select sal +1 from emp;。

（4）常用函数。
- 求总行数：hive (default)> select count(*) cnt from emp;。
- 求工资的最大值：hive (default)> select max(sal) max_sal from emp;。
- 求工资的最小值：hive (default)> select min(sal) min_sal from emp;。

- 求工资的总和：hive (default)> select sum(sal) sum_sal from emp;。
- LIMIT 语句：hive (default)> select * from emp limit 5;，返回指定行数的数据，LIMIT 子句用于限制返回的行数。

2．WHERE 语句

（1）比较运算符

表 4-3-1 描述了谓词操作符，这些操作符同样可以用于 JOIN…ON 和 HAV-ING 语句中。

表 4-3-1　谓词操作符

谓词操作符	支持的数据类型	描述
A=B	基本数据类型	如果 A 等于 B，则返回 TRUE，反之返回 FALSE
A<=>B	基本数据类型	如果 A 和 B 都为 NULL，则返回 TRUE，其他的和等号（＝）操作符的结果一致；如果任意一项为 NULL 则结果为 NULL
A<>B,A!=B	基本数据类型	A 或者 B 为 NULL，则返回 NULL；如果 A 不等于 B，则返回 TRUE，反之返回 FALSE
A<B	基本数据类型	A 或者 B 为 NULL，则返回 NULL；如果 A 小于 B，则返回 TRUE，反之返回 FALSE
A<=B	基本数据类型	A 或者 B 为 NULL，则返回 NULL；如果 A 小于等于 B，则返回 TRUE，反之返回 FALSE
A>B	基本数据类型	A 或者 B 为 NULL，则返回 NULL；如果 A 大于 B，则返回 TRUE，反之返回 FALSE
A>=B	基本数据类型	A 或者 B 为 NULL，则返回 NULL；如果 A 大于等于 B，则返回 TRUE，反之返回 FALSE
A [NOT] BETWEEN B AND C	基本数据类型	如果 A、B 或者 C 任意一项为 NULL，则结果为 NULL；如果 A 大于等于 B 而且小于等于 C，则结果为 TRUE，反之为 FALSE；如果使用 NOT 关键字则可达到相反的效果
A IS NULL	所有数据类型	如果 A 为 NULL，则返回 TRUE，反之返回 FALSE
A IS NOT NULL	所有数据类型	如果 A 不为 NULL，则返回 TRUE，反之返回 FALSE
IN(数值1,数值2)	所有数据类型	使用 IN 运算显示列表中的值
A [NOT] LIKE B	STRING	B 是一个 SQL 下的简单正则表达式，如果 A 与其匹配，则返回 TRUE，反之返回 FALSE。B 的表达式说明如下："x%"表示 A 必须以字母"x"开头，"%x"表示 A 必须以字母"x"结尾，而"%x%"表示 A 包含字母"x"，可以位于开头、结尾或者字符串中间。如果使用 NOT 关键字则可达到相反的效果
A RLIKE B,A REGEXP B	STRING	B 是一个正则表达式，如果 A 与其匹配，则返回 TRUE，反之返回 FALSE。匹配使用 JDK 中的正则表达式接口实现，因为正则表达式也遵守其中的规则。例如，正则表达式 B 必须和整个字符串 A 相匹配，而不是只需与其字符串匹配

案例实操

查询工资等于 5000 的所有员工信息：hive (default)> select * from emp where sal =5000;。

查询工资在 500～1000 的员工信息：hive (default)> select * from emp where sal between 500 and 1000;。

查询 comm 为空的所有员工信息：hive (default)> select * from emp where comm is null;。

查询工资为 1500 和 5000 的员工信息：hive (default)> select * from emp where sal IN

(1500,5000);。

（2）LIKE 和 RLIKE

① 使用 LIKE 运算选择类似的值。

② 选择条件可以包含字符或数字：% 代表零个或多个字符（任意字符）；_ 代表一个字符。

③ RLIKE 子句是 Hive 中 LIKE 功能的一个扩展，其可以通过 Java 的正则表达式来指定匹配条件。

案例实操

查询以 2 开头的工资的员工信息：hive (default)> select * from emp where sal LIKE '2%';。

查询第二个数值为 2 的工资的员工信息：hive (default)> select * from emp where sal LIKE '_2%';。

查询工资中含 2 的员工信息：hive (default)> select * from emp where sal RLIKE '[2]';

逻辑运算符具体含义如表 4-3-2 所示。

表 4-3-2　逻辑运算符

操作符	含义
AND	逻辑并
OR	逻辑或
NOT	逻辑否

查询工资大于 1000，且部门是 30 号的员工信息：hive (default)> select * from emp where sal>1000 and deptno=30;。

查询工资大于 1000，或者部门是 30 号的员工信息：hive (default)> select * from emp where sal>1000 or deptno=30;。

查询除了 20 号部门和 30 号部门以外的员工信息：hive (default)> select * from emp where deptno not IN(30,20);。

3．分组语句

（1）GROUP BY 语句

GROUP BY 语句通常和聚合函数一起使用，其作用是按照一个或者多个列队结果进行分组，然后对每个组执行聚合操作。

案例实操

计算 emp 表中每个部门的平均工资：hive (default)> select t.deptno,avg(t.sal)avg_sal from emp t group by t.deptno;。

计算 emp 每个部门中每个岗位的最高工资：select t.deptno,t.job,max(t.sal)max_sal from emp t group by t.deptno,t.job;。

（2）having 语句

having 与 where 的不同点如下。

① where 针对表中的列查询数据；having 针对查询结果中的列筛选数据。

② where 后面不能使用分组函数，而 having 后面可以使用分组函数。

③ having 只用于 GROUP BY 语句。

案例实操

求平均工资大于 2000 的部门。

```
hive (default)> select deptno, avg(sal) avg_sal from emp group by deptno having
avg_sal > 2000;
```

4. 连接语句

（1）等值连接

Hive 支持通常的 SQL JOIN 语句，但是只支持等值连接，不支持非等值连接。

案例实操

根据员工表和部门表中的部门编号相等，查询员工编号、员工姓名和部门编号。

```
hive (default)> select e.empno, e.ename, d.deptno, d.dname from emp e join dept
d on e.deptno = d.deptno;
```

（2）表的别名

```
hive (default)> select e.empno, e.ename, d.deptno from emp e join dept d on
e.deptno= d.deptno;
```

（3）内连接

只有进行连接的两个表中都存在与连接条件相匹配的数据才会被保留下来。

```
hive (default)> select e.empno, e.ename, d.deptno from emp e join dept d on
e.deptno=d.deptno;
```

（4）左外连接

JOIN 操作符左边表中符合 WHERE 子句的所有记录将会被返回。

```
hive (default)> select e.empno, e.ename, d.deptno from emp e left join dept d
on e.deptno=d.deptno;
```

（5）右外连接

JOIN 操作符右边表中符合 WHERE 子句的所有记录将会被返回。

```
hive (default)> select e.empno, e.ename, d.deptno from emp e right join dept
d on e.deptno= d.deptno;
```

（6）满外连接

满外连接返回所有表中符合 WHERE 子句的所有记录。如果任意表的指定字段没有符合条件的值，就使用 NULL 替代。

```
hive (default)> select e.empno, e.ename, d.deptno from emp e full join dept
d on e.deptno= d.deptno;
```

（7）多表连接

连接 n 个表，至少需要 $n-1$ 个连接条件。例如连接 3 张表，至少需要 2 个连接条件。

```
hive (default)>SELECT e.ename, d.deptno, l. loc_name FROM  emp e JOIN  dept d
ON d.deptno = e.deptno JOIN   location l ON  d.loc = l.loc;
```

说明： 大多数情况下，Hive 会对每对 JOIN 连接对象启动一个 MapReduce 任务。本例首先会启动一个 MapReduce 任务对表 e 和表 d 进行连接操作，再启动一个 MapReduce 任务对第一个 MapReduce 任务的输出和表1执行连接操作。

注意： 为什么不是表 d 和表 1 先执行连接操作呢？这是因为 Hive 总是按照从左到右的顺序执行操作。

（8）笛卡儿积

笛卡儿积会在这些条件下产生：省略连接条件；连接条件无效；所有表中的所有行互相连接。

案例实操

```
hive (default)> select empno, dname from emp, dept;
```

调整方案

```
select t1.*, t2.* from
(select * from dept) t1
join
(select * from emp) t2
on 1=1;
```

5. 排序

（1）全局排序

① 一个 MapReduce 任务使用 ORDER BY 子句排序。

② ASC（ascend）：升序（默认）。

③ DESC（descend）：降序。

④ ORDER BY 子句在 SELECT 语句的结尾。

案例实操

查询员工信息并按工资升序排列：hive (default)> select * from emp order by sal;。

查询员工信息并按工资降序排列：hive (default)> select * from emp order by sal desc;。

（2）按照别名排序

按照员工工资的 2 倍排序：hive (default)> select ename,sal*2 twosal from emp order by twosal;。

（3）多个列排序

按照部门和工资升序排序：hive (default)> select ename,1deptno,sal from emp order by deptno,sal ;。

（4）在每个 MapReduce 内部排序

SORT BY：在每个 MapReduce 内部排序，对全局结果集来说不是排序。

① 设置 reduce 个数：hive (default)> set mapreduce.job.reduces=3;。

② 查看设置的 reduce 个数：hive (default)> set mapreduce.job.reduces;。

③ 根据部门编号降序查看员工信息：hive (default)> select * from emp sort by empno desc;。

④ 将查询结果导入文件（按照部门编号降序排列）：hive (default)> insert overwrite local directory '/opt/module/datas/sortby-result' select * from emp sort by deptno desc;。

（5）分区排序

DISTRIBUTE BY：类似 MR 中 Partition，进行分区，结合 SORT BY 使用。

注意：Hive 要求 DISTRIBUTE BY 语句要写在 SORT BY 语句之前。

对 DISTRIBUTE BY 语句进行测试，一定要分配多个 reduce 进行处理，否则无法达到 DISTRIBUTE BY 的效果。

案例实操

先按照部门编号分区，再按照员工编号降序排列。

```
hive (default)> set mapreduce.job.reduces=3;
hive (default)> insert overwrite local directory '/opt/module/datas/distribute-
result' select * from emp distribute by deptno sort by empno desc;
```

（6）按组排序

当 DISTRIBUTE BY 和 SORT BY 字段相同时，可以使用 CLUSTER BY。

CLUSTER BY 除了具有 DISTRIBUTE BY 的功能外，还具有 SORT BY 的功能。但是排序时只能倒序排列，不能指定排序规则为 ASC 或者 DESC。

以下两种写法等价。

```
hive (default)> select * from emp cluster by deptno;
hive (default)> select * from emp distribute by deptno sort by deptno;
```

注意：按照部门编号分区，不一定是固定数值，可以是 20 号部门和 30 号部门分到一个分区。

4.4 分布式计算框架 Spark SQL

4.4.1 Spark SQL 简介

Spark SQL 框架如图 4-4-1 所示。

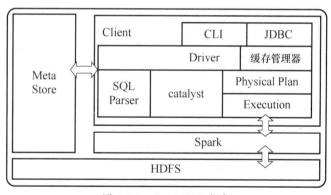

图 4-4-1　Spark SQL 框架

Spark SQL 在数据兼容方面不但可以从 Hive 中获取数据，还可以从 RDD、Parquet 文件、JSON 文件中获取数据，甚至支持获取 RDBMS 数据以及 Cassandra 等 NoSQL 数据；在性能优化方面，除采取 In-Memory Columnar Storage、byte-code generation 等优化技术外，还引进 Cost Model 对查询进行动态评估、获取最佳物理计划等；在组件扩展方面，Spark SQL 支持对 SQL 的语法解析器、分析器、优化器的重新定义进行扩展。

4.4.2 Spark SQL 原理

Spark SQL 使用的数据抽象不是 RDD，而是 DataFrame。DataFrame 的推出让 Spark 具备处理大规模结构化数据的能力，DataFrame 不但比 RDD 转化方式更加简单、易用，而且获得了更高的计算性能。Spark 能够轻松实现 MySQL 到 DataFrame 的转化，并且支持 SQL 查询。

RDD 是分布式 Java 对象的集合，但是 Java 对象内部结构对于 RDD 而言是不可知的。DataFrame 是一种以 RDD 为基础的分布式数据集，提供详细的结构信息，相当于关系数据库的一张表。如图 4-4-2 所示，当采用 RDD 时，每个 RDD 元素都是 Java 对象，即 Person 对象，但是无法直接看到 Person 对象的内部结构信息；而采用 DataFrame 时，Person 对象内部结构信息一目了然，其中包含 Name、Age 和 Height 这 3 个字段，并且可以知道每个字段的数据类型。

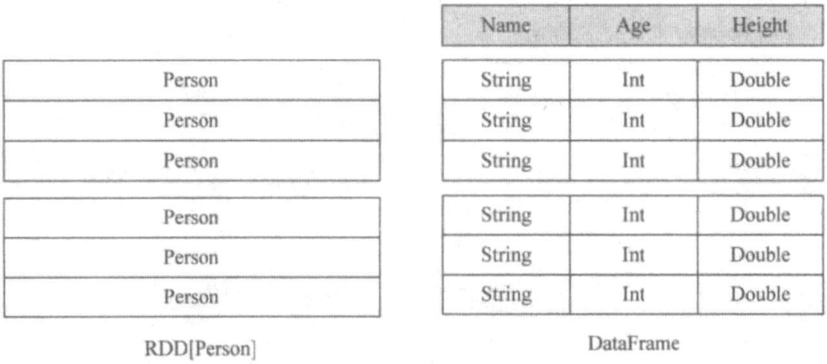

Name	Age	Height
String	Int	Double
String	Int	Double
String	Int	Double
String	Int	Double
String	Int	Double
String	Int	Double

RDD[Person]　　　　　　　　　　　　　DataFrame

图 4-4-2　RDD 与 DataFrame 的区别

4.4.3 Spark SQL 操作实践

1．DataFrame 的创建

从 Spark 2.0 开始，Spark 使用全新的 SparkSession 接口替代 Spark 1.6 中的 SQLContext 接口及 HiveContext 接口，来实现数据加载、转换、处理等功能。SparkSession 实现 SQLContext 及 HiveContext 所有功能。

SparkSession 支持从不同的数据源加载数据，以及把数据转换成 DataFrame，还支持把 DataFrame 转换成 SQLContext 自身的表，然后使用 SQL 操作数据。SparkSession 提供了 Hive SQL 以及其他依赖 Hive 的功能的支持。

可以通过如下语句创建一个 SparkSession 对象。

```
scala> import org.apache.spark.sql.SparkSession
scala> val spark=SparkSession.builder().getOrCreate()
```

实际上，在启动 spark-shell 以后，spark-shell 默认提供一个 SparkContext 对象（名称为 sc）和一个 SparkSession 对象（名称为 spark），因此，可以不用声明一个 SparkSession 对象，直接使用 spark-shell 提供的 SparkSession 对象，即 spark。

在创建 DataFrame 之前，为了支持 RDD 转换为 DataFrame 及后续的 SQL 操作，需要通过 import 语句（即 import spark.implicits._）导入相应的包，启用隐式转换。

在创建 DataFrame 时，可以使用 spark.read 操作，从不同类型的文件中加载数据，创建 DataFrame，语句如下。

- spark.read.json("people.json")：读取 people.json 文件创建 DataFrame。在读取本地文件或 HDFS 文件时，要给出正确的文件路径。
- spark.read.parquet("people.parquet")：读取 people.parquet 文件创建 DataFrame。
- spark.read.csv("people.csv")：读取 people.csv 文件创建 DataFrame。

也可以使用如下格式的语句创建 DataFrame。

- spark.read.format("json").load("people.json")：读取 people.json 文件创建 DataFrame。
- spark.read.format("csv").load("people.csv")：读取 people.csv 文件创建 DataFrame。
- spark.read.format("parquet")load("people.parquet")：读取 people.parquet 文件创建 DataFrame。

需要指出的是，从文本文件中读取数据创建 DataFrame，无法直接使用上述方法，需要使用"从 RDD 转换得到 DataFrame"的方法。

例如，在/usr/local/spark/examples/src/main/resources/目录下，有 Spark 安装时自带的样例数据文件 people.json，其内容如下。

```
{"name":"Michael"}
{"name":"Andy","age":30}
{"name":"Justin","age":19}
```

下面给出从 people.json 文件读取数据创建 DataFrame 的过程。执行 val df=spark.read.json(...)语句后，系统就会自动从 people.json 文件加载数据，并创建一个 DataFrame（名称为 df），最后，执行 df.show()把 df 中的记录都显示出来。从输出结果可以看出，df 包括两个字段，分别为 age 和 name。

```
scala> import spark.implicits._
scala>val df=spark.read.json("file:///usr/local/spark/examples/src/main/
resources/people.json")
scala>df.show()
```

输出结果如下。

```
| age | name|
| null | Michael|
| 30 | Andy|
| 19 | Justin|
```

2. DataFrame 的保存

可以使用 spark.write 操作，把 DataFrame 保存成不同格式的文件。例如，把一个名称为 df 的 DataFrame 保存到不同格式的文件中，方法如下。

- df.write.json("people.json")。
- df.write.parquet("people.parquet")。
- df.write.csv("people.csv")。

也可以使用如下格式的语句保存 DataFrame。

- df.write.format("json").save("people.json")。
- df.write.format("csv").save("people.csv")。

- df.write.format("parquet").save("people.parquet")。

注意，以上操作只给出了文件名称，在实际操作时，一定要给出正确的文件路径。例如，从文件 people.json 中读取数据创建 DataFrame，并将其保存成 CSV 格式，代码如下。

```
scala>val peopleDF = spark.read.format("json").load("file:///usr/local/spark/
examples/src/main/resources/people.json")
    scala> peopleDF.select("name", "age").write.format("csv").save("file:///usr/
local/spark/mycode/sql/newpeople.csv")
```

上述代码中，peopleDF.select("name","age").write 语句的功能是从 peopleDF 中选择 name 和 age 这两列的数据进行保存。如果要保存所有列的数据，只需要使用 peopleDF.write 即可。执行后，可以看到/usr/local/spark/mycode/sql/目录下会生成一个名称为 newpeople.csv 的目录，而不是文件，该目录包含如下两个文件。

- part-r-00000-33184449-cbl5-454c-a30f-9bb43faccacl.csv。
- _SUCCESS。

如果再次读取 newpeople.csv 中的数据创建 DataFrame，可以直接使用 newpeople.csv 目录名称，而不需要使用 part-r-00000-33184449-cb15-454c-a30f-9bb3faccacl.csv 文件（当然，也可以使用这个文件），代码如下。

```
scala> val peopleDF = spark.read.format("csv"). load("file:///usr/local/
spark/mycode/sql/newpeople.csv")
```

如果要把一个 DataFrame 保存成文本文件，则需要使用如下代码。

```
scala> val peopleDF = spark.read.format ("json"). load("file:///usr/local/
spark/examples/src/main/resources/people.json")
    scala> peopleDF.rdd. saveAsTextFile("file:///usr/local/spark/mycode/sql/
newpeople.txt")
```

3. DataFrame 的常用操作

DataFrame 创建好以后，可以执行一些常用的 DataFrame 操作，包括 printSchema()、select()、filter()、groupBy()和 sort()等。

（1）printSchema()

可以使用 printSchema()操作，输出 DataFrame 的模式（Schema）信息。

```
scala> df.printSchema()
```

输出结果如下。

```
root
| -- age:long (nullable = true)
| -- name:string (nullable = true)
```

（2）select()

select()操作的功能是从 DataFrame 中选取部分列的数据。如以下代码所示，select()操作可选取 name 和 age 这两列，并且把 age 列的值增加 1。

```
scala> df.select(df("name"),df("age") +1 ).show()
```

输出结果如下。

```
|  name   | (age + 1)|
| Michael |   null   |
|  Andy   |    31    |
| Justin  |    20    |
```

select()操作还可以实现对列名称进行重命名。如以下代码所示，name 列名称被重命名为 username。

```scala
scala> df.select(df("name").as("username"),df("age")).show()
```

（3）filter()

filter()操作可以实现条件查询，找到满足条件的记录。例如 df.filter(df("age")>20) 用于查询所有 age 字段大于 20 的记录。

（4）groupBy()

groupBy()操作用于对记录进行分组。例如 df.groupBy("age").count()可以根据 age 字段进行分组，并对每个分组包含的记录数量进行统计。

（5）sort()

sort()操作用于对记录进行排序。例如 df.sort(df("age").desc) 表示根据 age 字段进行降序排列。df.sort(df("age").desc,df("name").asc) 表示根据 age 字段进行降序排列，当 age 字段的值相同时，再根据 name 字段进行升序排序。

4．从 RDD 转换得到 DataFrame

Spark 提供以下两种方法来实现从 RDD 转换得到 DataFrame。

- 利用反射机制推断 RDD 模式：利用反射机制来推断包含特定类型对象的 RDD 模式（Schema），适用于对已知数据结构进行 RDD 转换。
- 使用编程方式定义 RDD 模式：使用编程接口构造一个模式并将其应用在已知的 RDD 上。

（1）利用反射机制推断 RDD 模式

在/usr/local/spark/examples/src/main/resources/目录下，Spark 安装时自带的样例数据 people.txt 的内容如下。

```
Michael, 29
Andy, 30
Justin, 19
```

现在把 people.txt 加载到内存中生成一个 DataFrame，并查询其中的数据。完整的代码及其执行过程如下。

```scala
scala> import org.apache.spark.sql.catalyst.encoders.ExpressionEncoder
scala> import org.apache.spark.sql.Encoder
scala> import spark.implicits._
   //导入文件，支持把一个 RDD 隐式转换为一个 DataFrame，下面是系统执行返回的信息

scala> case class Person (name: String, age: Long)
//定义一个 case class
defined class Person
val peopleDF = spark.sparkContext
  .textFile("file:///usr/local/spark/examples/src/main/resources/people.txt")
  .map(_.split(","))
```

```
      .map(attributes => Person(attributes(0), attributes(1).trim.toInt)).toDF()
peopleDF: org.apache.spark.sql.DataFrame = [name: string, age: bigint]

scala> peopleDF.createOrReplaceTempView("people")
//必须注册为临时表才能供下面的查询使用

scala> val personsRDD = spark.sql("select name, age from people where age > 20")
//最终生成一个 DataFrame，下面是系统执行后返回的信息
personsRDD: org.apache.spark.sql.DataFrame = [name: string, age: bigint]

scala> personsRDD.map (t => "Name: " + t(0) + "," + "Age: " + t(1)).show()
//DataFrame 中的每个元素都是一行记录
//包含 name 和 age 两个字段，分别用 t(0) 和 t(1) 来获取值
```

输出结果如下。

```
+-----------------+
|           value|
+-----------------+
|Name:Michael, Age:29|
|Name:Andy, Age:30|
+-----------------+
```

在上述代码中，首先通过 import 语句导入所需的包，然后定义一个名称为 Person 的 case class，也就是说，在利用反射机制推断 RDD 模式时，需要先定义一个 case class，因为只有 case class 才能被 Spark 隐式地转换为 DataFrame。spark.sparkContext.textFile()执行以后，系统会把 people.txt 文件加载到内存中生成一个 RDD，每个 RDD 元素都是 String 类型，3个元素分别是"Michael,29"、"Andy,30"和"Justin,19"。然后对这个 RDD 调用 map(_.split(","))方法得到一个新的 RDD，这个 RDD 中的 3 个元素分别是 Array("Michael","29")、Array("Andy","30")和 Array("Justin","19")。接下来，对 RDD 执行 map(attributes =>Person (attributes(0),attributes(1).trim.toInt)操作，得到一个新的 RDD，这个 RDD 中的每个元素都是 Person 对象，3 个元素分别是 Person("Michael",29)、Person("Andy",30)和 Person ("Justin",19)。然后，在这个 RDD 上执行 toDF()操作，把 RDD 转换成 DataFrame。从 toDF()操作执行后系统输出的信息可以看出，新生成的名称为 peopleDF 的 DataFrame，每条记录的模式信息是[name:string,age:bigint]。

生成 DataFrame 以后，可以进行 SQL 查询。但是，Spark 要求必须把 DataFrame 注册为临时表才能供查询使用。因此，通过 peopleDF.createOrReplaceTempView("people")语句，把 peopleDF 注册为临时表，这个临时表的名称是 people。

val personsRDD = spark.sql("select name,age from people where age > 20") 语句的功能是从临时表 people 中查询所有 age 字段的值大于 20 的记录。从语句执行后输出的信息可以看出，personsRDD 也是一个 DataFrame。最终，通过 personsRDD.map(t=>"Name:" +t(0)+","+"Age:"+t(1))show()操作把 personsRDD 中的元素格式化以后输出。

（2）使用编程方式定义 RDD 模式

当无法提前定义 case class 时，需要采用编程方式定义 RDD 模式。例如，需要通过编程方式把/usr/local/spark/examples/src/main/resources/people.txt 加载进来生成 DataFrame，并完成 SQL 查询。完成这项工作主要包含 3 个步骤，如图 4-4-3 所示。

- 第 1 步：制作"表头"。
- 第 2 步：制作"表中的记录"。

- 第3步：把"表头"和"表中的记录"拼装在一起。

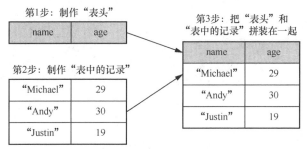

图 4-4-3　通过编程方式定义 RDD 模式的实现步骤

"表头"是表的模式，包含字段名称、字段类型和是否允许为空值等信息，Spark SQL 提供 StructType(fields:Seq[StructField) 类来表示表的模式。生成一个 StructType 对象时，需要提供 fields 作为输入参数。fields 是集合类型，其中的每个集合元素都是 StructField 类型。Spark SQL 中的 StructField(name,dataType,nullable) 是用来表示表的字段信息的，其中，name 表示字段名称，dataType 表示字段的数据类型，nullable 表示字段的值是否允许为空值。

在制作"表中的记录"时，每条记录都应该被封装到一个 Row 对象中，并把所有记录的 Row 对象保存到一个 RDD 中。

制作完"表头"和"表中的记录"以后，可以通过 spark.createDataFrame()语句，把"表头"和"表中的记录"拼装在一起，得到一个 DataFrame，用于 SQL 查询。

以下是利用 Spark SQL 查询 people.txt 的完整代码。

```scala
//导入必要的类和包
scala> import org.apache.spark.sql.types._
scala> import org.apache.spark.sql.Row

//创建模式，模式中包含 name 和 age 两个字段
//schema 就是"表头"
scala> val fields = Array(StructField("name",StringType,true),StructField("age",
IntegerType,true))
    scala> val schema = StructType(fields)

//加载文件生成 RDD
scala> val peopleRDD = spark.sparkContext.textFile("file:///usr/local/spark/
examples/src/main/resources/people.txt")

//对 peopleRDD 中的每一行元素进行解析
scala> val rowRDD = peopleRDD.map(_.split(",")). map(attributes =>
Row(attributes(0), attributes(1).trim.toInt))
//得到的 rowRDD 就是"表中的记录"
//把"表头"和"表中的记录"拼装起来
scala> val peopleDF = spark.createDataFrame(rowRDD, schema)

//必须注册为临时表才能供下面的查询使用
scala> peopleDF.createOrReplaceTempView("people")
scala> val results = spark.sql("SELECT name, age FROM people")
scala> results.map(attributes => "name:" + attributes(0)+ ","+"age:"+
attributes(1)).show()
```

输出结果如下。

```
+------------------+
| value|
+------------------+
|name: Michael, age:29|
|name: Andy, age:30|
|name: Justin, age:19|
+------------------+
```

在上述代码中，数组 fields 是 Array(StructField("name",StringType,true),StructField ("age",IntegerType,true))生成的，其中包含字段的描述信息。val schema = StructType(fields) 语句把 fields 作为输入，生成一个 StructType 对象，即 schema，里面包含表的模式信息，也就是"表头"。

执行上述步骤，就得到了表的模式信息，即做好了"表头"，下面需要制作"表中的记录"。val peopleRDD= spark.sparkContext.textFile()语句从 people.txt 文件中加载数据生成 RDD，名称为 peopleRDD，其中每个 RDD 元素都是 String 类型，3 个元素分别是"Michael, 29"、"Andy,30"和"Justin,19"。然后，对这个 RDD 调用 map(_.split(","))方法得到一个新的 RDD，这个 RDD 中的 3 个元素分别是 Array("Michael","29")、Array("Andy","30")和 Array ("Justin","19")。接下来，对这个 RDD 调用 map(attributes => Row(attributes (0),attributes (1).trim.toInt))语句得到一个新的 RDD，即 rowRDD，其中每个元素都是 Row 对象，也就是说，经过 map 操作以后，Array("Michael","29")被转换成了 Row("Michael",29)，Array ("Andy","30")被转换成了 Row("Andy",30)，Array("Justin","19")被转换成了 Row("Justin",19)。这样就完成了记录的制作，这时 rowRDD 包含 3 个 Row 对象。

下面把"表头"和"表中的记录"进行拼装，val peopleDF = spark.createDataFrame (rowRDD,schema)语句可实现这个功能，它把表头 schema 和表中的记录 rowRDD 拼装在一起，得到一个 DataFrame，名称为 peopleDF。

peopleDF.createOrReplaceTempView("people")语句把 peopleDF 注册为临时表，从而支持 SQL 查询。最后，执行 spark.sql("SELECT name,age FROM people")语句，查询得到结果 results，并使用 map()方法对记录进行格式化，由于 results 里的每条记录都包含两个字段，即 name 和 age，因此 attributes(0)表示 name 字段，attributes(1)表示 age 字段。

5．使用 Spark SQL 读写数据库

（1）通过 JDBC 连接数据库

这里采用 MySQL 数据库来存储和管理数据。MySQL 安装成功以后，在 Linux 中启动 MySQL 数据库，命令如下。

```
$ service mysql start
$ mysql -u root -p  #屏幕上会提示输入密码
#在 MySQL Shell 环境中，输入以下 SQL 完成数据库和表的创建
mysql> create database spark;
mysql> use spark;
mysql> create table student (id int(4), name char(20), gender char(4), age int(4));
mysql> insert into student values(1, 'Xueqian', 'F', 23);
mysql> insert into student values(2, 'Weiliang', 'M', 24);
mysql> select from student;
```

要顺利连接 MySQL 数据库，需要使用 MySQL 数据库驱动程序。请到 MySQL 官网下载 MySQL 的 JDBC 驱动程序文件 mysql-connectorjava-5.1.40.targz。把该驱动程序解压缩到 Spark 的安装目录/usr/local/spark/jars。

启动一个 spark-shell。启动 Spark Shell 时，必须指定 MySQL 连接驱动 JAR 包，命令如下。

```
$ cd /usr/local/spark
$ ./bin/spark-shell --jars \
>/usr/local/spark/jars/mysql-connector-java-5.1.40/mysql-connector-java-5.1
.40-bin.jar \
> --driver-class-path \
>/usr/local/spark/jars/mysql-connector-java-5.1.40/mysql-connector-java-5.1
.40-bin.jar
```

（2）读取 MySQL 数据库中的数据

spark.read.format("jdbc")操作可以读取 MySQL 数据库。执行如下命令可以连接数据库，读取数据并显示。

```
scala> val jdbcDF = spark.read.format("jdbc")
  .option("url", "jdbc:mysql://localhost:3306/spark")
  .option("driver", "com.mysql.jdbc.Driver")
  .option("dbtable", "student")
  .option("user", "root")
  .option("password", "hadoop")
  .load()
scala> jdbcDF.show()
```

输出结果如下。

```
+---+--------+------+---+
| id | name|gender|age|
+---+--------+------+---+
|  1| Xueqian|     F| 23|
|  2| Weiliang|    M| 24|
+---+--------+------+---+
```

在通过 JDBC 连接 MySQL 数据库时，需要通过 option()方法设置相关连接参数。表 4-4-1 给出了各个参数的含义。

表 4-4-1　JDBC 连接参数及其含义

参数名称	参数的值	含义
url	jdbc:mysql://localhost:3306/spark	数据库的连接地址
driver	com.mysql.jdbc.Driver	数据库的 JDBC 驱动程序
dbtable	student	要访问的表
user	root	用户名
password	hadoop	用户密码

（3）向 MySQL 数据库写入数据

在 MySQL 数据库中已经创建了一个名称为 spark 的数据库，并创建了一个名称为 student 的表，下面向 MySQL 数据库写入两条记录。为了对比数据库记录的变化，可以查看数据库的当前内容。

```
mysql> use spark;
mysql> select * from student;
```

输出结果如下。

```
| id | name     | gender | age |
|  1 | Xueqian  | F      |  23 |
|  2 | Weiliang | M      |  24 |
```

向 spark 的 student 表中插入两条记录的代码如下。

```
//代码文件为 InsertStudent.scala
import java.util.Properties
import org.apache.spark.sql.types._
import org.apache.spark.sql.Row
//设置两条数据，表示两个学生的信息
val studentRDD = spark.sparkContext.parallelize(Array("3 Rongcheng M 26","4
Guanhua M 27")).map(_.split(" "))
//设置模式信息
val schema = StructType(List(StructField("id",IntegerType,true),
StructField("name",StringType,true), StructField("gender",StringType,true),
StructField("age",IntegerType,true)))
//创建 Row 对象，每个 Row 对象是 rowRDD 中的一行
val rowRDD = studentRDD.map(p=>Row(p(0).toInt, p(1).trim, p(2).trim,
p(3).toInt))
//建立起 Row 对象和模式之间的对应关系，也就是把数据和模式对应起来
val studentDF = spark.createDataFrame(rowRDD, schema)
//创建 prop 变量，用来保存 JDBC 连接参数
val prop = new Properties()
prop.put("user", "root") //表示用户名是 root
prop.put("password", "hadoop") //表示密码是 hadoop
prop.put("driver", "com.mysql.jdbc.Driver") //表示驱动程序是 com.mysql.jdbc.Driver
//采用 append 模式连接数据库，表示追加记录到数据库 spark 的 student 表中
studentDF.write.mode("append").jdbc("jdbc:mysql://localhost:3306/spark",
"spark.student", prop)
```

可以在 spark-shell 中运行上述代码，也可以编写独立应用程序，经编译打包后通过 spark-submit 提交运行。运行上述代码以后，到 MySQL Shell 环境中使用 SQL 语句查询 student 表，可以发现表中增加了两条记录，具体命令及其运行结果如下。

```
mysql> select * from student;
+------+-------+-------+-----+
| id | name | gender | age |
+------+-------+-------+-----+
| 1 | Xueqian | F | 23 |
| 2 | Weiliang | M | 24 |
| 3 | Rongcheng | M | 26 |
| 4 | Guanhua | M | 27 |
+------+-------+-------+-----+
4 row in set (0.00 sec)
```

（4）连接 Hive 读写数据

Hive 是一个构建在 Hadoop 上的数据仓库工具，可以支持大规模数据存储、分析，具

有良好的扩展性。在某种程度上，Hive 可以看作用户编程接口，因为它不会存储和处理数据，而是依赖 HDFS 来实现数据的存储，依赖分布式并行计算模型 MapReduce 来实现数据的处理。

在使用 Spark SQL 访问 Hive 之前，需要安装 Hive。这里假设已经完成 Hive 的安装，并且使用的是 MySQL 数据库来存放 Hive 的元数据。

此外，为了让 Spark 能够访问 Hive，必须为 Spark 添加 Hive 支持。Spark 官方提供的预编译版本通常不包含 Hive 支持，需要采用源码编译的方式，得到一个包含 Hive 支持的 Spark。

启动 spark-shell 以后，可以通过如下命令测试已经安装的 Spark 是否包含 Hive 支持。

```
scala> import org.apache.spark.sql.hive.HiveContext
```

如果 Spark 不包含 Hive 支持，则会显示如下信息。

```
<console>:25:error:object hive is not a member of package org.apache.spark.sql
import org.apache.spark.sql.hive.Hivecontext
```

如果安装的 Spark 版本包含 Hive 支持，就不会报错。

当 Spark 版本不包含 Hive 支持时，可以采用源码编译方法获取支持 Hive 的 Spark。在 Linux 中使用浏览器访问 Spark 官网，如图 4-4-4 所示，在 "Choose a package type" 列表框中选择 "Source Code"，然后下载 spark-2.1.0.tgz 文件。下载后的文件默认被保存到当前 Linux 登录用户的用户主目录的 "下载" 目录下。例如，当前使用 Hadoop 用户登录 Linux 系统，其会被默认保存到 "/home/hadoop/下载" 目录下。

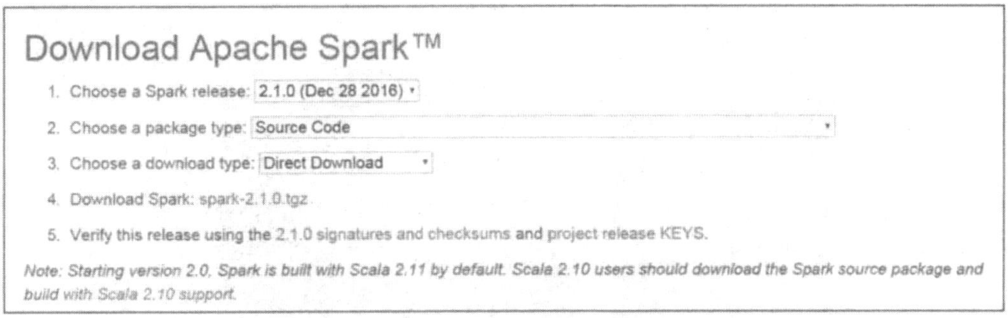

图 4-4-4　Spark 官网下载界面

下载完 spark-2.1.0.tgz 文件以后，使用如下命令进行文件解压缩。

```
$ cd /home/hadoop/下载 #spark-2.1.0.tgz 文件在此目录下
$ Is #可以查看下载的 spark-2.1.0.tgz 文件
$ sudo tar -zxf ./spark-2.1.0.tgz -C /home/hadoop/
$ cd /home/hadoop
$ ls  #可以看到解压得到的目录 spark-2.1.0
```

在编译 Spark 源码时，需要给出计算机上已经安装好的 Hadoop 的版本，可以使用如下命令查看 Hadoop 版本信息。

```
$ Hadoop version
```

运行如下编译命令，对 Spark 源码进行编译。

```
$ cd /home/hadoop/spark-2.1.0
$ ./dev/make-distribution.sh --tgz --name h27hive -Pyarn -hadoop-2.7 \
> -Dhadoop.version=2.7.1 -Phive -Phive-thriftserver -DskipTests
```

编译成功后会得到文件名为 spark-2.1.0-bin-h27hive.tgz 的包含 Hive 支持的 Spark 安装文件，用该文件进行 Spark 安装，安装后的 Spark 包含 Hive 支持。

（5）在 Hive 中创建数据库和表

由于之前安装的 Hive 是使用 MySQL 数据库来存放 Hive 的元数据的，因此，在使用 Hive 之前必须启动 MySQL 数据库，命令如下。

```
$ service mysql start
```

由于 Hive 是基于 Hadoop 的数据仓库，使用 Hive SQL 撰写的查询语句，最终都会被 Hive 自动解析成 MapReduce 任务并由 Hadoop 执行，因此，需要启动 Hadoop，然后启动 Hive，命令如下。

```
$ cd /usr/local/hadoop
$ ./sbin/start-all.sh  #启动 Hadoop
$ cd /usr/local/hive
$ ./bin/hive  #启动 Hive
```

进入 Hive，新建一个数据库 sparktest，并在这个数据库下创建一个表 student，然后输入两条数据，命令如下。

```
hive> create database if not exists sparktest;  #创建数据库 sparktest
hive> show databases;  #查看是否创建了 sparktest 数据库
#在 sparktest 数据库中创建一个表 student
hive> create table if not exists sparktest.student(
> id int,
> name string,
> gender string,
> age int);
hive> use sparktest;  #切换到 sparktest 数据库
hive> show tables;  #显示 sparktest 数据库下面有哪些表
hive> insert into student values(1, 'Xueqian', 'F', 23);  #插入一条记录
hive> insert into student values(2, 'Weiliang', 'M', 24);  #再插入一条记录
hive> select from student;  #显示表 student 中的记录
```

（6）连接 Hive 读写数据

为了能够让 Spark 顺利访问 Hive，需要修改配置文件/usr/local/sparkwithhive/conf/spark-env.sh，修改后的配置文件内容如下。

```
export SPARK_DIST_CLASSPATH=$ (/usr/local/hadoop/bin/hadoop classpath)
export JAVA_HOME=/usr/lib/jvm/java-8-openjdk-amd64
export CLASSPATH=$CLASSPATH:/usr/local/hive/lib
export SCALA_HOME=/usr/local/scala
export HADOOP_CONF_DIR=/usr/local/hadoop/etc/hadoop
export HIVE_CONF_DIR=/usr/local/hive/conf
export SPARK_CLASSPATH=$SPARK_CLASSPATH:/usr/local/hive/lib/mysql-connector-
java-5.1.40-bin.jar
```

（7）从 Hive 读取数据

安装好包含 Hive 支持的 Spark 后，启动 spark-shell，执行如下命令从 Hive 中读取数据。

```
scala> import org.apache.spark.sql.Row
scala> import org.apache.spark.sql.SparkSession
scala> case class Record(key: Int, value: String)
scala> val warehouseLocation = "spark-warehouse"
scala> val spark = SparkSession.builder()
appName("Spark Hive Example").
config("spark.sql.warehouse.dir", warehouseLocation).
enableHiveSupport().getOrCreate()
scala> import spark.implicits._
scala> import spark.sql
```

运行结果如下。

```
scala> sql("SELECT * FROM sparktest.student").show()
+---+------+------+---+
| id| name|gender|age|
+---+------+------+---+
| 1| Xueqian| F| 23|
| 2|Weiliang| M| 24|
+---+------+------+---+
```

（8）向 Hive 写入数据

编写程序向 Hive 数据库的 sparktest.student 表中插入两条数据，在插入数据之前，先查看已有的两条数据，命令如下。

```
hive> use sparktest;
hive> select from student;
```

运行结果如下。

```
Xueqian  F  23
Weiliang  M  24
Time taken: 0.05 seconds, Fetched: 2 row(s)
```

在 spark-shell 中执行如下代码，向 Hive 数据库的 sparktest.student 表中插入两条数据。

```
scala> import java.util.Properties
scala> import org.apache.spark.sql.types._
scala> import org.apache.spark.sql.Row
//设置两条数据来表示两个学生信息
scala> val studentRDD = spark.sparkContext.
parallelize(Array("3 Rongcheng M 26","4 Guanhua M 27")).map(_.split(" "))
//设置模式信息
scala> val schema = StructType(List(StructField("id", IntegerType, true),
StructField("name", StringType, true),StructField("gender", StringType,
true),StructField("age", IntegerType, true)))
//创建 Row 对象，每个 Row 对象都是 rowRDD 中的一行
scala> val rowRDD = studentRDD.
map(p => Row(p(0).toInt, p(1).trim, p(2).trim, p(3).toInt))
//建立 Row 对象和模式之间的对应关系，也就是把数据和模式对应起来
scala> val studentDF = spark.createDataFrame(rowRDD, schema)
```

查看 studentDF，代码及运行结果如下。

```
scala> studentDF.show()
+---+---------+------+---+
| id|     name|gender|age|
+---+---------+------+---+
|  1| Rongcheng|     M| 26|
|  2|  Guanhua|     M| 27|
+---+---------+------+---+
```

注册临时表的代码如下。

```
scala> studentDF.registerTempTable("tempTable")
//向 Hive 中插入记录
scala> sql("insert into sparktest.student select * from tempTable")
```

在 Hive 中执行如下命令，查看 Hive 数据库内容的变化情况。

```
hive> use sparktest;
hive> select * from student;
Xueqian F 23
Weiliang M 24
Rongcheng M 26
Guanhua M 27
Time taken: 0.049 seconds, Fetched: 4 row(s)
```

可以看到，向 Hive 中成功插入两条数据。

4.5 分布式计算框架 Flink 关系型 API

4.5　分布式计算框架
Flink 关系型 API

4.5.1　Flink 的关系型 API 概述及实现原理

Flink 提供两种顶层的关系型 API，分别为 Table API 和 SQL。Flink 通过 Table API 和 SQL 实现批流统一，其中 Table API 是用于 Python、Scala 和 Java 的语言集成查询 API，它允许以非常直观的方式组合关系运算符（例如 select、where 和 join）进行查询。Flink 对 SQL 的支持基于实现了 SQL 标准的 Calcite。无论数据输入是有界的（批处理）还是无界的（流处理），在任意一个接口中指定的查询都具有相同的语义并具有相同的结果。

Table API 和 SQL 接口与 Flink 的 DataStream API 无缝集成，可以轻松地在基于构建的全部 API 和库间进行切换。例如，可以使用 MATCH_RECOGNIZE 子句在表中检测模式，然后使用 DataStream API 基于检测到的模式构建 alerting。

（1）TableEnvironment 对象

TableEnvironment 表环境是 Table API 和 SQL 集成的核心概念，使用 Table API 或 SQL 创建 Flink 应用程序，需要在环境中创建 TableEnvironment 对象。TableEnvironment 对象提供注册内部表、注册外部目录、执行 Flink SQL、注册自定义函数以及将 DataStream 或 DataSet 转换为 Table 等功能。一张表始终与某个特定的 TableEnvironment 对象绑定，一个在查询中组合的表只能是具有同一个 TableEnvironment 的表。

对于批式应用创建 ExecutionEnvironment，通过 BatchTableEnvironment.create() 创建 BatchTableEnvironment 对象，代码如下。

```
ExecutionEnvironment env = ExecutionEnvironment.getExecutionEnvironment();
//使用 ExecutionEnvironment 创建 BatchTableEnvironment
BatchTableEnvironment tableEnvironment = BatchTableEnvironment.create(env);
```

对于流应用创建 ExecutionEnvironment，通过 StreamTableEnvironment.create()创建 StreamTableEnvironment 对象，代码如下。

```
StreamExecutionEnvironment env = StreamExecutionEnvironment.
getExecutionEnvironment();
//使用 StreamExecutionEnvironment 创建 StreamTableEnvironment
StreamTableEnvironment tableEnvironment = StreamTableEnvironment.create(env);
```

（2）注册表

每张表都有一个 catalog 目录，每次注册一张表，都会在 catalog 目录中注册相应的表信息。表主要有两种类型：输入表和输出表。可以在 Table 或者 SQL 查询中引用输入表并提供输入数据，然后在输出表中将查询结果发送给外部系统保存。

输入表可以从各种来源注册。如将表注册到 TableEnvironment；对外连接数据源，通过数据源表的注册获取外部数据源，例如 MySQL、Oracle、Kafka 和一些 CSV 文件中的数据；从外部系统获取数据并注册一张数据保存表，将数据保存到某个位置，如 MySQL、Oracle 和某些文件。利用 pojoType 方法将外部 CSV 文件的数据映射为 java 类型，同时转换为 Flink 的 DataSource，然后调用 fromDataSet 方法将数据集转换成 Table。

```
String path = "src/main/java/beans/sale.csv"
DataSource<Sales> salesDataSource = env.readCsvFile(path).ignoreFirstLine()
//基于位置指定对应字段名称
.pojoType(Sales.class,"transactionId","customerId","itemId","amountPaid");
//将 DataSource 转换成 Table
Table table = tableEnvironment.fromDataSet(salesDataSource);
```

（3）查询表

Table 是用于 Scala 和 Java 的语言集成查询 API，与 SQL 相反，Table 查询不指定字符串，而是用宿主语言构成。首先使用 groupBy 对 customerId 键值进行聚合，然后在聚合数据集上用 select 操作符查询相关指标，求 amountPaid 字段的 sum 结果。

```
String path "src/main/java/beans/sale.csv"
DataSource<Sales> salesDataSource = env.readCsvFile(path).ignoreFirstLine()
                //基于位置指定对应字段名称
                .pojoType(Sales.class,"transactionId","customerId","itemId
","amountPaid");
//将 DataSource 转换成 Table
Table table = tableEnvironment.fromDataSet(salesDataSource);
salesDataSource.print();
System.out.println("============================");
Table resultTable = table.groupBy("customerId").select("customerId,sum
(amountPaid)");
DataSet<Row> result = tableEnvironment.toDataSet(resultTable,Row.class);
result.print();
```

4.5.2 Flink SQL 操作实践

Flink SQL 底层使用 Calcite 框架，将标准的 Flink SQL 解析并转换成底层的算子处理逻辑，在转换过程中基于语法规则进行性能优化，比如谓词下推等。另外用户在使用 SQL 编写 Flink 应用时，能够屏蔽底层技术细节，能够更加方便且高效地通过 SQL 构建 Flink 应用。Flink SQL 构建在 Table API 之上，并涵盖大部分的 Table API 功能特性。同时 Flink SQL 可以和 Table API 混用，Flink 最终会在整体上将代码合并在同一套代码逻辑中，另外构建一套 SQL 代码可以同时应用在相同数据结构的流计算场景和批量计算场景上，不需要用户对 SQL 做任何调整，最终达到批流统一的目的。相关代码如下。

```
//在 TableEnvironment 中执行 Flink SQL
//获取 TableEnvironment 对象
val tableEnv = TableEnvironment.getTableEnvironment(env)
//这里假设 sensors_table 是一个已经定义好的 Table 对象
//这个表的结构是(id, type, timestamp, var1, var2)
tableEnv.register("sensors", sensors_table)
val csvTableSink = new CsvTableSink("/path/csvfile", ...)
//定义字段名称
val fieldNames: Array[String] = Array("id", "type")
//定义字段类型
val fieldTypes: Array[TypeInformation[_]] = Array(Types.LONG, Types.STRING)
//通过 registerTableSink 将 CsvTableSink 注册成 Table
tableEnv.registerTableSink("csv_output_table", fieldNames,fieldTypes, csvSink)
//计算每个传感器 ID 对应的 var1 的和，这里假设只计算 type 为'speed'的传感器
val result: Table = tableEnv.sqlQuery(
"SELECT id, SUM(var1) AS sumvar1 FROM sensors WHERE type='speed' GROUP BY id")
//通过 sqlUpdate 方法，将 type 为 'temperature' 的数据从 sensors 表中筛选出来
//然后插入 csv_output_table
tableEnv.sqlUpdate(
"INSERT INTO csv_output_table SELECT product, amount FROM
Sensors WHERE type = 'temperature'")
```

1. 执行 SQL

（1）在 SQL 中引用 Table

如以下代码所示，在创建好 Table 对象之后，允许直接在 SQL 查询中使用$符号引用 Scala/Java 中的 Table 对象。然后 Flink 会自动将被引用的 Table 对象注册到 TableEnvironment 中。这种语法使得 Table API 和 SQL API 的融合更加自然和直接。

```
object FlinkTableSqlExample {
  def main(args: Array[String]): Unit = {
    //设置流执行环境
    val env = StreamExecutionEnvironment.getExecutionEnvironment
    val tableEnv = StreamTableEnvironment.create(env)

    //创建一个示例数据流
    val inputSteam: DataStream[(Long, String, Int)] = env.fromElements(
      (1L, "temperature", 30),
      (2L, "humidity", 70),
      (3L, "temperature", 35)
    )

    //将 DataStream 转换成 Table
```

```
      val sensorTable = tableEnv.fromDataStream(inputSteam, $"id", $"type",
$"var1")


      //直接在 SqlQuery 方法中使用$符号引用 Table 对象
      val resultTable = tableEnv.sqlQuery(s"SELECT type, SUM(var1) FROM
$sensorTable WHERE type = 'temperature' GROUP BY type")


      //执行并输出结果
      resultTable.toRetractStream[(String, Int)].print()


      env.execute("Flink Table API and SQL Integration Example")
    }
  }
```

（2）在 SQL 中引用注册表

如以下代码所示，先调用 registerDataStream 方法将 DataStream 数据集在 TableEnvironment 中注册成 Table，然后在 sqlQuery()方法中的 SQL 直接通过 Table 名称来引用 Table。

```
object FlinkRegisterDataStreamExample {
  def main(args: Array[String]): Unit = {
    //设置流执行环境
    val env = StreamExecutionEnvironment.getExecutionEnvironment
    val tableEnv = StreamTableEnvironment.create(env)
    //创建一个示例数据流
    val inputSteam: DataStream[(Long, String, Int)] = env.fromElements(
      (1L, "temperature", 30),
      (2L, "humidity", 70),
      (3L, "temperature", 35)
    )
    //使用 registerDataStream 方法注册 DataStream 为表
    tableEnv.registerDataStream("sensorData", inputSteam, 'id, 'type, 'var1)
    //在 sqlQuery()方法中通过表名引用已注册的表
    val resultTable = tableEnv.sqlQuery("SELECT type, SUM(var1) FROM sensorData
WHERE type = 'temperature' GROUP BY type")
    //执行并输出结果
    resultTable.toRetractStream[(String, Int)].print()
    env.execute("Flink SQL Reference Registered Table Example")
  }
}
```

（3）在 SQL 中输出数据

如以下代码所示，可以调用 sqlUpdate()方法将查询到的数据输出到外部表中。首先通过实现 TableSink 接口创建外部系统对应的 TableSink，然后将创建好的 TableSink 注册在 TableEnvironment 中，再使用 sqlUpdate()方法指定 INSERT INTO 语句将 Table 中的数据写入 CSV 文件 TableSink 对应的 Table 中，最终将 Table 数据输出到 CSV 文件中。

```
val csvTableSink = new CsvTableSink("/path/csvfile", ...)
//定义字段名称
val fieldNames: Array[String] = Array("id", "type")
//定义字段类型
val fieldTypes: Array[TypeInformation[_]] = Array(Types.LONG,
Types.STRING)
//通过 registerTableSink 将 CsvTableSink 注册成 Table
```

```
tableEnv.registerTableSink("csv_output_table", fieldNames,
fieldTypes, csvSink)
//通过 sqlUpdate()方法，将类型为温度的数据筛选出来并输出到外部表中
tableEnv.sqlUpdate(
"INSERT INTO csv_output_table SELECT id, type FROM Sensors WHERE
type = 'temperature'")
```

2. 数据查询与过滤

可以通过 Select 语句查询表中的数据，并使用 Where 语句设置过滤条件，将符合条件的数据筛选出来。

```
//查询 Sensors 表中的全部数据
SELECT * FROM Sensors
//查询 Sensors 表中的 id、type 两列数据，并将 type 列重命名为 t
SELECT id, type AS t FROM Sensors
//查询信号类型为 temperature 的数据
SELECT * FROM Sensors WHERE type = 'temperature'
//查询 id 为偶数的信号信息
SELECT * FROM Sensors WHERE id % 2 = 0
```

3. Group Windows 窗口操作

在 Flink SQL 中，Group Windows 是在表上定义窗口，以便对数据进行分组和聚合的一种机制。在 Flink SQL 中，Group Windows 通过以下方式实现。

- 定义窗口类型：首先，定义窗口的类型（如 Tumble Windows、Session Windows 等）和相关参数（如窗口大小和滑动间隔）。
- 应用于表：将窗口应用于表数据。这通常是通过在查询的 GROUP BY 子句中指定窗口函数来实现的。
- 聚合操作：在定义的窗口上执行聚合操作（如 COUNT、SUM、AVG 等），这些操作在 GROUP BY 子句中定义。

Group Windows 与普通的 GROUP BY 语句紧密相连，因为它们本质上用于在特定的时间窗口内对数据进行分组聚合操作。这意味着，Group Windows 通常与 GROUP BY 子句一起使用，以便对窗口内的数据进行分组和进一步的聚合处理。

Group Windows 与 GROUP BY 语句绑定使用，原因如下。

- 分组依据：窗口本质上是数据流中的一段时间或一组事件的集合。为了在这些窗口上进行有效的聚合，需要按照窗口对数据进行分组。
- 时间维度的分组：Group Windows 为数据提供了时间维度上的分组依据。这意味着，与传统的基于字段的 GROUP BY 语句不同，窗口提供了一种按时间分割和聚合数据的方式。
- 复杂聚合的实现：通过结合 Group Windows 和 GROUP BY 子句，可以实现更复杂的聚合查询，例如，对每个用户每 10 分钟内的平均消费额进行聚合。
- SQL 语义的一致性：将窗口作为 GROUP BY 子句的一部分，保持了 SQL 查询的语义一致性和可读性，使得基于时间窗口的聚合操作更加直观和易于理解。

因此，Group Windows 在 Flink SQL 中是处理时间序列数据的重要工具，特别是在需要对数据流进行时间窗口内的聚合操作时。通过与 GROUP BY 子句结合使用，它们提供了一种强大且灵活的方式来分析和处理实时数据流。

Group Windows 的主要应用场景如下。

- 实时聚合和分析：在特定时间窗口内对数据进行聚合，例如，计算每 5 分钟内数据的平均值、总和、最大值或最小值等。
- 模式和趋势检测：分析数据流中的趋势和模式，例如，在某个时间段内监测异常活动或峰值。
- 资源使用监控：在给定的时间窗口内监控资源的使用情况，如计算机的 CPU 和内存使用率。
- 实时指标监控：对于电子商务和社交媒体等领域，监控页面浏览量、点击量或用户活动等实时指标。

与 Table API 一样，Flink SQL 也支持 3 种窗口类型，分别为 Tumble Windows、HOP Windows 和 Session Windows，其中 HOP Windows 对应 Table API 中的 Sliding Window，每种窗口都有相应的使用场景和方法。

（1）Tumble Windows

Tumble Windows（滚动窗口）的定义：具有固定的窗口大小，窗口之间不重叠且连续。滚动窗口适用于需要定期聚合数据的场景，如每 10 分钟计算一次平均值。

SQL 中通过 TUMBLE(time_attr, interval) 关键字来定义滚动窗口，其中参数 time_attr 用于指定时间属性，参数 interval 用于指定滚动窗口的固定长度。滚动窗口可以应用在基于事件时间的批量计算场景、流计算场景和基于 ProcessTime 的流计算场景中。滚动窗口元数据信息可以通过在 Select 语句中使用相关的函数获取，且滚动窗口元数据信息可用于后续的 SQL 操作，例如，可以通过 TUMBLE_START 获取窗口起始时间，通过 TUMBLE_END 获取窗口结束时间，通过 TUMBLE_ROWTIME 获取窗口事件时间，通过 TUMBLE_PROCTIME 获取窗口数据中的 ProcessTime。如以下代码所示，分别创建基于不同时间属性的滚动窗口。

以下是一个基于 Flink SQL 的滚动窗口示例。假设有一个数据流，包含了事件时间戳（以 ms 为单位）、用户 ID 和购买金额。使用滚动窗口对每个 10 分钟内的总购买金额进行聚合。

```scala
object TumbleWindowExample {
  def main(args: Array[String]): Unit = {
    //设置流执行环境
    val env = StreamExecutionEnvironment.getExecutionEnvironment
    val tableEnv = StreamTableEnvironment.create(env)

    //创建模拟数据流，数据格式为（时间戳,用户 ID,购买金额）
    val dataStream = env.fromElements(
      (System.currentTimeMillis, "user_1", 100.00),
      (System.currentTimeMillis, "user_2", 150.00),
      //其他数据
    )

    //将 DataStream 转换为表，并定义时间属性
    val dataTable = tableEnv.fromDataStream(dataStream, $"eventTime".rowtime,
$"userID", $"amount")

    //注册表
    tableEnv.createTemporaryView("Purchases", dataTable)

    //使用 Flink SQL 进行滚动窗口聚合查询
```

```
    val result = tableEnv.sqlQuery(
      """
        |SELECT
        |  TUMBLE_START(eventTime, INTERVAL '10' MINUTE) as windowStart,
        |  TUMBLE_END(eventTime, INTERVAL '10' MINUTE) as windowEnd,
        |  userID,
        |  SUM(amount) as totalAmount
        |FROM Purchases
        |GROUP BY TUMBLE(eventTime, INTERVAL '10' MINUTE), userID
      """.stripMargin)

    //执行查询并输出结果
    result.toRetractStream[(java.sql.Timestamp, java.sql.Timestamp, String,
Double)].print()

    //启动流处理程序
    env.execute("Tumble Window Example")
  }
}
```

注：使用 3 个双引号 """ 创建一个多行字符串字面量是 Scala 中一种非常有用的特性。这种语法允许在字符串中包含换行符和其他特殊字符，而无须使用转义序列，使包含多行文本的代码更加直观和易读。这对于编写包含复杂文本或者嵌入 SQL、JSON 等语言的代码尤为有用。stripMargin 方法可与管道符 | 结合使用，在每行字符串的开始处放置管道符，然后调用 stripMargin 方法。在下面的例子中，stripMargin 方法会去除每行中的管道符 | 及其左侧的所有空白字符。

```
val query = """
  |SELECT *
  |FROM table
  |WHERE condition = true
""".stripMargin
```

（2）HOP Windows

HOP Windows（滑动窗口）的窗口长度固定，且窗口和窗口之间的数据可以重合。在 Flink SQL 中通过 HOP(time_attr,interval1,interval2) 关键字来定义 HOP Windows，其中参数 time_attr 用于指定使用的时间属性，参数 interval1 用于指定窗口滑动的时间间隔，参数 interval2 用于指定窗口的固定大小。如果 interval1 小于 interval2，窗口就会重叠。HOP Windows 可以应用在基于事件时间的批量计算场景和流计算场景中，以及基于 ProcessTime 的流计算场景中。滑动窗口的元数据信息获取的方法和滚动窗口的相似，例如，可以通过 HOP_START 获取窗口起始时间，通过 HOP_END 获取窗口结束时间，通过 HOP_ROWTIME 获取窗口事件时间，通过 HOP_PROCTIME 获取窗口数据中的 ProcessTime。

如以下代码所示，分别创建基于不同时间概念的滑动窗口，并通过相应方法获取窗口元数据。

以下是一个基于 Flink SQL 的滑动窗口示例。假设有一个数据流，包含事件时间戳（以 ms 为单位）、用户 ID 和点击次数。使用滑动窗口对每个用户在每 15 分钟内的点击次数进行聚合，窗口每 5 分钟滑动一次。

```
object HopWindowExample {
  def main(args: Array[String]): Unit = {
    //设置流执行环境
```

```
    val env = StreamExecutionEnvironment.getExecutionEnvironment
    val tableEnv = StreamTableEnvironment.create(env)

    //创建模拟数据流，数据格式为 (时间戳,用户ID,点击次数)
    val dataStream = env.fromElements(
      (System.currentTimeMillis, "user_1", 1),
      (System.currentTimeMillis, "user_2", 1),
      //其他数据
    )

    //将 DataStream 转换为表，并定义时间属性
    val dataTable = tableEnv.fromDataStream(dataStream, $"eventTime".rowtime,
$"userID", $"clicks")

    //注册表
    tableEnv.createTemporaryView("UserClicks", dataTable)

    //使用 Flink SQL 进行滑动窗口聚合查询
    val result = tableEnv.sqlQuery(
      """
        |SELECT
        | HOP_START(eventTime, INTERVAL '5' MINUTE, INTERVAL '15' MINUTE) as
windowStart,
        | HOP_END(eventTime, INTERVAL '5' MINUTE, INTERVAL '15' MINUTE) as
windowEnd,
        | userID,
        | SUM(clicks) as totalClicks
        |FROM UserClicks
        |GROUP BY HOP(eventTime, INTERVAL '5' MINUTE, INTERVAL '15' MINUTE),
userID
      """.stripMargin)

    //执行查询并输出结果
    result.toRetractStream[(java.sql.Timestamp, java.sql.Timestamp, String,
Int)].print()

    //启动流处理程序
    env.execute("Hop Window Example")
  }
}
```

（3）Session Windows

Session Windows（会话窗口）没有固定的窗口长度，而是根据指定时间间隔内数据的活跃性来切分窗口，例如当 10min 内数据不接入 Flink 系统则切分窗口并触发计算。在 SQL 中通过 SESSION(time_attr,interval) 关键字来定义会话窗口，其中参数 time_attr 用于指定时间属性，参数 interval 用于指定 Session Gap。Session Windows 可以应用在基于事件时间的批量计算场景和流计算场景中，以及基于 ProcessTime 的流计算场景中。

Session 窗口的元数据信息获取与滚动窗口和滑动窗口的相似，可以通过 SESSION_START 获取窗口起始时间，通过 SESSION_END 获取窗口结束时间，通过 SESSION_ROWTIME 获取窗口数据元素事件时间，通过 SESSION_PROCTIME 获取窗口数据元素处理时间。

以下是一个基于 Flink SQL 的会话窗口示例。假设有一个数据流，包含事件时间戳（以 ms 为单位）、用户 ID 和点击次数。使用会话窗口对每个用户的点击事件进行聚合，定义

会话间隔为 10 分钟。

```
object SessionWindowExample {
  def main(args: Array[String]): Unit = {
    //设置流执行环境
    val env = StreamExecutionEnvironment.getExecutionEnvironment
    val tableEnv = StreamTableEnvironment.create(env)

    //创建模拟数据流，数据格式为 (时间戳,用户 ID,点击次数)
    val dataStream = env.fromElements(
      (System.currentTimeMillis, "user_1", 1),
      (System.currentTimeMillis, "user_2", 1),
      //其他数据
    )

    //将 DataStream 转换为表，并定义时间属性
    val dataTable = tableEnv.fromDataStream(dataStream, $"eventTime".rowtime,
$"userID", $"clicks")

    //注册表
    tableEnv.createTemporaryView("UserClicks", dataTable)

    //使用 Flink SQL 进行会话窗口聚合查询
    val result = tableEnv.sqlQuery(
      """
        |SELECT
        |   SESSION_START(eventTime, INTERVAL '10' MINUTE) as windowStart,
        |   SESSION_END(eventTime, INTERVAL '10' MINUTE) as windowEnd,
        |   userID,
        |   SUM(clicks) as totalClicks
        |FROM UserClicks
        |GROUP BY SESSION(eventTime, INTERVAL '10' MINUTE), userID
      """.stripMargin)

    //执行查询并输出结果
    result.toRetractStream[(java.sql.Timestamp, java.sql.Timestamp, String,
Int)].print()

    //启动流处理程序
    env.execute("Session Window Example")
  }
}
```

4. 数据聚合

（1）GroupBy Aggregation

在全景数据集上 GroupBy Aggregation 根据指定字段聚合，产生计算指标。需要注意的是，这种聚合统计计算主要依赖状态数据，如果不指定时间范围，对于流应用来说，状态数据会越来越大，所以建议用户尽可能在流场景中使用 GroupBy Aggregation。

```
SELECT id, SUM(var1) as d FROM Sensors GROUP BY id
```

（2）GroupBy Window Aggregation

Table API 中的 GroupBy Window Aggregation 基于在窗口上的统计，指定 key 的聚合结果。

在 Flink SQL 中通过在窗口上使用 GROUP BY 语句来定义 key。

```
//在滚动窗口上统计求和指标
SELECT id, SUM(var1) FROM Orders GROUP BY TUMBLE(rowtime, INTERVAL '1' DAY),
user
//在滑动窗口上统计最小值指标
SELECT id, MIN(var1) FROM Sensors GROUP BY HOP(rowtime, INTERVAL '1' HOUR,
INTERVAL '1' DAY), id
//在会话窗口上统计最大值指标
SELECT id, MAX(var1) FROM Sensors GROUP BY SESSION(rowtime, INTERVAL '1' DAY), id
```

（3）OVER Window Aggregation

OVER Window Aggregation 基于 OVER Window 来计算聚合结果，可以使用 Over 关键字在查询语句中定义 OVER Window，也可以使用 Window AS()方法定义 OVER Window。注意 OVER Window 所有的聚合算子必须指定相同的窗口，且窗口的数据范围仅支持 PRECEDING 到 CURRENT ROW，不支持 FOLLOWING。

```
//通过 OVER 关键字直接定义 OVER Window，并统计 var1 的最大值
SELECT MAX(var1) OVER (
//根据 id 进行聚合
PARTITION BY id
//根据 proctime 进行排序
ORDER BY proctime
//ROWS 数据范围为从当前数据向前推 10 条记录
ROWS BETWEEN 10 PRECEDING AND CURRENT ROW) FROM Sensors
//通过 Over 关键字定义 OVER WINDOW，通过 OVER 关键字引用定义好的 window
SELECT COUNT(var1) OVER window, SUM(var1) OVER window FROM Sensors
//定义 WINDOW 并重命名为 window
WINDOW window AS ( PARTITION BY id ORDER BY proctime ROWS BETWEEN 10 PRECEDING
AND CURRENT ROW)
```

（4）Distinct

与标准 SQL 中 DISTINCT 功能一样，用于返回唯一不同的记录。

```
SELECT DISTINCT type FROM Sensors
```

（5）GROUPING SETS

与 GROUP BY 语句相比，GROUPING SETS 将不同 key 的 GROUP BY 结果集进行 UNION ALL 操作。以下代码表示通过指定 id 和 type 关键字同时进行聚合生成 var1 的结果。

```
SELECT SUM(var1) FROM Sensors GROUP BY GROUPING SETS ((id), (type))
```

（6）HAVING

与标准 SQL 中 HAVING 功能一样，Flink SQL 中 HAVING 主要解决 WHERE 关键字无法与合计函数一起使用的问题，因此可以使用 HAVING 语句对聚合结果进行筛选输出。

```
SELECT SUM(var1) FROM Sensors GROUP BY id HAVING SUM(var1) > 500
```

5. 多表关联

（1）INNER JOIN

INNER JOIN 通过指定条件对两张表进行内关联，当且仅当两张表中都具有相同的 key

才会返回结果。

```
SELECT * FROM Sensors INNER JOIN Sensor_detail ON Sensors.id = Sensor_detail.id
```

（2）OUTER JOIN

SQL 外连接包括 LEFT JOIN（左外连接）、RIGHT JOIN（右外连接）以及 FULL OUTER（全外连接）这 3 种类型。与标准的 SQL 语法一致，目前 Flink SQL 仅支持等值连接，不支持任意比较关系的 theta 连接。以下代码为分别使用 3 种类型对两张表进行外连接。

```
//左外连接
SELECT * FROM Sensors LEFT JOIN Sensor_detail ON Sensors.id = Sensor_detail.id
//右外连接
SELECT * FROM Sensors RIGHT JOIN Sensor_detail ON Sensors.id = Sensor_detail.id
//全外连接
SELECT * FROM Sensors FULL OUTER JOIN Sensor_detail ON Sensors.id =
Sensor_detail.id
```

（3）Time-windowed Join

与 INNER JOIN 类似，Time-windowed Join 在 INNER JOIN 的基础上增加了时间属性条件，因此在使用 Time-windowed Join 关联两张表时，至少需要指定一个关联条件以及绑定两张表中的关联时间字段，且两张表中的时间属性对应的时间概念需要一致（Event Time 或者 ProcessTime），其中时间比较操作使用 SQL 中提供的比较符号（<、<=、>=、>），且可以在条件中增加或者减少时间间隔，例如 b.rowtime_INTERVAL'4'HOVR 表示右表中的时间减去 4h。

```
SELECT  o.order_id,o.product_id,p.product_name,o.order_time
FROM Orders o
JOIN Products p
ON o.product_id = p.product_id
AND o.order_time BETWEEN p.product_time - INTERVAL '10' SECOND AND p.product_time
+ INTERVAL '10' SECOND
"
```

（4）Join with Table Function

在 INNER JOIN 或 LEFT JOIN 中可以使用自定义的 Table Function 作为关联数据源，将原始 Table 中的数据和 Table Fuction 产生的数据集进行关联，然后生成关联结果数据集。Flink SQL 提供 LATERAL TABLE 语法专门应用在 Table Function 以及 Table Function 产生的临时表上，如果 Table Function 返回空值，则不输出结果。注意 Table Function 需要事先在 TableEnvironment 中定义。

```
SELECT id, tag FROM Sensors, LATERAL TABLE(my_udtf(type))  AS t(tag)
```

4.6 大数据交互式 OLAP 多维分析案例实践

4.6.1 大数据交互式 OLAP 多维分析需求背景概述

4.6 大数据交互式
OLAP 多维分析
案例实践

大数据交互式 OLAP 多维分析在企业中发挥着至关重要的作用。随着企业数据量的不断增长，传统的数据处理方法已经无法满足现代企业对数据处理的需求，而 OLAP 多维分析技术能够帮助企业快速、准确地分析和挖掘海量数据，为企业决策提供有力的数据支持。

通过梧桐·鸿鹄大数据实训平台，企业员工可以轻松地对海量数据进行汇总分析，从而深入了解各项业务运行情况，发现潜在问题和商机。大数据交互式 OLAP 多维分析在企业中应用非常广泛，主要可分为两大场景：一种是开展群体特征经营分析，输出关键指标数据，例如 5G 客户规模、5G 登网率、每户每月平均上网流量（DOU）和每户每月平均通话时间（MOU）波动趋势等，通过对这些数据进行多维分析，企业可以深入了解当前企业的整体情况和发展阶段，配合可视化应用，可以将各种数据在前台呈现，使决策者能够更加直观地了解数据背后的规律和趋势，从而决定企业发展方向；另一种是开展客户标签画像分析，针对单一客户的特征形成客户标签，如客户近 3 个月的月均消费、兴趣偏好、出行偏好等，通过对这些数据进行分析，企业可以更好地了解客户需求和偏好，提供个性化的服务和产品，从而提高客户满意度和忠诚度。

4.6.2 大数据交互式 OLAP 多维分析数据方案设计

1．场景一：经营分析

针对关键指标数据进行经营分析统计，呈现企业当前关于客户规模、市场发展、收入指标等各项维度数据，给决策者提供各项数据支撑。客户规模、客户价值波动、客户活跃情况等对于运营商是非常重要的运营指标，本案例以客户活跃情况为例，监控用户的 DOU（单位为 GB）和 MOU（单位为 min）波动情况。

本案例需使用 1 个原始数据模型表"单一用户业务量汇总月表"，如表 4-6-1 所示，该表记录了字段属性等信息。

表 4-6-1　单一用户业务量汇总月表数据字典

序号	字段属性	字段名称	数据类型
1	RECORD_NUM	记录行号	STRING
2	STATIS_DATE	数据日期	STRING
3	MSISDN	手机号	STRING
4	PROV_NO	省份标识	STRING
5	CITY_CODE	地市编码	STRING
6	THIS_ACCT_FEE_TAX	本期出账金额（税前）	DECIMAL
7	ACCT_BAL_FEE	账户余额	DECIMAL
8	GPRS_TOTAL_FLUX	GPRS 总流量	DECIMAL
9	VOICE_DURA	通话时长	DECIMAL
10	VOICE_DAYS	本期通话天数	DECIMAL
11	GPRS_2G_FLUX_UP	GPRS 上行流量（2G）	DECIMAL
12	GPRS_2G_FLUX_DOWN	GPRS 下行流量（2G）	DECIMAL
13	GPRS_3G_FLUX_UP	GPRS 上行流量（3G）	DECIMAL
14	GPRS_3G_FLUX_DOWN	GPRS 下行流量（3G）	DECIMAL
15	GPRS_4G_FLUX_UP	GPRS 上行流量（4G）	DECIMAL
16	GPRS_4G_FLUX_DOWN	GPRS 下行流量（4G）	DECIMAL
17	ROAM_SJ_JF_TIMES	省际漫游计费时长	DECIMAL
18	ROAM_GJ_JF_TIMES	国际漫游计费时长	DECIMAL
19	STATIS_YM	统计月份	STRING
20	PROV_ID	省份编码	STRING

场景 1-1：按月统计 DOU 和 MOU，体现 MOU 和 DOU 的波动趋势，样例数据统计结果如表 4-6-2 所示。

表 4-6-2　MOU 和 DOU

月份	DOU	MOU
202204	14619.15	19.96
202205	14706.02	20.61
202206	14196.98	19.94

场景 1-2：按地市进行细分，体现不同地市的 MOU 和 DOU 的月波动趋势，样例数据统计结果如表 4-6-3 所示。

表 4-6-3　不同地市的 MOU 和 DOU

月份	地市	MOU	DOU
202204	10601	18.92	13913.23
202205	10601	19.39	13791.84
202206	10601	18.87	13512.74
202204	10602	21.02	15556.18
202205	10602	22.17	16123.45
202206	10602	21.14	15246.85
202204	10603	19.76	14548.75
202205	10603	21.23	14751.32
202206	10603	20.32	13961.66
202204	10604	21.01	13374.58
202205	10604	21.71	13541.86
202206	10604	20.84	12737.49
202204	10605	19.72	13053.23
202205	10605	20.59	13600.15
202206	10605	19.71	12571.37
202204	10606	20.26	13639.21
202205	10606	21.02	13943.66
202206	10606	20.21	13377.40
202204	10607	20.33	12562.56
202205	10607	21.05	12882.05
202206	10607	20.38	12484.34
202204	10608	21.57	15019.78
202205	10608	22.33	15410.27
202206	10608	21.51	14698.06
202204	10609	22.02	18261.16
202205	10609	22.79	18305.60

场景 1-3：依据客户规模，对具体月份、MOU 和 DOU 进行分层统计，了解 DOU 和 MOU 的客户分层及环比波动情况，样例数据统计结果如表 4-6-4～表 4-6-7 所示。

表 4-6-4　2022 年 5 月 DOU 客户分层

DOU 分层	客户数	环比
0GB	15804	0.43%
0GB～5GB	58235	−1.03%
5GB～10GB	27623	−0.90%

DOU 分层	客户数	环比
10GB～15GB	17085	2.56%
15GB～20GB	11507	2.69%
20GB 以上	37072	0.05%

表 4-6-5　2022 年 6 月 DOU 客户分层

DOU 分层	客户数	环比
0GB	16732	5.87%
0GB～5GB	59516	2.20%
5GB～10GB	27546	−0.28%
10GB～15GB	16447	−3.73%
15GB～20GB	11002	−4.39%
20GB 以上	36065	−2.72%

表 4-6-6　2022 年 5 月 MOU 客户分层

MOU 分层	客户数	环比
0min	15804	0.43%
0min～20min	45337	−5.26%
20min～30min	56221	−15.66%
30min 以上	49964	34.61%

表 4-6-7　2022 年 6 月 MOU 客户分层

MOU 分层	客户数	环比
0min	16731	5.87%
0min～20min	46823	3.28%
20min～30min	66784	18.79%
30min 以上	36970	−26.01%

根据实际情况，我们可以按照不同维度进行细分，如按照省、市、县、区维度进行细分，了解不同地区的客户发展情况；按照客户品牌（如全球通、神州行、动感地带）进行细分，了解不同客户品牌的客户发展情况；按照客户年龄段（如青少年、中年、老年）进行细分，了解不同年龄段的客户发展情况等。

2．场景二：客户标签画像分析

针对个体客户，结合历史数据对客户进行消费习惯、行为偏好、兴趣偏好等维度的分析，形成多维客户画像，帮助企业更清楚地了解客户，结合客户特征开展个性化的产品营销及客户关怀，提高客户满意度和忠诚度。

客户画像是企业在大数据背景下洞察客户的重要手段。客户画像即结合客户多维历史数据对客户设置标签，标签包括个人基础信息、消费行为、兴趣偏好等，如客户年龄、近3 个月的月均消费、5G 网络感知质差、是否爱好体育等。本节以客户服务中的"网络质量感知质差画像"为例进行说明。通过客户 5G 上网话单中的页面访问时长、页面下载速度等，以及 5G 语音话单中的接通次数、掉话次数等指标，进行客户 5G 网络质量感知质差分析，形成客户 5G 网络质量感知质差画像。通过该画像，运营商可以找出 5G 网络质量感知质差客户，针对这些客户开展个性化关怀活动，提升客户满意度。

场景 2-1：根据客户上网数据和语音通话数据开展 5G 网络质量分析，确定客户 5G 网络网络感知质差画像。本案例共需要使用两个原始数据模型表：用户语音通话质量表和用户上网质量表，如表 4-6-8 和表 4-6-9 所示。

表 4-6-8　用户语音通话质量表

字段属性	字段名称
START_DATE	时间
SUBS_ID	用户编码
NET_TYPE	网络类型
MO_REQUEST_TIMES	始呼请求次数
MO_UNCONNECTED_TIMES	始呼未接通次数
MO_CONNECTED_RATE	始呼接通率
CONNECTED_TIMES	接通次数
DROPCALL_TIMES	掉话次数
DROPCALL_RATE	掉话率

表 4-6-9　用户上网质量表

字段属性	字段名称
START_DATE	时间
SUBS_ID	手机号
NET_TYPE	网络类型
APP_TYPE	业务类型
PAGE_REQ_TIMES	页面访问次数
PAGE_BROWSING_DELAY	页面显示时长
PAGE_DOWNLOAD_THROUGHPUT	页面下载速率

经过大量数据分析，确定 5G 网络环境下各字段质差阈值。为方便说明，假设该案例 5G 网络的感知质差包括上网感知质差和语音通话感知质差，如表 4-6-10 所示。

表 4-6-10　5G 网络感知质差

质差类型	口径说明
始呼质差	始呼请求次数大于 20、始呼未接通次数大于 1 且始呼接通率小于 99%
掉话质差	掉话次数大于 1 且掉话率大于 1%
5G 语音通话质差口径	网络类型为 5G，存在始呼质差或者掉话质差
页面加载质差	页面显示时长大于或等于 5000ms 或页面下载速率小于 50KB/s
5G 上网质差口径	网络类型为 5G、上网类型为 HTTP、页面访问次数大于 500 且存在页面加载质差
5G 网络感知质差口径	存在 5G 语音通话感知质差或 5G 上网感知质差

场景 2-2：输出 5G 网络感知质差客户画像和 5G 网络感知质差用户分布，如表 4-6-11、表 4-6-12 所示。

表 4-6-11　5G 网络感知质差客户画像

序号	用户标识	是否为 5G 网络感知质差用户
1	311****5044	不是
2	311****5037	是

表 4-6-12 5G 网络感知质差用户分布

序号	是否为 5G 网络感知质差用户	用户数量
1	不是	5602983
2	是	2297

此外，可以将用户 5G 网络感知质差数据与基站信息进行关联，识别 5G 网络感知质差区域，运营商可以针对质差区域开展网络优化工作，从而不断提升用户体验。

4.6.3 基于梧桐·鸿鹄大数据实训平台的案例实践

基于 4.6.2 节的方案设计，使用梧桐·鸿鹄大数据实训平台的数据编排工具进行数据准备，然后通过平台的数据处理能力在百万级用户数据中基于 DOU 和 MOU 进行多维数据分析。

1．场景一的数据准备

创建工程，工程作为基本管理单元可进行编排开发和数据模型管理。在工作空间首页，单击"创建工程"按钮，如图 4-6-1 所示，选择通用模板，然后在弹出的"工程信息"对话框中输入工程相关信息，如图 4-6-2 所示，输入完成后单击"创建"按钮，完成工程创建。

图 4-6-1 工作空间首页

图 4-6-2 "工程信息"对话框

2. 场景一的数据流程编排

通过图形化界面进行数据加工。打开创建的工程，在导航栏单击"数据处理"进入数据处理页面，单击批处理类型下的"数据流"，然后在右侧单击"新建流程"按钮，随后在弹出的"新建输入流"对话框中输入名称完成数据流的创建。在数据流画布中进行算子的编排，编排包括3个阶段：第一个阶段是抽取数据，即从HDFS中抽取本案例需要的数据到编排的数据流中；第二个阶段是进行数据的处理，即根据实际需要进行表关联或字段计算统计等；第三个阶段是将处理后的数据加载成文件并存放到HDFS中。实践案例的详细编排结果如图4-6-3所示。

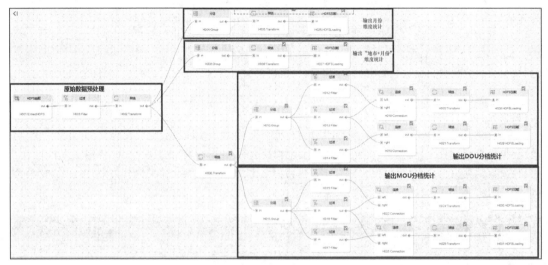

图 4-6-3　整体流程

说明： 本案例输入数据的HDFS路径为/tmp/wutong/data/TO_M_CUST_86005/，该路径下的TO_M_CUST_86005表示单一用户业务量汇总月表。

完成数据处理后，将月份维度统计结果、"月份+地市"维度统计结果、DOU客户分档统计结果和MOU客户分档统计结果加载为CSV文件，分别命名为mou_dou_data_m_test.csv、mou_dou_city_data_m_test.csv、dou_level_data_06_m_test.csv和mou_level_data_06_m_test.csv，最后将其存储到HDFS中，存储路径为/srv/multi-tenant/supteant/dev/user/example_data/。

以"单一用户业务量汇总月表"为基础，通过数据计算，可以得到4组不同的统计结果，如图4-6-3所示。

（1）首先编制公共使用的"原始数据预处理"数据流程，对原始数据进行初步加工，得到后续分析需要使用的数据指标，如图4-6-4所示。

图 4-6-4　原始数据预处理

第一个算子是 HDFS 抽取算子，负责把原始数据抽取到数据流程中，用于后续计算。这里需要配置物理模型，从"物理模型"下拉列表框中选择 TO_M_CUST_86005，如图 4-6-5 所示。

图 4-6-5　HDFS 抽取算子配置

完成数据源加载后，使用过滤算子选择后续需要用到的数据。

该案例以记录量适中的省份"106"为例，选取 2022 年 4 月～6 月的数据。数据源中 PROV_NO 字段表示地市级编码，前三位代表所属省份。过滤代码如下。

```
substr(PROV_NO,0,3)== 106 and (STATIS_DATE ==202204 or STATIS_DATE == 202205 or
STATIS_DATE ==202206)
```

最后使用转换算子，将从原始数据加载的日周期转换成月周期，处理空值数据，便于后续计算，如图 4-6-6 所示。

图 4-6-6　编辑转换

"日期转换"表达式：substr(STATIS_DATE,0,6)，将不确定格式的日周期转换为月周期格式。

"流量空值转换"表达式：nvl(GPRS_TOTAL_FLUX,0)，将流量空值记录转换为 0。

"语音空值转换"表达式：nvl(VOICE_DURA,0)，将语音空值记录转换为 0。

（2）以月份为维度分析用户 DOU 和 MOU 波动趋势，通过数据流程转换输出统计结果，如图 4-6-7 所示。

图 4-6-7　月份维度统计流程

　　首先使用分组算子按照月份进行分组，统计"当月用户量""流量使用总值"和"语音使用总值"3 个指标，如图 4-6-8 所示。

图 4-6-8　编辑分组

　　"当月用户量"表达式：Count(MISSDN)。

　　"流量使用总值"表达式：Sum(GPRS_TOTAL_FLUX)。

　　"语音使用总值"表达式：Sum(VOICE_DURA)。

　　然后使用转换算子，计算当月 DOU 和 MOU，如图 4-6-9 所示。

图 4-6-9　编辑转换

DOU 表达式：GPRS_TOTAL_FLUX/USER_NUM。

MOU 表达式：VOICE_DURA/USER_NUM。

最后，使用 HDFS 加载算子，将计算结果加载到 HDFS 的指定文件中，如图 4-6-10 所示，加载结果如图 4-6-11 所示。

图 4-6-10　HDFS 加载（1）

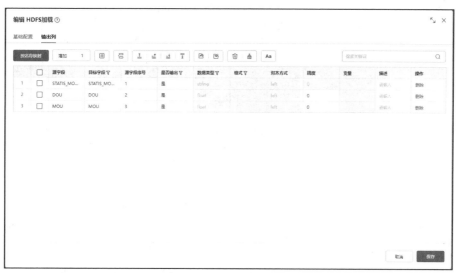

图 4-6-11　HDFS 加载（2）

（3）以"地市+月份"维度分析用户 DOU 和 MOU 波动趋势，通过数据流程转换输出统计结果，如图 4-6-12 所示。

图 4-6-12　输出"地市+月份"维度统计

首先使用分组算子按照"地市+月份"进行分组，统计"分地市分月用户量"、"分地市分月流量使用总值"和"分地市分月语音使用总值"3个指标，如图4-6-13所示。

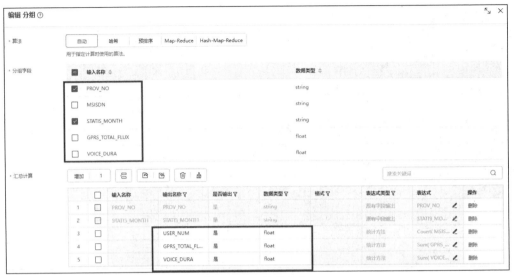

图4-6-13　编辑分组

"分地市分月用户量"表达式：Count(MSISDN)。
"分地市分月流量使用总值"表达式：Sum(GPRS_TOTAL_FLUX)。
"分地市分月语音使用总值"表达式：Sum(VOICE_DURA)。
然后使用转换算子，计算分月分地市DOU和分月分地市MOU，如图4-6-14所示。

图4-6-14　编辑转换

分月分地市DOU表达式：GPRS_TOTAL_FLUX/USER_NUM。
分月分地市MOU表达式：VOICE_DURA/USER_NUM。
最后，使用HDFS加载算子，将计算结果加载到HDFS上的指定文件中，如图4-6-15所示，加载结果如图4-6-16所示。
（4）使用转换算子对公共部分的计算结果再次加工，以便用于后续计算，如图4-6-17所示。
在转换算子中增加指标，使用表达式计算输出结果，如图4-6-18所示。

图 4-6-15 编辑 HDFS 加载（1）

图 4-6-16 编辑 HDFS 加载（2）

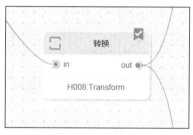

图 4-6-17 转换算子

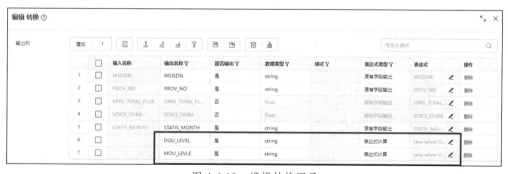

图 4-6-18 编辑转换因子

各用户 DOU 分档编码和名称计算公式如图 4-6-19 所示。

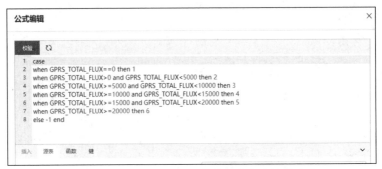

图 4-6-19　各用户 DOU 分档编码和名称计算公式

各用户 MOU 分档编码和名称计算公式如图 4-6-20 所示。

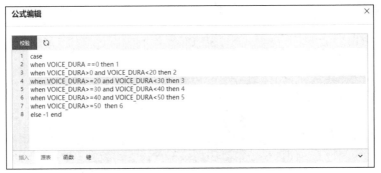

图 4-6-20　各用户 MOU 分档编码和名称计算公式

（5）以公共转换算子的结果为输入源，计算 2022 年 5 月和 6 月 DOU 分档相关统计数据，整体流程如图 4-6-21 所示。

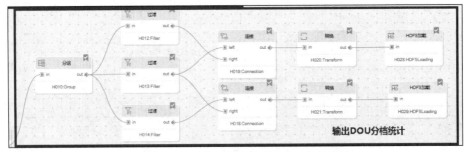

图 4-6-21　2022 年 5 月和 6 月 DOU 分档统计

首先使用分组算子，以"月份+DOU"分档编码、名称为维度进行分组，计算"分月各分档用户数量"，如图 4-6-22 所示。

"分月各分档用户数量"表达式：Count(MSISON)。

通过 3 个过滤算子分别过滤输出 202204 周期、202205 周期和 202206 周期的各月数据，202204 周期的表达式为 STATIS_MONTH==202204，同理 202205 周期的表达式为 STATIS_MONTH==202205，202206 周期的表达式为 STATIS_MONTH==202206。

图 4-6-22　计算"分月各分档用户数量"

　　然后编辑连接算子，将前后两个月的数据以 DOU 分档关联合并，将本月和上月的统计结果同时展现，如图 4-6-23～图 4-6-26 所示。

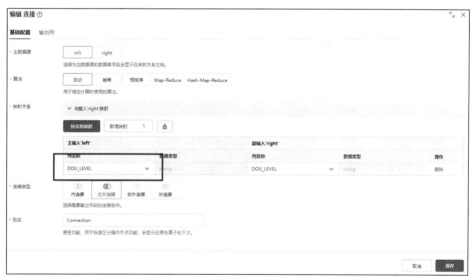

图 4-6-23　编辑连接-基础配置（1）

图 4-6-24　编辑连接-输出列（1）

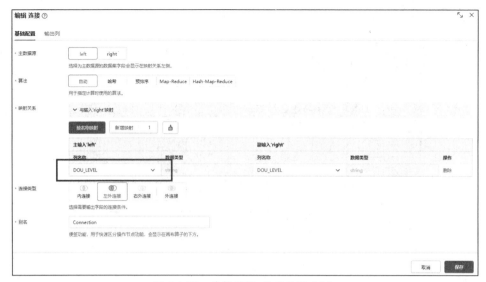

图 4-6-25　编辑连接-基础配置（2）

图 4-6-26　编辑连接-输出列（2）

　　关联合并后，使用转换算子，输出"DOU 分档用户量环比"指标，如图 4-6-27 所示，结果如图 4-6-28 所示。

图 4-6-27　输出"DOU 分档用户量环比"（1）

图 4-6-28　输出"DOU 分档用户量环比"（2）

2022 年 5 月和 6 月的"DOU 分档用户量环比"表达式分别如下。

```
USER_NUM_05/USER_NUM_04-1
USER_NUM_06/USER_NUM_05-1
```

最后，编辑 HDFS 加载算子，将计算结果加载到 HDFS 上的指定文件中，如图 4-6-29～图 4-6-32 所示。

图 4-6-29　编辑 HDFS 加载算子（1）

图 4-6-30　编辑 HDFS 加载算子（2）

图 4-6-31　编辑 HDFS 加载算子（3）

图 4-6-32　编辑 HDFS 加载算子（4）

（6）以公共转换算子的结果为输入源，计算 2022 年 5 月和 6 月 MOU 分档统计数据，整体流程如图 4-6-33 所示。

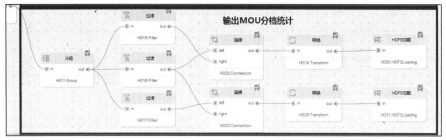

图 4-6-33　2022 年 5 月和 6 月 MOU 分档统计

首先编辑分组算子，以"月份+DOU"分档编码、名称为维度进行分组，计算"分月各分档用户数量"，如图 4-6-34 所示。

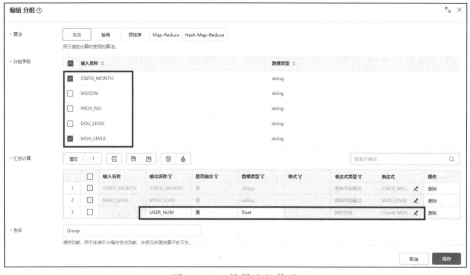

图 4-6-34　编辑分组算子

"分月各分档用户数量"表达式：Count(MSISDN)。

通过 3 个过滤算子分别过滤输出 202204 周期、202205 周期和 202206 周期的各月数据，例如 202204 周期的表达式为 STATIS_MONTH==202204。

然后编辑连接算子，将前后两个月的数据以 MOU 分档关联合并，将本月和上月的统计结果同时展现，如图 4-6-35～图 4-6-38 所示。

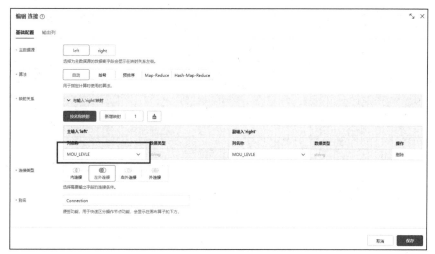

图 4-6-35　编辑连接算子（1）

图 4-6-36　编辑连接算子（2）

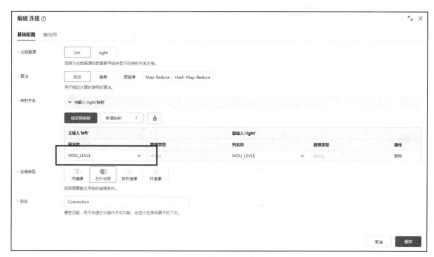

图 4-6-37　编辑连接算子（3）

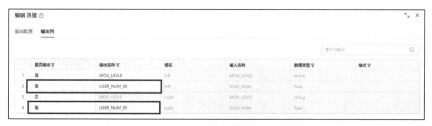

图 4-6-38　编辑连接算子（4）

关联合并后，编辑转换算子，输出"MOU 分档用户量环比"指标，如图 4-6-39 所示，结果如图 4-6-40 所示。

图 4-6-39　编辑转换算子（1）

图 4-6-40　编辑转换算子（2）

2022 年 5 月和 6 月的"MOU 分档用户量环比"表达式分别如下。

```
USER_NUM_05/USER_NUM_04-1
USER_NUM_06/USER_NUM_05-1
```

最后，编辑 HDFS 加载算子，将计算结果加载到 HDFS 上的指定文件中，如图 4-6-41～图 4-6-44 所示。

图 4-6-41　编辑 HDFS 加载算子（1）

图 4-6-42　编辑 HDFS 加载算子（2）

图 4-6-43　编辑 HDFS 加载算子（3）

图 4-6-44　编辑 HDFS 加载算子（4）

3．场景一的数据输出

数据编排完成后，进入在线调测，如图 4-6-45 所示。
依次查看各个 HDFS 加载算子的输出结果。

（1）以月为维度统计 DOU 和 MOU，结果如图 4-6-46
所示。

图 4-6-45　进入在线调测

图 4-6-46　月维度 DOU 和 MOU

（2）以"地市+月份"维度统计 MOU 和 DOU，结果如图 4-6-47 所示。

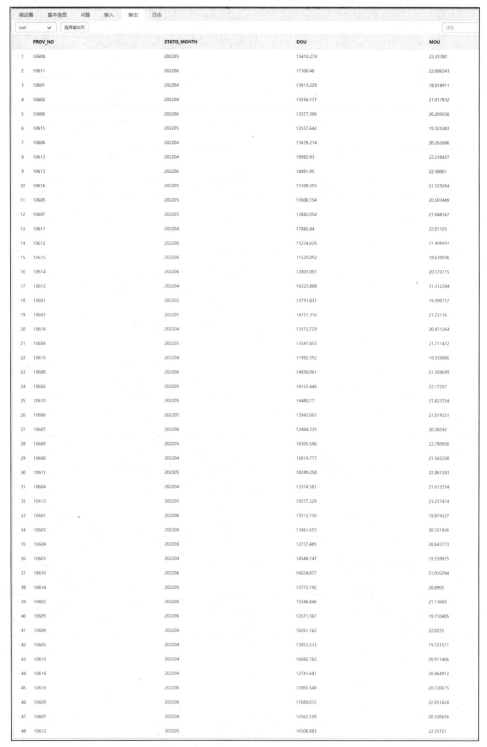

图 4-6-47 "地市+月份"维度 MOU 和 DOU

（3）对具体月份 MOU 和 DOU 客户数进行分档统计，了解 MOU 和 DOU 客户分档情况及环比波动，如图 4-6-48～图 4-6-51 所示。

	DOU_LEVEL	USER_NUM_05	USER_NUM_RATE
1	6	37072.0	4.5883656E-4
2	3	27623.0	-0.009040356
3	4	17085.0	0.025633335
4	2	58235.0	-0.010282099
5	5	11507.0	0.026860595
6	1	15804.0	0.0043213367

图 4-6-48　2022 年 5 月 DOU 客户分档统计

	DOU_LEVEL	USER_NUM_06	USER_NUM_RATE
1	5	11002.0	-0.043886304
2	1	16732.0	0.058719277
3	6	36065.0	-0.027163386
4	3	27546.0	-0.0027875304
5	4	16447.0	-0.037342727
6	2	59516.0	0.021997094

图 4-6-49　2022 年 6 月 DOU 客户分档统计

	MOU_LEVLE	USER_NUM_05	USER_NUM_RATE
1	1	15804.0	0.0043213367
2	3	56221.0	-0.15662599
3	4	49964.0	0.34608543
4	2	45337.0	-0.052597463

图 4-6-50　2022 年 5 月 MOU 客户分档统计

	MOU_LEVLE	USER_NUM_06	USER_NUM_RATE
1	3	66784.0	0.1878835
2	4	36970.0	-0.26006722
3	2	46823.0	0.032776713
4	1	16731.0	0.058655977

图 4-6-51　2022 年 6 月 MOU 客户分档统计

4．场景二的数据处理

场景二的实践案例详细编排流程如图 4-6-52 所示。

说明：本案例输入数据的 HDFS 路径为/tmp/wutong/example_data，路径下的 td_ns_cs_call_d.txt 表示用户语音通话质量表、td_ns_ps_http_d_311.txt 表示用户上网质量表。

数据处理后将用户 5G 网络感知画像和用户 5G 网络感知汇总结果加载为 CSV 文件，分别命名为 user_5G_zicha_d_test.csv 和 user_5G_zicha_group_d.csv，最后将其存储到 HDFS 中，存储路径为/srv/multi-tenant/supteant/dev/user/example_data。

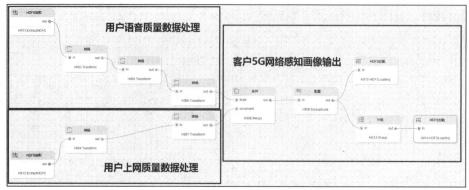

图 4-6-52　整体流程

以"用户语音通话质量表"和"用户上网质量表"为数据源，分别分析语音通话质差用户画像和上网质差用户画像，最后组合成用户 5G 网络感知画像以及用户 5G 网络感知汇总结果，整体流程如图 4-6-52 所示。

（1）用户 5G 语音通话质量画像计算流程为对用户语音通话质量数据源进行加工，获取用户语音质量的数据集合，如图 4-6-53 所示。

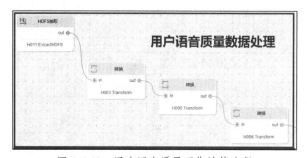

图 4-6-53　用户语音质量画像计算流程

首先使用 HDFS 抽取算子将数据源中的数据抽取到数据流中，如图 4-6-54 所示，结果如图 4-6-55 所示。

图 4-6-54　编辑 HDFS 抽取算子（1）

图 4-6-55　编辑 HDFS 抽取算子（2）

　　然后使用转换算子，分别计算用户"始呼质差标志"和"掉话质差"标志，如图 4-6-56、图 4-6-57 所示。

图 4-6-56　编辑转换算子（1）

图 4-6-57　编辑转换算子（2）

　　"始呼质差标志"计算公式如图 4-6-58 所示。

图 4-6-58　"始呼质差标志"的计算公式

"掉话质差标志"计算公式如图 4-6-59 所示。

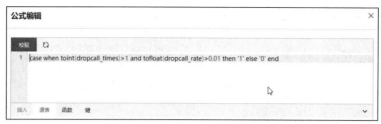

图 4-6-59　"掉话质差标志"的计算公式

接下来，再次使用转换算子，将两种质差标志用户组合，不论哪一种质差情况，都应该属于语音通话质差用户，设置为"语音通话质差标志"，如图 4-6-60 所示。

图 4-6-60　编辑转换算子

"语音通话质差标志"计算公式如图 4-6-61 所示。

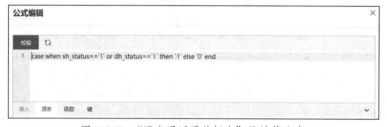

图 4-6-61　"语音通话质差标志"的计算公式

最后，再次使用转换算子，判断网络类型，计算用户的"5G 语音通话质差标志"，如图 4-6-62 所示。

"5G 语音通话质差标志"计算公式如图 4-6-63 所示。

（2）用户上网质量画像计算流程为对用户上网质量数据源进行加工，获取用户 5G 上网质量的数据集合，如图 4-6-64 所示。

首先使用 HDFS 抽取算子将数据源中的数据抽取到数据流中，如图 4-6-65 所示，结果如图 4-6-66 所示。

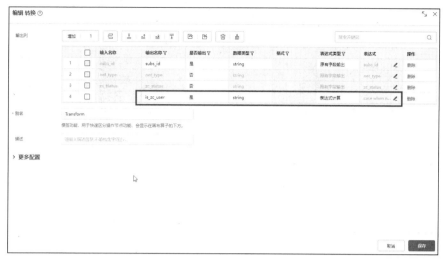

图 4-6-62 "5G 语音通话质差标志"

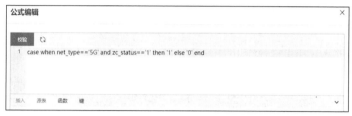

图 4-6-63 "5G 语音通话质差标志" 计算公式

图 4-6-64 用户上网质量数据处理

图 4-6-65 编辑 HDFS 抽取算子（1）

图 4-6-66　编辑 HDFS 抽取算子（2）

然后使用转换算子，计算用户"页面加载质差标志"，如图 4-6-67 所示。

图 4-6-67　转换算子

"页面加载质差标志"计算公式如图 4-6-68 所示。

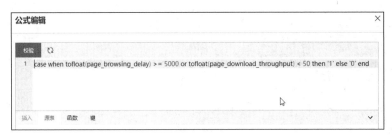

图 4-6-68　"页面加载质差标志"计算公式

再次使用转换算子，判断网络类型，计算用户的"5G 上网质差标志"，如图 4-6-69 所示。

"5G 上网质差标志"计算公式如图 4-6-70 所示。

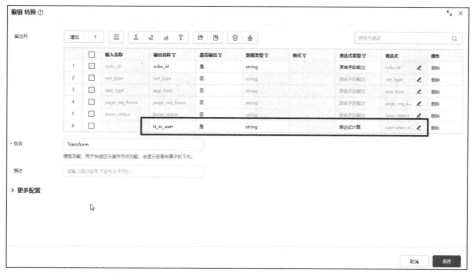

图 4-6-69　转换算子

图 4-6-70　"5G 上网质差标志"计算公式

5. 场景二的数据输出

5G 网络感知画像计算数据流,如图 4-6-71 所示,将计算出的"5G 语音通话质差标志"和"5G 上网质差标志"合并,得到客户 5G 网络感知画像,并统计 5G 网络感知用户分布情况。

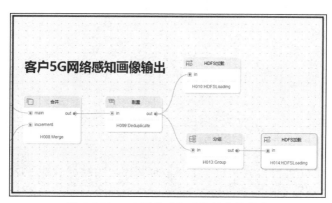

图 4-6-71　5G 网络感知画像计算数据流

首先使用合并算子将计算出的"5G 语音通话质差标志"和"5G 上网质差标志"合并,如图 4-6-72 所示。

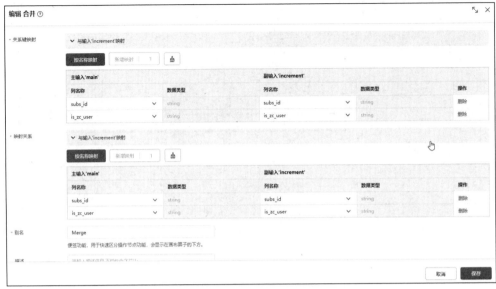

图 4-6-72　编辑合并算子

然后使用剔重算子，如图 4-6-73 所示，判断用户是否出现质差标志，只要有一个用户出现质差标志，就被标记为 5G 网络感知质差用户，同一个用户只标记一次。

图 4-6-73　编辑剔重算子

接下来，使用 HDFS 加载算子将 5G 网络感知用户画像加载到 HDFS 中，如图 4-6-74 所示，结果如图 4-6-75 所示。

为了得到 5G 网络质差用户和非 5G 网络质差用户的数量，使用分组算子将 5G 网络感知用户画像按照是否为质差用户进行分组，如图 4-6-76 所示。

图 4-6-74　编辑 HDFS 加载算子（1）

图 4-6-75　编辑 HDFS 加载算子（2）

图 4-6-76　编辑分组算子

分组用户数量表达式：Count(subs_id)。

最后，使用 HDFS 加载算子将用户 5G 网络感知统计结果加载到 HDFS 上的指定文件中，如图 4-6-77 所示，结果如图 4-6-78 所示。

图 4-6-77　编辑 HDFS 加载算子（1）

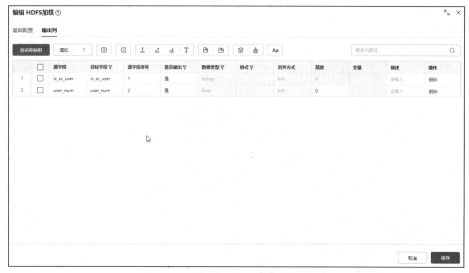

图 4-6-78　编辑 HDFS 加载算子（2）

数据编排完成后，进入在线调测，分别查看 HDFS 加载算子的调测结果。
5G 网络感知用户画像如图 4-6-79 所示。

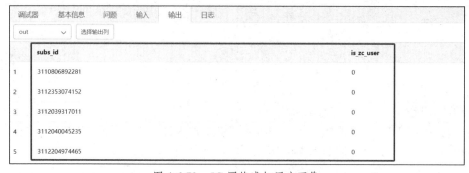

图 4-6-79　5G 网络感知用户画像

5G 网络感知用户分布如图 4-6-80 所示。

图 4-6-80　5G 网络感知用户分布

4.7 本章小结

本章主要介绍 OLAP 多维分析相关知识。首先讲解了数据仓库和多维数据基础知识与原理，让读者对 OLAP 多维分析有一些理论上的理解。接下来讲解 Hive、Spark SQL、Flink SQL 的体系架构及基本原理，同时结合实践操作，让读者能够在具体实践中体会 OLAP 多维分析。最后通过两种场景下的"用户画像的交互式分析"案例，让读者能够在真实场景中感受 OLAP 多维分析在实际生产中的应用。

4.8 习题

1. 数据生产型系统与数据分析型系统有何区别？各有什么特点？
2. 关系数据模型有哪些要素？
3. OLAP 有何含义？它有哪些性质？
4. OLAP 架构有几类？分别是怎样构成的？
5. 构建数据仓库的基本原则和目的是什么？
6. Spark SQL 的结构是怎样的？有哪些优势？
7. 有数据 data.txt 内容如下。

张三，数学，98，英语，95
李四，数学，88，英语，80
王五，数学，99，英语，70

将其加载并转换为 DataFrame，并查询谁的数学分数最高，给出数学分数最高的人的名字。

8. 利用本章所学知识，设计分析学生在食堂的饭卡使用情况，对于学生每天的就餐习惯进行统计，识别潜在的困难学生，从而开展智能化针对性帮扶。

第 5 章

大数据可视化应用开发实践

将不可见现象或数据转化为可见的图形符号，即进行可视化展示，能帮助人们更快获取数据信息及其规律，能加深人们对数据的理解和记忆。

数据可视化主要借助图形化手段，清晰有效地传达信息与促进人们沟通。但是，这并不意味着数据可视化因为要实现其功能而令人感到枯燥乏味，或者为了看上去绚丽多彩而显得极端复杂。为了实现信息的有效传达，数据可视化需要兼顾美学形式与功能需求，并通过直观地传达关键特征，实现对数据集的洞察。

本章首先介绍大数据可视化的应用场景和应用技术栈，然后介绍 Java Web，最后介绍如何与大数据工程对接，实现整个项目的可视化，让读者对数据可视化有基本的了解，并通过数据可视化的实践，加深对数据可视化实现的理解。

本章学习目标：

（1）了解大数据可视化应用场景和应用技术栈；

（2）掌握 Java Web 系统框架中的 Spring Boot 开发框架以及 Vue 前端工程的搭建；

（3）熟练使用 MySQL 数据库存放离线处理结果和实时处理结果；

（4）了解预交互式多维分析大数据工程对接。

5.1～5.3　大数据
可视化应用开发
实践

5.1　基于 Java Web 的大数据可视化应用技术栈

5.1.1　大数据可视化应用场景

全世界每天产生约 2.5EB 的数据。由于数据量呈指数增长，并且人类视觉系统不足以满足以数据本身的形式来工作的要求，因此人类迫切需要提供可视化的工具。

数据可视化是对大型数据库或数据仓库中的数据的可视化，是可视化技术在非空间数据领域的应用，它不再局限于通过关系数据表来观察和分析数据信息，而是更直观地呈现数据及其结构关系。

数据可视化技术的基本思想是将每一个数据项作为一个图元元素，大量的数据集构成数据图像，同时将数据各个属性以多维的形式表示。用户可以从不同的维度观察数据，从而对数据进行更深入的观察和分析。

BI 中的数据可视化，也称为 BI 数据展现，以商业报表、图形和关键绩效指标等易辨识的方式，将原始多维数据间的复杂关系、潜在信息，以及发展趋势通过可视化展现，以易于访问和交互的方式揭示数据内涵，增强决策人员的业务过程洞察力。

随着移动互联网的兴起，在线商业数据成为新的数据源。例如，淘宝每天有数千万用户在线，其商业交易日志数据高达 50TB。一方面，在线商业数据类型繁多，可粗略分为结构化数据和非结构化数据；另一方面，在线商业数据呈现强烈的跨媒体特性和时空地理属性。例如，在线商业网站包含大量的文本、图像、视频、用户评论（多媒体类型）、商品类目（层次结构）和用户社交网络（网络结构），同时，在线商业网站每时每刻都在记录用户的消费行为（日志）。这些特性催生了 BI 中的数据可视化的研究和开发。

基于在线商业数据，对客户群体的商业行为进行分析和预测，可突破传统的基于线下客访和线上调研的客户关系管理模式，实现精准的客户状态监控、异常检测、规律挖掘、人群划分和预测等。

5.1.2　大数据可视化应用技术栈

大数据可视化应用一般采用 Java Web 技术，其通过前后端技术配合数据库和 HTTP RESTful 接口完成数据呈现和人机交互。

Java Web 技术一般是前端从后端接收数据，进行数据展示和用户交互，并将交互请求以 HTTP 请求的方式发送给后端。后端连接数据库，根据接收到的交互请求，按照业务逻辑处理数据并将结果返回给前端。数据源的形式多种多样，可以是数据库中的数据，也可以是各类文件中的数据，还可以是 Kafka 消息队列中的数据。大数据可视化应用技术栈如图 5-1-1 所示。

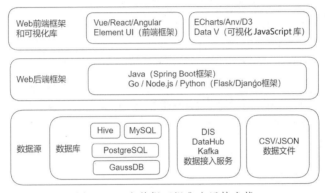

图 5-1-1　大数据可视化应用技术栈

本节主要以 Vue 作为 Web 前端框架，Java Spring Boot 作为 Web 后端框架，搭配 MySQL 数据库组成大数据可视化应用技术栈。

5.2　开源大数据可视化应用介绍

5.2.1　开源大数据可视化系统简介

在众多开源大数据可视化工具中选择合适的工具，对于深化数据分析和支持决策制定至关重要。经过全面的比较分析，本书特别推荐 AJ-Report。AJ-Report 是一个完全开源的 BI 平台，使用其能随时随地掌控业务动态，让每个决策都有数据支撑。AJ-Report 支持多数据源，内置 MySQL、Elasticsearch、Kudu 等多种驱动，支持自定义数据集，省去数据接口开发，支持 30 多种大屏组件或图表。通过配置数据源、写 SQL 配置数据集、拖拽配置大屏、保存发布就可以完成大屏设计。

AJ-Report 采用了许多核心技术，其中在后端采用的技术如下。

- Spring Boot：Spring Boot 是一款"开箱即用"的框架，让 Spring 应用更轻量化，使用者可以更快地入门。在主程序中执行 main 函数就可以运行整个应用程序，也可以将应用打包为 JAR 包并通过使用 java -jar 命令来运行 Web 应用。

- MyBatis-Plus：MyBatis-Plus 是一个数据库管理工具，在原有 MyBatis 的基础上增加了大量便捷的功能和特性，极大地提升了开发效率，简化了代码。它继承了 MyBatis 的所有特性，同时引入了强大的条件构造器、多种内置插件和代码生成器等，使得数据库操作更加灵活高效。
- Flyway：Flyway 是一款专注于数据库版本控制的工具，通过简单的 SQL 脚本自动管理数据库的迁移和版本升级，保障数据库结构的一致性和追踪性。Flyway 主要用于在应用版本不断升级时，升级数据库结构和数据库中的数据。

AJ-Report 在前端采用的技术如下。

- npm：Node.js 的包管理工具，用于统一管理前端项目中需要用到的包、插件、工具、命令等，便于开发和维护。
- webpack：JavaScript 应用程序的静态模块打包工具。
- ES6：JavaScript 语言的标准，ECMAScript 6 的简称。利用 ES6 可以简化 JavaScript 代码，同时利用其提供的强大功能可以快速实现 JavaScript 逻辑。
- Vue CLI：Vue 的脚手架工具，用于自动生成 Vue 项目的目录及文件。
- Vue Router：Vue 提供的前端路由工具，用于实现页面的路由控制，局部刷新及按需加载，构建单页应用，实现前后端分离。
- Vuex：Vue 提供的状态管理工具，用于统一管理项目中各种数据的交互和重用、存储需要用到数据对象。
- Element UI：基于 MVVM 模式的 Vue 开发的一套前端 UI 组件。
- Avue：该组件具有拖拽功能。将该组件包裹在元素周围，可使之变成可拖拽的组件，该组件在拖拽时采用相对于其父元素的绝对定位；用键盘的上下左右键可以控制移动。

5.2.2　系统架构

AJ-Report 使用 MySQL 数据库进行持久化数据的存储和管理，使用 Redis 缓存和临时存储数据；数据源支持 CSV 和 JSON 等多种格式，具备灵活的数据导入和导出能力，能满足不同数据源的需求。AJ-Report 系统后端采用 Spring Boot 框架，提供可伸缩、高性能的服务架构；采用 Node.js 实现与前端的通信；使用 MyBatis-Plus 数据接入服务；使用 Flyway 进行数据库版本控制和迁移，确保数据库结构的一致性和可维护性。系统前端使用 Vue 框架和 Element UI 组件，提供高效开发设计、响应式、高性能的用户界面开发环境；采用 ECharts 和 V-charts 作为可视化 JavaScript 库，展示数据和统计图表。AJ-Report 系统架构如图 5-2-1 所示。

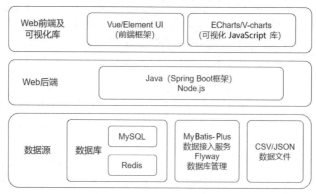

图 5-2-1　AJ-Report 系统架构

5.2.3　系统界面

登录界面：输入用户名及密码后，单击"登录"按钮进入系统首页，如图 5-2-2 所示。

图 5-2-2　系统登录界面

系统首页：在系统首页，主要有用户权限、报表设计和系统设置 3 个模块，如图 5-2-3 所示。

图 5-2-3　系统首页界面

（1）用户权限模块包含权限管理、角色管理和用户管理 3 个方面的功能。

权限管理：可以查看权限的菜单名称、按钮名称、启用状态、排序等信息；为每个模块的菜单、按钮设置权限的启用状态，并查看该权限的创建信息及修改信息，如图 5-2-4 所示。

角色管理：可以查看系统角色的角色名称、启用状态、创建人、创建时间、修改人、修改时间等信息，如图 5-2-5 所示。

图 5-2-4　权限管理界面

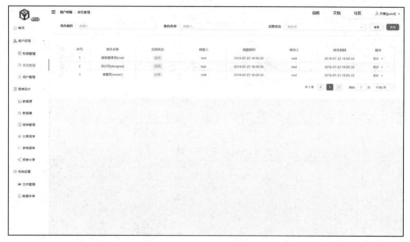

图 5-2-5　角色管理界面

用户管理：可以查看用户的真实姓名、手机号码、用户邮箱、备注、启用状态、最后一次登录时间、最后一次登录 IP 等信息，如图 5-2-6 所示。

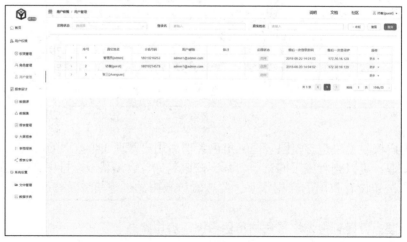

图 5-2-6　用户管理界面

（2）报表设计模块包括数据源、数据集、报表管理、大屏报表、表格报表、报表分享6个方面的功能。

数据源：可以查看系统的数据源编码、数据源名称、数据源描述、数据源类型、状态等信息，并进行编辑操作，如图5-2-7所示。

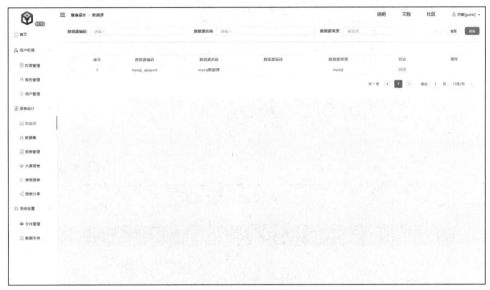

图 5-2-7　数据源界面

数据集：可以查看系统的数据集编码、数据集名称、描述、数据源编码、数据集类型、状态等信息，还可以进行新增、编辑、数据预览等操作，如图5-2-8～图5-2-11所示。

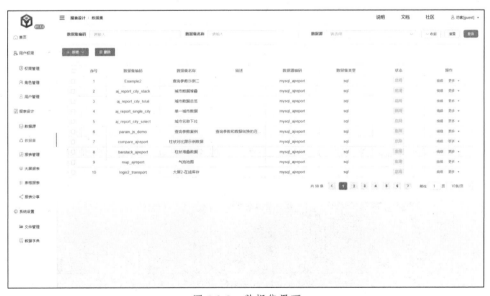

图 5-2-8　数据集界面

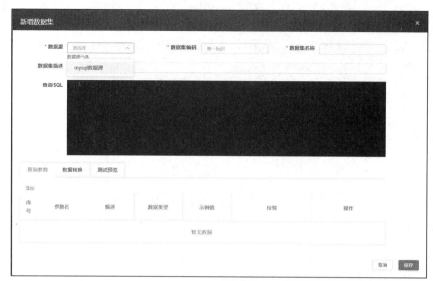

图 5-2-9　新增数据集界面

图 5-2-10　编辑数据集界面

图 5-2-11　数据预览界面

报表管理：可以查看现有报表的报表名称、报表编码、报表类型、制作人、描述、状态等信息，还可以对现有报表进行预览和设计，如图 5-2-12～图 5-2-14 所示。

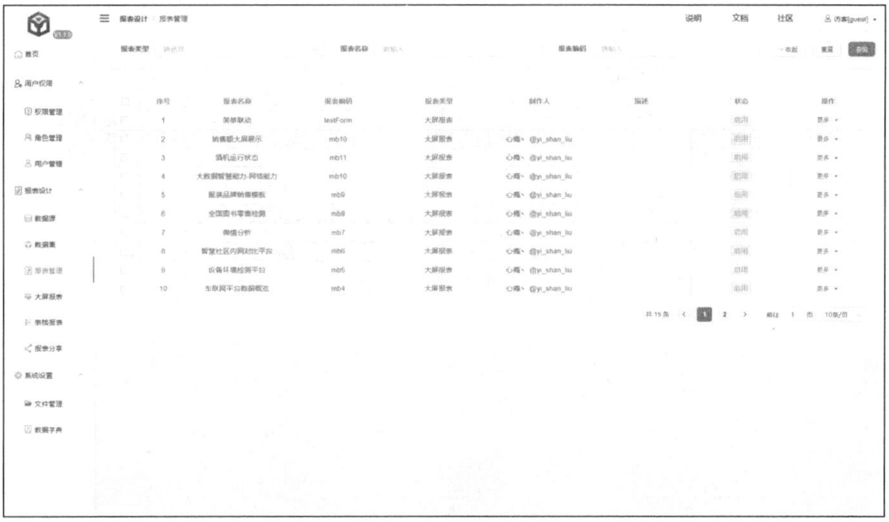

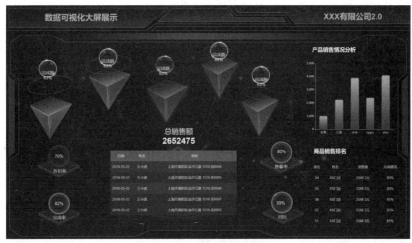

图 5-2-12　报表管理界面

图 5-2-13　报表预览界面

图 5-2-14　报表设计界面

大屏报表：大屏报表界面如图 5-2-15 所示。

表格报表：可以分享或查看表格报表，对表格报表进行编辑或导出操作，如图 5-2-16 和图 5-2-17 所示。

图 5-2-15　大屏报表界面

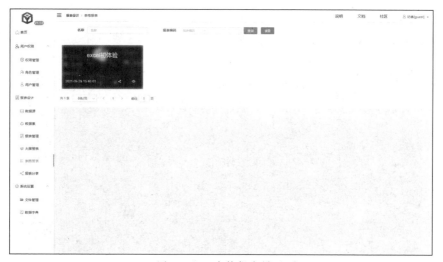

图 5-2-16　表格报表界面

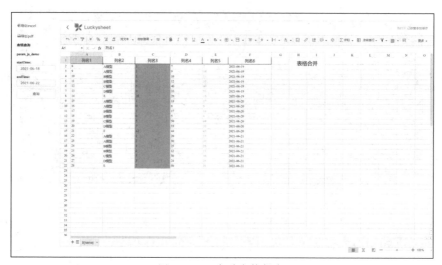

图 5-2-17　查看表格报表

报表分享：可以查看现有报表的报表编码、分享编码、分享类型、分享过期时间、分享 url、分享码等信息，还可以复制报表的 url，如图 5-2-18 所示。

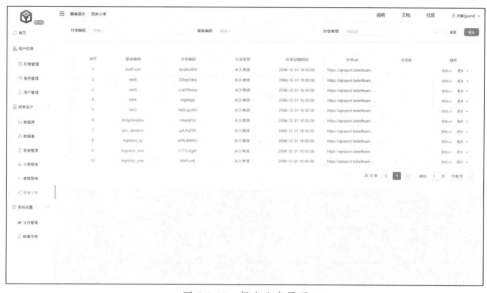

图 5-2-18　报表分享界面

（3）系统设置模块包含文件管理和数据字典 2 个方面的功能。

文件管理：可以查看文件的图片缩略图、文件类型、文件路径、url 路径、内容说明等信息，还可以复制文件的 url 或下载文件，如图 5-2-19 所示。

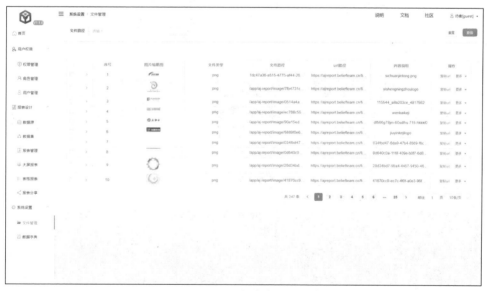

图 5-2-19　文件管理界面

数据字典：可以查看数据字典的字典名称、字典编码、描述、创建时间、创建人、更新时间、更新人等信息，还可以进行编辑等操作，如图 5-2-20 和图 5-2-21 所示。

图 5-2-20　数据字典界面

图 5-2-21　编辑数据字典界面

在系统界面可以查看系统的支持文档和开源社区。

支持文档界面如图 5-2-22 所示。

图 5-2-22　支持文档界面

开源社区界面如图 5-2-23 所示。

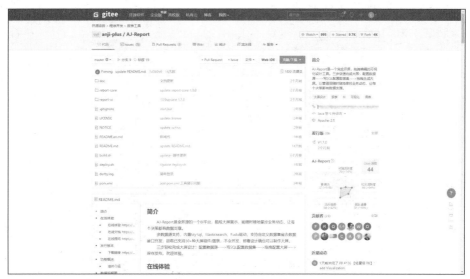

图 5-2-23　开源社区界面

5.3　开源大数据可视化工具部署及核心代码分析

想要充分发挥开源大数据可视化工具的潜力，了解如何部署并应用这些工具是至关重要的。为了让本书的读者不仅能够使用 AJ-Report 进行数据可视化，而且能根据自身需求进行定制化开发，本节将详细介绍如何部署 AJ-Report，并对其核心代码进行基础解析。这不仅可以帮助读者快速开始使用 AJ-Report，还为那些对进行进一步开发感兴趣的读者提供了宝贵的起点。首先，从 Gitee 拉取项目代码，这里以 IDEA 环境为例。在 Gitee 官方网站中搜索"aj-report"或"AJ-Report"，进入开源社区界面后，在项目简介中获得源码的版本库网址。

打开 IDEA，选择远程拉取项目，即单击"Get from VCS"按钮，如图 5-3-1 所示。

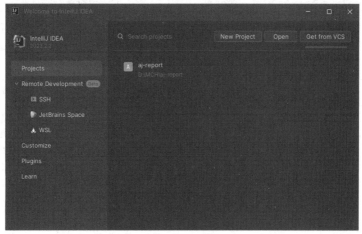

图 5-3-1　远程拉取项目

在"URL"中输入项目源码的版本库网址，然后单击"Clone"按钮，完成项目拉取，如图 5-3-2 所示。

完成项目拉取后我们获得了该项目的源代码，项目系统目录如图 5-3-3 所示，其中

report-core[aj-report]中存放的是后端代码，report-ui 中存放的是前端代码。

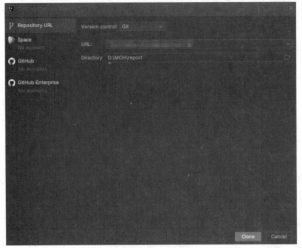

图 5-3-2　项目拉取

图 5-3-3　项目系统目录

5.3.1　搭建后端开发环境

本节使用的 AJ-Report 为开源的大屏开发项目，后端主要使用 Spring Boot 框架，配合 MyBatis-Plus 进行数据的管理以及大屏组件的搭建。在搭建后端开发环境的过程中我们需要注意，MySQL 版本号为 5.7，jdk 版本号为 1.8。

1．安装 jdk

首先进入 Oracle 官方网站，选择产品中的 Java，如图 5-3-4 所示，单击"下载 Java"按钮。

选择 Java archive，找到 Java SE 8，如图 5-3-5 所示。

根据电脑配置选择下载安装包，如采用 64 位的 Windows 系统就单击 jdk-8u144-windows-x64.exe 进行下载，如图 5-3-6 所示。

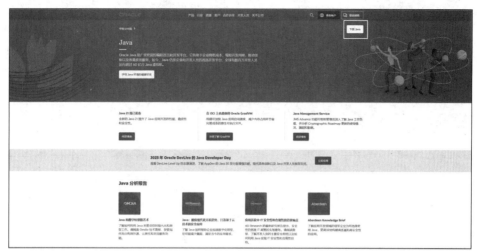

图 5-3-4　Oracle 官方网站

图 5-3-5　选择 Java SE 8

图 5-3-6　下载 Java 安装包

安装完成后需要进行环境变量的配置（以 Windows 11 为例），打开"系统属性"对话框，找到"高级"选项卡，单击"环境变量"按钮，如图 5-3-7 所示。

在"系统变量"区域单击"新建"按钮，弹出"新建系统变量"对话框，如图 5-3-8 所示。新建系统变量 JAVA_HOME，变量值为 jdk 的安装路径，变量名和变量值如下。

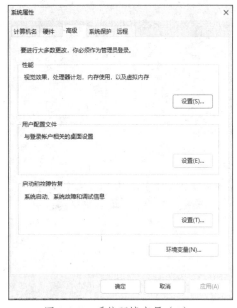

图 5-3-7　系统环境变量（1）　　　　　图 5-3-8　系统环境变量（2）

变量名：JAVA_HOME。

变量值：C:\Program Files\Java\jdk1.8.0_221（以读者的实际安装路径为准）。

在"系统变量"区域单击"新建"按钮，新建系统变量 CLASSPATH，变量名和变量值如下。

变量名：CLASSPATH。

变量值：.;%JAVA_HOME%\lib\dt.jar;%JAVA_HOME%\lib\tools.jar。

找到 PATH 变量，双击编辑 PATH 变量。单击"新建"按钮，输入变量值为%JAVA_HOME%\bin，并将其移到最前端，然后单击"确定"按钮，如图 5-3-9 所示。

使用"Win+R"组合键打开"运行"窗口，输入 cmd 命令，单击"确认"按钮进入命令提示符窗口，输入 java-version 获取当前安装的 jdk 版本信息。如果能正常显示版本信息，如图 5-3-10 所示，则说明环境变量配置成功。

图 5-3-9　系统环境变量（3）

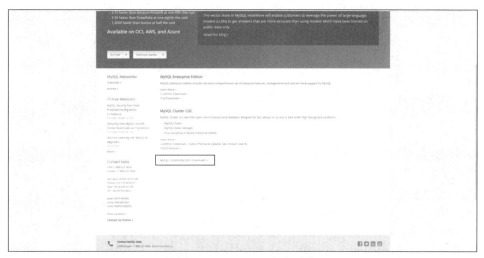

图 5-3-10　查看 jdk 版本信息

2. 安装 MySQL

进入 MySQL 官方网站，单击"下载"，选择 MySQL Community(GPL)Downloads，如图 5-3-11 所示。

图 5-3-11　MySQL 官方网站

选择"MySQL Installer for Windows"，根据电脑配置选择对应的版本并下载，如图 5-3-12 所示。

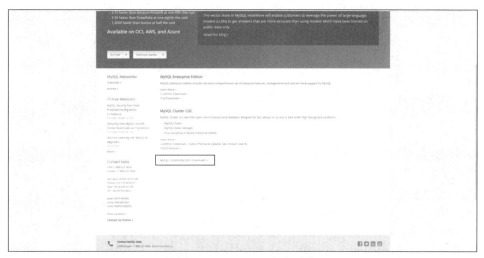

图 5-3-12　下载 MySQL（1）

注意：这里 MySQL Installer 有两个，第 1 个（大小为 2.4MB）通过联网在线安装，可在线下载安装包；第 2 个（大小为 431.1MB）是离线安装。

我们选第 2 个 MySQL Installer（包含 32 位和 64 位安装包），下载到本地后进行安装。这里要注意，使用的 MySQL 版本号为 5.7.43，如图 5-3-13 所示。

图 5-3-13　下载 MySQL（2）

将 MySQL 安装到指定文件夹，打开"系统属性"对话框，找到"高级"选项卡，单击"环境变量"按钮，新建系统变量如下。

变量名：MYSQL_HOME。

变量值：D:\MySQL\mysql-5.7.43-winx64（之前保存的地址）。

将新建的系统变量添加到 PATH，如下所示。

```
%MYSQL_HOME%\bin
```

具体方法可以参见 Java 系统配置的步骤。

使用"Win+R"组合键打开"运行"窗口，输入 cmd 命令，单击"确认"按钮进入命令提示符窗口，输入 mysql -uroot -p。如果能正常进入本机数据库，如图 5-3-14 所示，则说明 MySQL 安装完成。

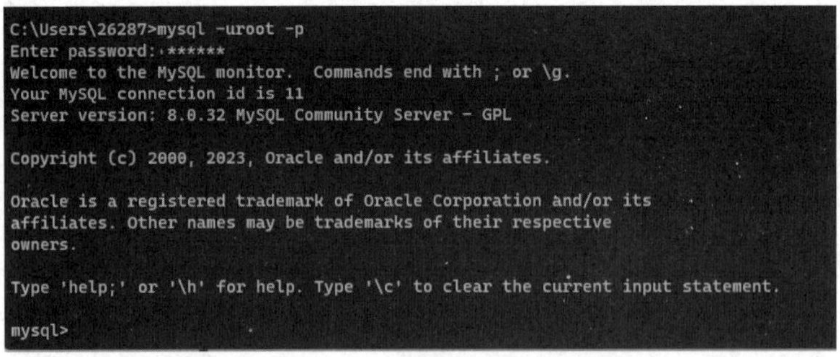

```
C:\Users\26287>mysql -uroot -p
Enter password:******
Welcome to the MySQL monitor.  Commands end with ; or \g.
Your MySQL connection id is 11
Server version: 8.0.32 MySQL Community Server - GPL

Copyright (c) 2000, 2023, Oracle and/or its affiliates.

Oracle is a registered trademark of Oracle Corporation and/or its
affiliates. Other names may be trademarks of their respective
owners.

Type 'help;' or '\h' for help. Type '\c' to clear the current input statement.

mysql>
```

图 5-3-14　验证 MySQL 安装完成

3．启动后端程序

本项目用 Spring Boot 搭建，所以可以直接运行启动类，但是需要配置 bootstrap.yml

文件。3 个 bootstrap 中的数据库均改为需要使用的数据库，以本地数据库为例。注意加入允许外部访问数据库的限制，如图 5-3-15 所示。

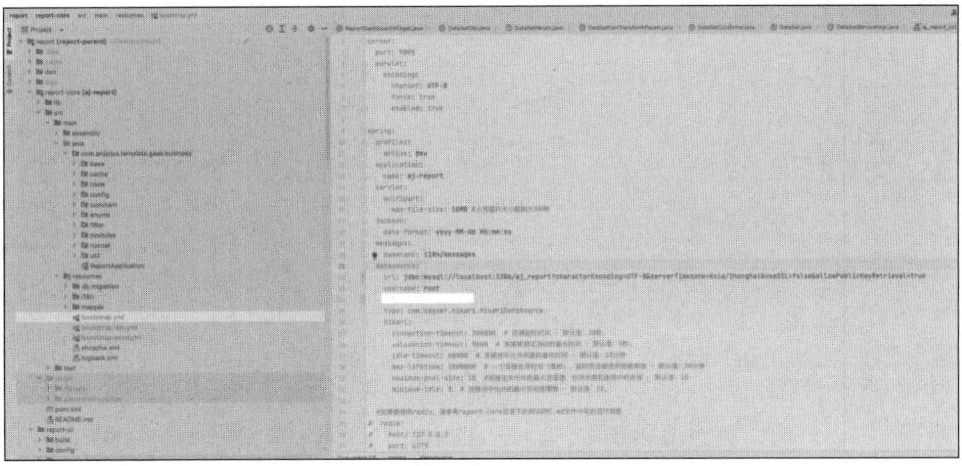

图 5-3-15　启动后端程序（1）

同时需要在 bootstrap-dev.yml 中将 nfs 路径修改为有效路径。在 bootstrap.yml 中配置导出文件路径，在 file 里新增 dist-path，给出指定的导出文件路径，如图 5-3-16 所示。

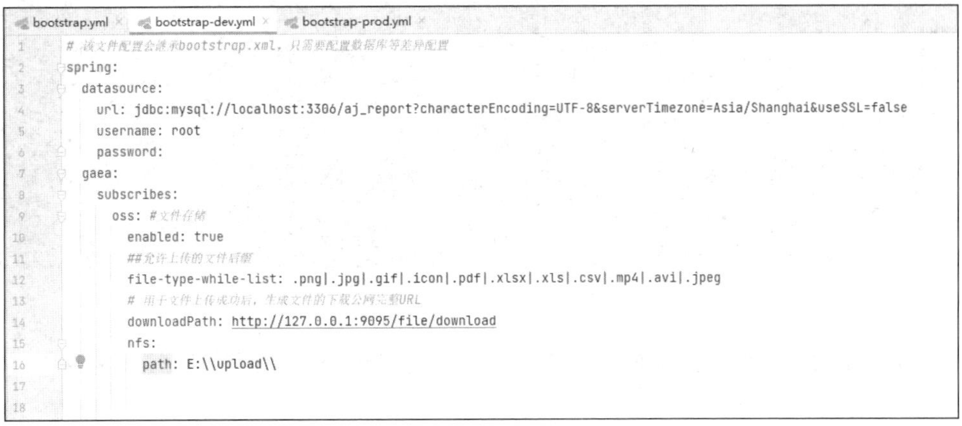

（a）

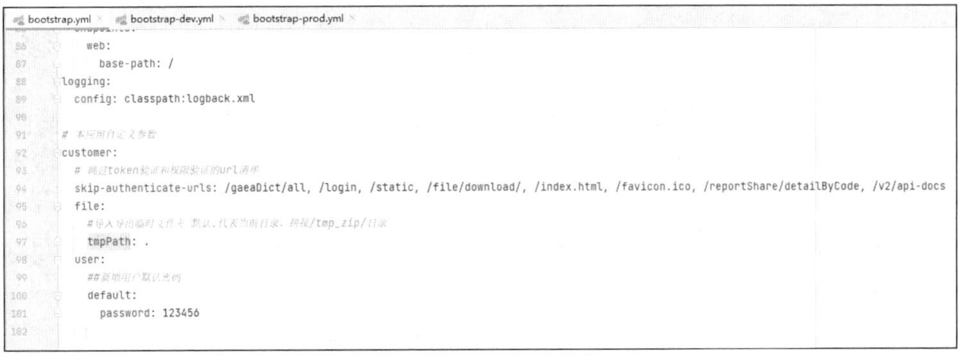

（b）

图 5-3-16　启动后端程序（2）

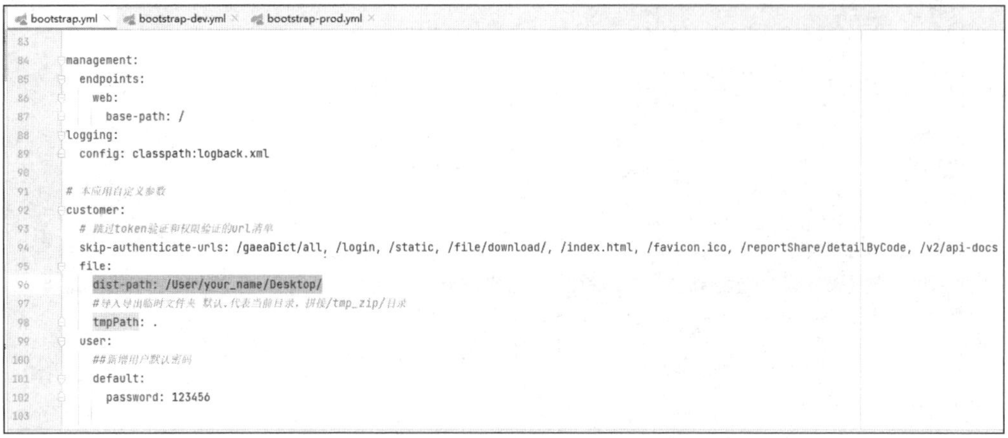

```
83
84      management:
85        endpoints:
86          web:
87            base-path: /
88      logging:
89        config: classpath:logback.xml
90
91      # 本应用自定义参数
92      customer:
93        # 跳过token验证和权限验证的url清单
94        skip-authenticate-urls: /gaeaDict/all, /login, /static, /file/download/, /index.html, /favicon.ico, /reportShare/detailByCode, /v2/api-docs
95        file:
96          dist-path: /User/your_name/Desktop/
97          # 导入导出临时文件夹 默认. 代表当前目录, 拼接/tmp_zip/目录
98          tmpPath: .
99        user:
100         ## 新增用户默认密码
101         default:
102           password: 123456
103
```

(c)

图 5-3-16　启动后端程序（2）（续）

修改完成后运行启动类，运行后显示正在运行的端口应该是 localhost:9095。
启动成功，如图 5-3-17 所示。

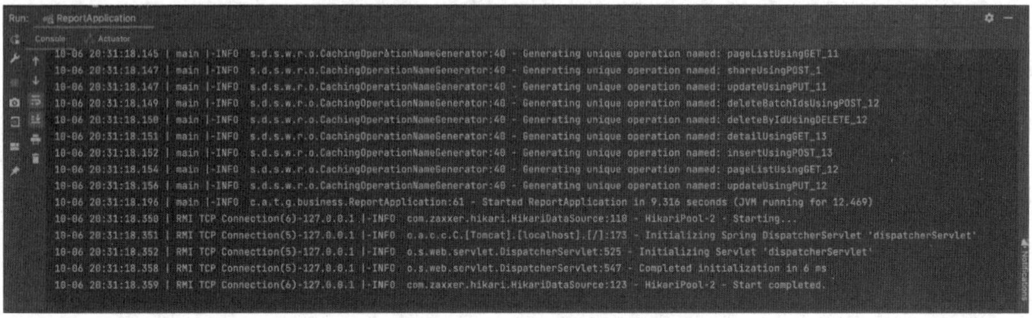

图 5-3-17　启动后端程序（3）

5.3.2　搭建前端开发环境

1．安装 Node

在 Windows 环境中可以直接在 Node 官方网站下载需要的 Node，根据安装教程安装完毕即可。

为了避免 Node 版本出现与要求版本不符合的问题，建议先安装 NVM，然后通过 NVM 进行 Node 的安装。NVM（Node Version Manager）是一个用于管理和切换 Node 版本的工具。nvm 允许在同一台计算机上轻松地安装、切换和管理多个 Node 版本。这在开发和测试 Node 应用程序时非常有用，因为不同的应用程序可能需要不同的 Node 版本或与特定版本兼容。

进入 NVM 官方网站，选择下载最新版本（例如 v1.1.11），选择 nvm-setup.exe 进行下载，如图 5-3-18 所示。

生效后运行 nvm -v 查看当前 NVM 版本，如果能看到当前 NVM 版本说明安装成功，如图 5-3-19 所示。

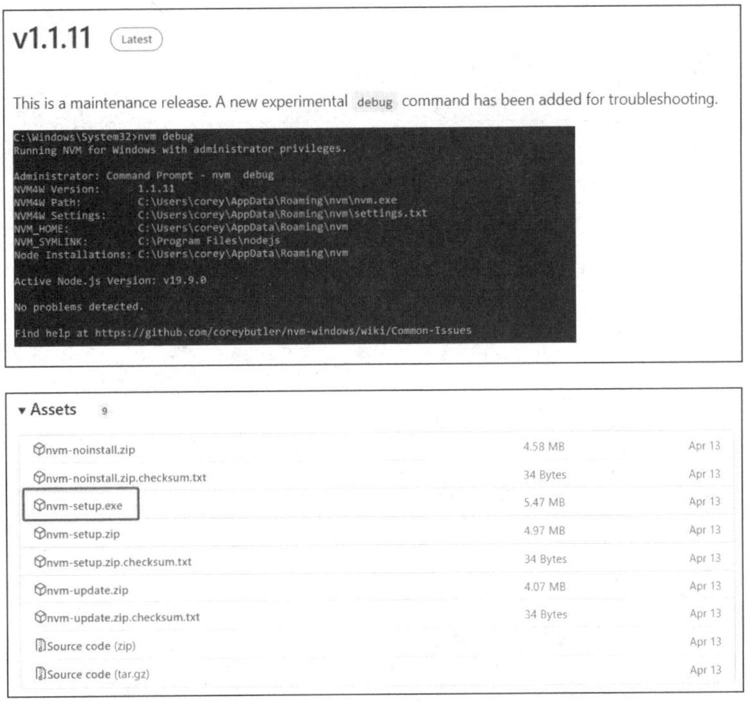

图 5-3-18　NVM 官方网站及下载

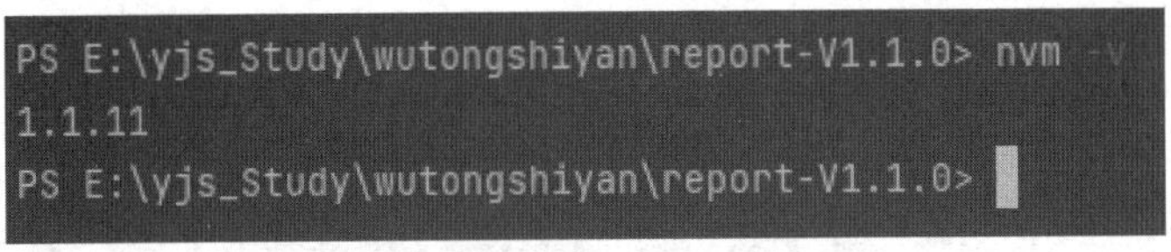

```
PS E:\yjs_Study\wutongshiyan\report-V1.1.0> nvm -v
1.1.11
PS E:\yjs_Study\wutongshiyan\report-V1.1.0>
```

图 5-3-19　查看 NVM 版本

这里，Node 的版本最好是 v14.21.3，使用 nvm install 14.21.3 进行下载，并使用 nvm use 14 命令修改 Node 版本，如图 5-3-20 所示。

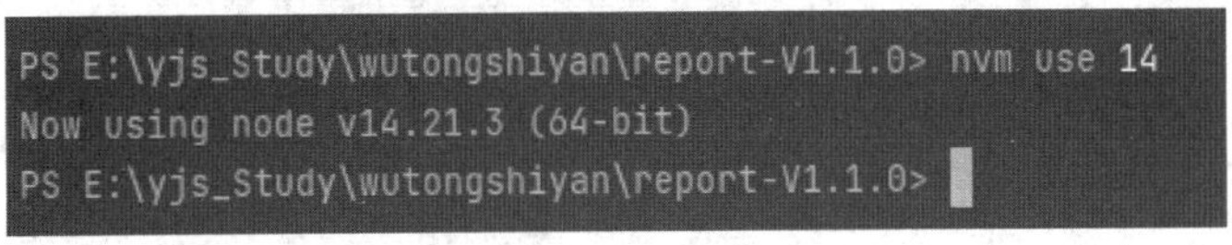

```
PS E:\yjs_Study\wutongshiyan\report-V1.1.0> nvm use 14
Now using node v14.21.3 (64-bit)
PS E:\yjs_Study\wutongshiyan\report-V1.1.0>
```

图 5-3-20　修改 Node 版本

2．安装依赖并修改配置

使用 npm install 下载依赖，如图 5-3-21 所示。

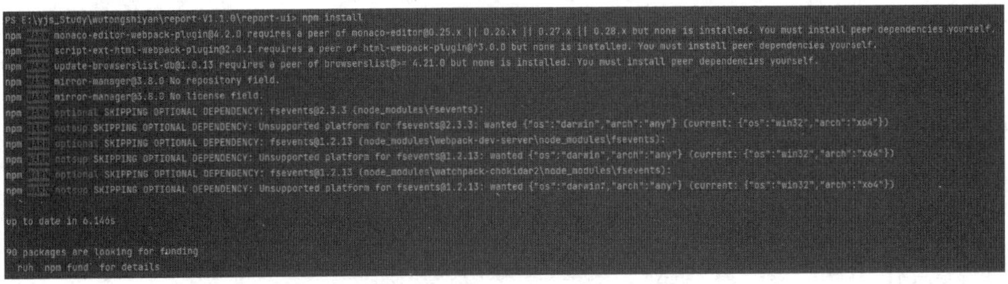

图 5-3-21　下载依赖

依赖下载完成后，修改前端项目的 config 文件夹中的 dev.env.js 文件，将 BASE_API 修改为后端服务的 IP 地址，如图 5-3-22 所示。

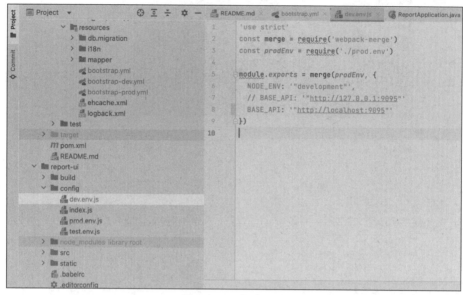

图 5-3-22　修改配置

3．启动前端

执行 npm run dev 命令启动前端，如图 5-3-23 所示。

图 5-3-23　启动前端

前端启动成功后就可以进入对应的地址查看系统信息。

5.3.3　前后端核心代码逻辑

大屏展示的部分主要采用 ECharts 来完成。ECharts(ECharts.js) 是一个强大的开源可视化库，用于创建交互式和可定制的数据可视化图表。ECharts 由百度开发并维护，广泛用于 Web 应用程序、数据分析、数据报告和大屏可视化等各种项目。

以条形图为例，展示从前端到后端以及数据库的交互过程。条形图示例如图 5-3-24 所示。

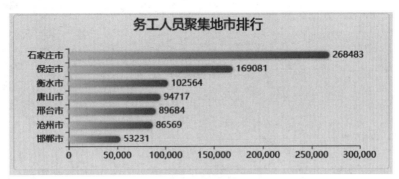

图 5-3-24　条形图示例

首先是前端组件部分，例如在 WidgetBarchart.vue 中定义条形图的前端样式和一些方法，如下所示。

```
<template>
 <div :style="styleObj">
   <v-chart :options="options" autoresize/>
 </div>
</template>
```

<template>部分用于编写 Vue.js 组件的模板内容。Vue.js 是一个用于构建用户界面的 JavaScript 框架，它采用组件化的开发方式，其中模板部分用于定义组件的结构和布局。

（1）<template>标签：Vue.js 组件的模板开始标签，表示下面的内容是组件的模板部分。

（2）<div>元素：在这个模板中，定义了一个<div>元素，这是组件的根元素，它包含组件的所有内容。

（3）:style 属性绑定：Vue.js 中的一个属性绑定语法能将 styleObj 变量的值动态应用到<div> 元素的 style 属性上。这意味着可以在组件的 JavaScript 部分计算 styleObj 对象，以动态设置<div>元素的样式。

（4）<v-chart>组件：来自 ECharts 的组件，它接收一个 options 属性，用于渲染条形图。

（5）:options 属性绑定：类似:style，将 options 变量的值绑定到<v-chart>组件的 options 属性上，以传递配置这个组件。

（6）autoresize 属性：一个自定义属性，用于告诉<v-chart>组件在某些条件下自动调整大小。

总的来说，<template>部分定义了组件的结构和布局，读者可以使用 Vue.js 的模板语法来构建组件的用户界面，而组件的行为和数据则通过组件的 JavaScript 部分来定义和控制。

<script>部分定义了 Vue 组件的 JavaScript 逻辑。

（1）props 部分定义了组件的输入属性，包括 value 和 ispreview，用于接收父组件传递的数据和预览模式标志。

（2）data 部分定义了组件的内部数据，包括 options 属性，包含条形图的配置项，以及其他用于控制样式和数据的属性。

（3）computed 部分定义了一个计算属性 styleObj，用于根据配置项动态计算外部<div>元素的样式。

下面我们给出其中的一段代码进行解释。

```
<script>
export default {
  name: "WidgetBarchart",
  components: {},
  props: {
    value: Object,
    ispreview: Boolean
  },
  data() {
    return {
      options: {
        grid: {},
        legend: {
          textStyle: {
            color: "#fff"
          }
        },
        xAxis: {
          type: "category",
          data: [],
          axisLabel: {
            show: true,
            textStyle: {
              color: "#fff"
            }
          }
        },
        yAxis: {
          type: "value",
          data: [],
          axisLabel: {
            show: true,
            textStyle: {
              color: "#fff"
            }
          }
        },
        series: [
          {
            data: [],
            type: "bar",
            barGap: "0%",
            itemStyle: {
              borderRadius: null
            }
          }
        ]
      },
      optionsStyle: {},//样式
      optionsData: {},//数据
      optionsSetup: {},
      flagInter: null
    };
  },
  computed: {
```

```
    styleObj() {
      return {
        position: this.ispreview ? "absolute" : "static",
        width: this.optionsStyle.width + "px",
        height: this.optionsStyle.height + "px",
        left: this.optionsStyle.left + "px",
        top: this.optionsStyle.top + "px",
        background: this.optionsSetup.background
      };
    }
  },
```

<style>部分定义了组件的样式，设置了外部容器的宽度、高度以及溢出属性。

```
<style scoped lang="scss">
.echarts {
  width: 100%;
  height: 100%;
  overflow: hidden;
}
</style>
```

以上代码所定义的组件的主要功能是根据配置项动态生成条形图，并根据数据类型（静态数据或动态数据）更新图表的内容。它还会根据配置项中的样式调整图表的外观。根据配置项的不同，它会执行一系列的 setOptions 方法来修改图表的配置项，从而实现条形图的自定义。在 config 中的 barcharts 定义了 JavaScript 对象 Widget Barchart.js，并在该对象中定义了条形图的配置信息。部分代码如下。

```
setup: [
  {
    type: 'el-input-text',
    label: '图层名称',
    name: 'layerName',
    required: false,
    placeholder: '',
    value: '条形图',
  },
```

上述 JavaScript 对象包含配置条形图小部件的各种属性和选项，以下是主要属性的说明。

（1）type：小部件的类型，例如'barChart'是表示条形图类型的小部件。

（2）label：小部件的标签，通常显示在用户界面中，用于描述小部件的用途。

（3）name：小部件在用户界面中的标签名称，用于标识小部件。

后端部分，在一个典型的 Spring Boot 应用中，Controller、Service 和 Mapper 之间的关系体现了应用的层次结构和数据流动方式。以下是它们之间的关系和作用。

（1）Controller

● Controller（控制器）是应用的入口点，用于接收来自客户端的 HTTP 请求。

● Controller 的主要任务是处理 HTTP 请求，验证输入数据，协调应用程序的不同部分，并返回 HTTP 响应。

● Controller 不包含太多的业务逻辑，而是将请求转发给 Service 来处理。

（2）Service

- Service 包含应用程序的业务逻辑。
- Service 的主要任务是处理业务规则、操作数据和传输数据等，这些操作通常包含一些复杂的业务逻辑，如事务管理、数据验证等。
- Controller 通过调用 Service 来执行特定的业务操作，将 Controller 从业务逻辑中解耦。
- Service 可能会调用一个或多个 Mapper 来执行数据持久化操作。

（3）Mapper

- Mapper 常用于数据持久化，即与数据库交互。
- Mapper 使用对象关系映射（Object Relational Mapping，ORM）或其他数据访问技术来执行数据库操作，如查询、插入、更新和删除等。
- Mapper 通常包含与数据库表或实体类相关的 SQL 查询或操作。
- Service 可以通过调用 Mapper 来访问和操作数据库，同时确保事务管理和数据的一致性。

这种分层架构的好处包括具有更好的代码组织、可维护性、可扩展性和测试性。Controller 负责处理请求，Service 负责业务逻辑，Mapper 负责数据库操作，各层的职责清晰分离，使得代码更易于理解和维护。同时，这种分层架构使得单元测试和集成测试更容易进行。

以条形图为例，首先在 entity 中定义条形图在数据库中的一些属性。

```java
@TableName(keepGlobalPrefix=true, value="gaea_report_dashboard_widget")
@Data
public class ReportDashboardWidget extends GaeaBaseEntity {
    @ApiModelProperty(value = "报表编码")
    private String reportCode;

    @ApiModelProperty(value = "组件类型参考字典 DASHBOARD_PANEL_TYPE")
    private String type;

    @ApiModelProperty(value = "组件的渲染属性 json")
    private String setup;

    @ApiModelProperty(value = "组件的数据属性 json")
    private String data;

    @ApiModelProperty(value = "组件的配置属性 json")
    private String collapse;

    @ApiModelProperty(value = "组件的大小位置属性 json")
    private String position;

    private String options;

    @ApiModelProperty(value = "自动刷新间隔秒")
    private Integer refreshSeconds;

    @ApiModelProperty(value = "0--已禁用 1--已启用  DIC_NAME=ENABLE_FLAG")
```

```
    private Integer enableFlag;

    @ApiModelProperty(value = " 0--未删除 1--已删除 DIC_NAME=DEL_FLAG")
    private Integer deleteFlag;

    @ApiModelProperty(value = "排序, 图层的概念")
    private Long sort;

}
```

在 Controller 中定义相应的接口处理来自前端的 HTTP 请求。

```
@Data
public class ReportDashboardWidgetDto implements Serializable {

    /**
     * 组件类型参考字典 DASHBOARD_PANEL_TYPE
     */
    private String type;

    /**
     * value
     */
    private ReportDashboardWidgetValueDto value;

    /**
     * options
     */
    private JSONObject options;

}
```

上述代码定义了大屏看板数据渲染的方法。

由于采用了 MyBatis-Plus（MyBatis-Plus 提供通用的增、删、改、查操作方法），无须手动编写 SQL，只需继承父类即可完成常见的数据库操作。因此可以发现，在一些 mapper 中只是简单定义了数据的类型，并没有手动编写一些常用的 SQL 语句。

```
    <!DOCTYPE mapper PUBLIC "-//mybatis.org//DTD Mapper 3.0//EN" "http://mybatis.org/
dtd/mybatis-3-mapper.dtd">
    <mapper namespace="com.anjiplus.template.gaea.business.modules.dashboardwidget.
dao.ReportDashboardWidgetMapper">

    <resultMap type="com.anjiplus.template.gaea.business.modules.dashboardwidget.
dao.entity.ReportDashboardWidget" id="ReportDashboardWidgetMap">
        <!--jdbcType="{column.columnType}"-->
        <result property="id" column="id" />
        <result property="reportCode" column="report_code" />
        <result property="type" column="type" />
        <result property="setup" column="setup" />
        <result property="data" column="data" />
        <result property="collapse" column="collapse" />
        <result property="position" column="position" />
        <result property="refreshSeconds" column="refresh_seconds" />
```

```
        <result property="enableFlag" column="enable_flag"  />
        <result property="deleteFlag" column="delete_flag"  />
        <result property="sort" column="sort"  />
        <result property="createBy" column="create_by"  />
        <result property="createTime" column="create_time"  />
        <result property="updateBy" column="update_by"  />
        <result property="updateTime" column="update_time"  />

    </resultMap>

    <sql id="Base_Column_List">
   id,report_code,`type`,setup,`data`,`position`,collapse,enable_flag,delete_
flag,sort,create_by,create_time,update_by,update_time
    </sql>

    <!--自定义sql -->

</mapper>
```

总的来说，前端到后端以及数据库的交互过程如下。

（1）客户端发出 HTTP 请求到 Controller。

（2）Controller 接收 HTTP 请求后，根据请求的类型和参数，调用适当的 Service 方法来处理业务逻辑。

（3）使用 Service 可能需要与 Mapper 协作，从数据库中检索或操作数据。

（4）Service 将处理结果返回给 Controller。

（5）Controller 将结果渲染为 HTTP 响应，返回给客户端。

5.4   "园区务工人员洞察"可视化分析案例应用

5.4.1   "园区务工人员洞察"用户识别需求背景概述

5.4 Web 可视化展现—以务工人员可视化分析为例

园区务工人员洞察是一个复杂的问题，因为它涉及许多因素，如劳动力市场、经济发展、人口迁移、政策法规等。因此，在没有大数据的情况下，无法给出具体的来源地需求，但可以提供一些一般性的信息和建议。

首先，园区务工人员来源地需求受到当地劳动力市场和经济发展的影响。如果当地的劳动力市场供应不足，那么园区就需要从其他地区吸引务工人员。如果当地经济发展迅速，那么园区就需要不断地招聘和培训新员工，以满足不断增长的需求。其次，人口迁移也是影响园区务工人员来源地需求的一个重要因素。随着城市化进程的加快，许多人从农村迁移到城市，这会导致劳动力市场资源紧张。因此，园区需要从其他地区吸引务工人员，以保持园区业务正常运转。此外，政策法规也会影响园区务工人员来源地需求。政府可能会制定一些政策，鼓励或限制某些地区的人员流动，并且政府的就业政策和移民政策也会影响园区务工人员来源地需求。

园区务工人员洞察的数据分析及应用可服务的客户群为园区管委会、经信委、人社局。

园区管委会：优化园区务工资源配置。通过大数据可视化，园区管委会可以更准确地了解园区内的人力资源需求和分布情况，从而优化资源配置，提高人力资源利用效率；通过分析务工人员流动数据，园区管委会可以了解园区内各企业的务工人员情况和需求程度，从而合理分配资源，提高园区的运营效率。

经信委：企业画像和精准服务。通过移动大数据对本地企业进行精准画像，了解企业的经营状况、企业员工工作情况、产品特点、市场需求等，为企业提供精准的服务和支持，帮助企业解决实际问题，促进企业发展。

人社局：人才招聘和就业服务。利用移动大数据分析管辖区域内的园区企业的人才需求和流动情况，为企业提供更精准的人才招聘服务，为求职者提供更好的就业匹配服务；通过分析招聘信息和求职者信息，可以了解各行业的招聘情况和人才需求。

通过移动信令数据可以分析一个或者多个园区的务工人员来源情况。能支持区域定义，包括自定义的各类园区、居民中心等；展示的区域信息包括区域名称、区域位置、区域特征、人口总数；分析内容包括区县、本地市、本省务工人员的人数、迁移趋势、年龄分析、性别分析等。

针对上述场景，通过大数据技术从大量普通用户中识别"园区务工人员"群体特征，园区管委会就可以在"用工荒"时段之前储备更多劳动力。本案例使用以下 7 个数据表分析园区务工人员的活动轨迹和用户画像信息，其中表 5-4-1～表 5-4-4 是输入表，表 5-4-5～表 5-4-7 是输出表。

（1）用户画像信息月表：用户的行为标签数据，由用户行为表和用户信息表字段汇总而成。

（2）用户驻留区县 Top5：用户月驻留时间最长的区县、地市、省份。

（3）用户区县拉链出入日表：用户历史的活动轨迹，在某时刻进出的基站信息。

（4）用户重点区域出入日表：用户在各个园区的活动轨迹变化信息。

（5）务工人员信息表：用户的基本信息，不随数据周期变化。

（6）务工人员行为表：用户行为月表中两个月的用户行为数据。

（7）务工人员标签表：已确定在每年 2 月（春节前后）统计"务工人员"的用户清单。

表 5-4-1　用户画像信息月表

字段名	类型	说明	备注
imei_no	String	国际移动设备标志（International Mobile Equipment Identity，IMEI）号码（来自用户终端）	$T-1$ 月
imsi	String	IMSI	$T-1$ 月
msisdn	String	手机号	$T-1$ 月
sex	String	身份证性别	$T-1$ 月
gender	String	性别	$T-1$ 月
age_lvl	String	年龄分档	$T-1$ 月
age	Bigint	年龄	$T-1$ 月
area_id	String	区域标识	$T-1$ 月
city_code	String	地市编码	$T-1$ 月
prov_id	String	省份编码	$T-1$ 月
statis_date	String	统计日期	$T-1$ 月
is_wg_user	Bigint	是否为务工人员	$T-1$ 月

表 5-4-2　用户驻留区县 Top5

字段名	类型	说明	备注
report_prov	String	上报省	T−1 月
statis_date	String	统计日期	T−1 月
dur_order_no	Int	停留时间 Top 序号	T−1 月
TOTAL_RESID_DURA	Bigint	全月驻留时长（分钟）	T−1 月
weekend_resid_frequ	Bigint	周末 0 点～24 点驻留天次	T−1 月
live_resid_frequ	Bigint	19 点～7 点驻留天次	T−1 月
work_resid_frequ	Bigint	工作日 9 点～17 点驻留天次	T−1 月
weekend_RESID_DURA	Bigint	周末 0 点～24 点驻留时长（分钟）	T−1 月
LIVE_RESID_DURA	Bigint	19 点～7 点驻留时长（分钟）	T−1 月
WORK_RESID_DURA	Bigint	工作日 9 点～17 点驻留时长（分钟）	T−1 月
COUNTYID	String	所在区县	T−1 月
imeiTac	String	IMEI TAC 号	T−1 月
phone7	String	手机号前 7 位	T−1 月
COUNTYCODE	String	国家码	T−1 月
province	String	归属省	T−1 月
IMSI	String	终端 IMSI	T−1 月
MSISDN	String	手机号	T−1 月

表 5-4-3　用户区县拉链出入日表

字段名	类型	说明	备注
procedureendtime	Bigint	离开时间	T−5 日
procedurestarttime	Bigint	进入时间	T−5 日
LONGITUDE	Double	基站经度	T−5 日
LATITUDE	Double	基站纬度	T−5 日
geohash	String	所在基站	T−5 日
laccell	String	当前小区的 lac cell ID 级联	T−5 日
MSISDN	String	手机号	T−5 日
proceduretype	String	信令事件类型	T−5 日
gen	String	信令制式、2G、3G 或者 4G	T−5 日
imeiTac	String	IMEI TAC 号	T−5 日
phone7	String	手机号前 7 位	T−5 日
COUNTYCODE	String	国家码	T−5 日
COUNTYID	String	所在区县	T−5 日
IMSI	String	终端 IMSI	T−5 日
report_province	String	上报省	T−5 日
province	String	归属省	T−5 日

字段名	类型	说明	备注
statis_date	String	统计日期	$T{-}5$ 日
Lc_city	String	流出地市	$T{-}5$ 日
Lr_city	String	流入地市	$T{-}5$ 日

表 5-4-4　用户重点区域出入日表

字段名	类型	说明	备注
report_province	String	上报省	$T{-}5$ 日
imsi	String	终端 IMSI	$T{-}5$ 日
msisdn	String	手机号	$T{-}5$ 日
countrycode	String	国家码	$T{-}5$ 日
areaid	String	区域标识	$T{-}5$ 日
areaname	String	园区名称	$T{-}5$ 日
areatype	String	园区类别	$T{-}5$ 日
AREACOUNTYID	String	园区对应的区县 ID	$T{-}5$ 日
PROCEDURESTARTTIME	String	开始时间	$T{-}5$ 日
PROCEDUREENDTIME	String	结束时间	$T{-}5$ 日
DAY	String	统计时间	$T{-}5$ 日
STATIS_YMD	String	统计时间	$T{-}5$ 日
PROV_ID	String	省份 ID	$T{-}5$ 日

表 5-4-5　务工人员信息表

字段名	类型	说明	备注
Imsi_cnt	Bigint	务工人员数量	$T{-}1$ 月
areaname	String	务工人员所在园区名称	$T{-}1$ 月
Provname	String	务工人员所在省区市名称	$T{-}1$ 月
county_name	String	务工人员所在区县名称	$T{-}1$ 月
city_name	String	务工人员所在地市名称	$T{-}1$ 月
age	Bigint	务工人员年龄	$T{-}1$ 月
Gender	String	务工人员性别	$T{-}1$ 月

表 5-4-6　务工人员行为表

字段名	类型	说明	备注
Imsi_cnt	Bigint	务工人员数量	$T{-}1$ 月
areaname	String	务工人员所在园区名称	$T{-}1$ 月
Provname	String	园区所在省区市名称	$T{-}1$ 月
county_name	String	园区所在区县名称	$T{-}1$ 月
city_name	String	园区所在地市名称	$T{-}1$ 月
Stay_time	Double	园区日均驻留时长	$T{-}1$ 月
Lc_city	String	务工人员流出地市	$T{-}1$ 月

字段名	类型	说明	备注
Juji_city	String	务工人员聚集地市	T–1 月
lr_city	String	务工人员流入地市	T–1 月

表 5-4-7　务工人员标签表

字段名	类型	说明	备注
Imsi_cnt	Bigint	务工人员数量	T–1 月
areaname	String	务工人员所在园区名称	T–1 月
Provname	String	务工人员所在省区市名称	T–1 月
county_name	String	务工人员所在区县名称	T–1 月
city_name	String	务工人员所在地市名称	T–1 月
this_flux_days	Bigint	务工人员月上网天数	T–1 月
Education	Strig	务工人员学历	T–1 月

5.4.2　"园区务工人员洞察"用户识别数据方案设计

根据对"园区务工人员"这一群体的分析，结合现有的案例数据，与这个特定群体的识别有相关性的数据包括务工人员识别、务工人员工作驻留。

本案例中，务工人员是以春节（1 月～2 月）最大驻留地在农村、3 月～12 月最大驻留地在城市（区的行政区划）、年龄为 25～50 岁的用户为识别标准。根据用户所在基站的 lac cell 所属行政区来判断用户是驻留在农村还是城市，然后根据驻留时长来识别最大驻留地。

以 3 月人数对比 2 月人数去重后的差值为统计标准，以地市为分组标准，得出前几名的流出地市。

通过上述标准得出务工人员所在基站分组，统计去重后的人数，得出前几名的聚集地市。

务工人员工作驻留：通过用户在驻留表中的信令信息，对用户的驻留时长进行逻辑处理，设定在工作日 9 点～17 点、驻留时长最长的用户为此区域的工作用户，设定在 19 点到翌日 7 点、驻留时长最长的用户为此区域的居住用户，设定每月驻留时长最长的用户为此区域的稳定用户。通过对比汇总好的稳定用户 T–1 月和 T–2 月的数据得出务工人员流入和流出情况。并关联用户重点区域出入日表得到务工人员在各个园区内的流动情况，即得到务工人员行为表。务工人员信息表和务工人员标签通过务工人员的画像表得到。

通过对用户画像信息月表中的当月的上网天数进行统计，并与识别出的务工人员进行匹配，得到务工人员标签表。

通过对用户画像信息月表中的年龄和性别进行分层，并与识别出的务工人员进行关联匹配，得到务工人员信息表。

5.4.3　基于梧桐·鸿鹄大数据实训平台的"园区务工人员洞察"用户识别实践

基于 5.4.2 节的方案，使用梧桐·鸿鹄大数据实训平台的数据编排工具进行数据准备，然后进行务工人员各指标的数量统计。

1. 数据准备

（1）创建工程。在工作空间首页创建工程，如图 5-4-1 所示。单击"创建工程"按钮，选择"通用"模板，如图 5-4-2 所示，在弹出的"工程信息"对话框中输入工程相关信息，单击"创建"按钮，完成工程创建。

（2）流程编排，可通过图形化界面按钮进行数据加工。打开创建的工程，在导航栏单击"数据处理"进入数据处理页面，单击批处理类型下的"数据流"，在右侧单击"新建流程"按钮，如图 5-4-3 所示，随后在弹出的"新建数据流"对话框输入名称并单击"确定"按钮，完成数据流的创建。在数据流画布中进行算子的编排，编排输出的数据可输出到 HDFS 待后续数据统计使用。本案例的编排结果如图 5-4-4 所示。

图 5-4-1　工作空间首页

图 5-4-2　"工程信息"对话框

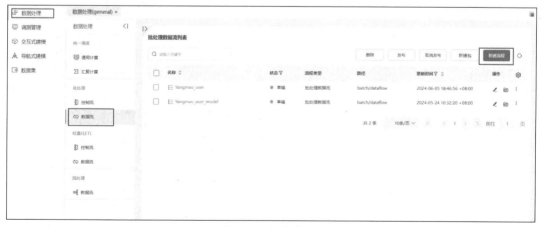

图 5-4-3　新建数据流

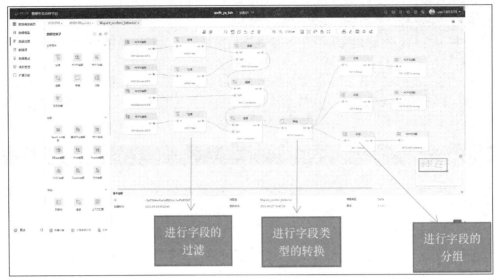

图 5-4-4　本案例的编排结果

2. 数据传输到页面展示

（1）数据传输到接口平台

数据准备阶段，将原始数据经过数据编排后得到的结果数据输出为文件，得到 3 张输出表，分别为务工人员信息表、务工人员行为表和务工人员标签表，对这 3 张表进行统计可得到如表 5-4-8～表 5-4-10 所示的统计结果。

表 5-4-8　务工人员信息统计结果示例

月份	用户所在省区市名称	用户所在地市名称	用户所在区县名称	用户所在园区名称	年龄	性别	人数
202301	河北省	保定市	莲池区	河北保定经济开发区	31～40	男	83006
202301	云南省	昆明市	石林彝族自治县	石林县城	20 岁以下	男	20
202301	重庆市		武隆区	仙女山国家森林公园	21～30	女	20460
202301	北京市		朝阳区	兴隆郊野公园	21～30	女	87598

表 5-4-9　务工人员行为统计结果示例

月份	用户所在省区市名称	用户所在地市名称	用户所在区县名称	用户所在园区名称	日均驻留分钟数	流出地市	聚集地市	人数
202301	新疆维吾尔自治区	博尔塔拉蒙古自治州	温泉县	赛里木湖国家级风景名胜区	647	鄂尔多斯市	南宁市	143
202301	福建省	莆田市	秀屿区	湄洲岛国家旅游度假区妈祖文化园	261	开封市	宁德市	236
202301	浙江省	湖州市	安吉县	中国大竹海景区	644	鄂尔多斯市	晋中市	1246
202301	山东省	临沂市	蒙阴县	沂蒙山世界地质公园孟良崮旅游区	513	东莞市		564

表 5-4-10　务工人员标签统计结果示例

月份	用户所在省区市名称	用户所在地市名称	用户所在区县名称	用户所在园区名称	月上网天数	学历	人数
202301	新疆维吾尔自治区	博尔塔拉蒙古自治州	温泉县	赛里木湖国家级风景名胜区	26	本科	185
202301	江苏省	镇江市	句容市	茅山风景区	27	专科	169
202301	陕西省	西安市	莲湖区	大明宫国家遗址公园	27	研究生	334
202301	河南省	洛阳市	栾川县	重渡沟旅游度假区	28	研究生	204

（2）数据展示

为了将数据展示到页面，设定一个接口平台，在统计结果表中通过 SQL 将需要的数据查出来，然后后端调用此接口平台，并且连接数据库，从而将数据展示到页面上。

通过务工人员信息表中的务工人员所在地市名称合并统计不同地市的务工人员数量，如图 5-4-5 所示。

图 5-4-5　务工人员地市分布示例

通过务工人员行为表的务工人员流入地市和务工人员数量来统计不同地市的务工人员数量，如图 5-4-6 所示。

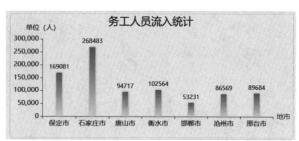

图 5-4-6　务工人员流入统计示例

通过务工人员行为表的园区日均驻留时长和务工人员数量来统计务工人员的驻留信息，如图 5-4-7 所示。

图 5-4-7　务工人员驻留信息示例

通过务工人员信息表中的务工人员性别和务工人员年龄来得到务工人员的性别信息和年龄信息，如图 5-4-8、图 5-4-9 所示。

图 5-4-8　务工人员性别信息示例

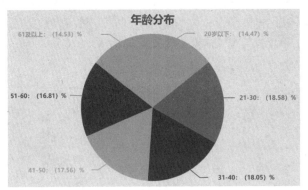

图 5-4-9　务工人员年龄信息示例

通过务工人员行为表中的园区所在区县名称和务工人员数量得到区域分布的信息，如图 5-4-10 所示。

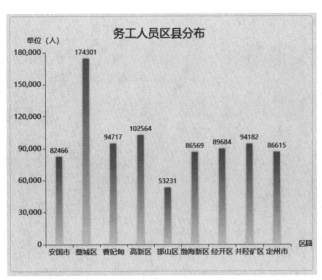

图 5-4-10　务工人员区县分布示例

通过务工人员行为表中的务工人员聚集地市和务工人员数量来得到务工人员聚集地市排行，如图 5-4-11 所示。

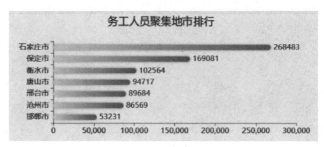

图 5-4-11　务工人员聚集地市排行示例

通过务工人员行为表中务工人员流出地市和务工人员数量来得到务工人员流出地市排行，如图 5-4-12 所示。

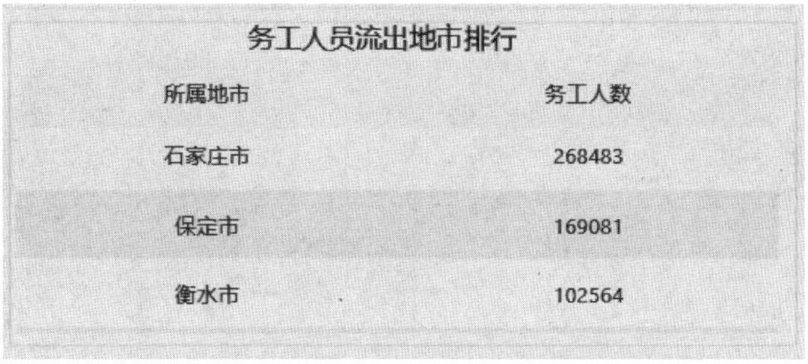

务工人员流出地市排行	
所属地市	务工人数
石家庄市	268483
保定市	169081
衡水市	102564

图 5-4-12　务工人员流出地市排行示例

通过务工人员标签表中的务工人员学历得到务工人员的学历分布的信息，如图 5-4-13 所示。

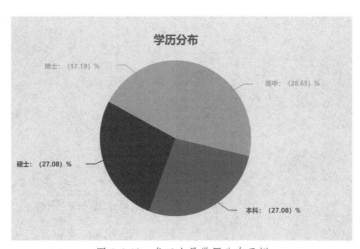

图 5-4-13　务工人员学历分布示例

5.5　"园区务工人员洞察"可视化数据大屏案例应用

5.5.1　分析数据导入

为将 5.4 节中经过大数据处理得到的务工人员相关统计分析数据以数据大屏的形式展

现出来，供用户进一步分析决策，本节利用 5.3 节部署的开源大数据可视化应用系统 AJ-Report 完成分析数据导入、数据大屏制作和发布等。

分析数据导入包括创建 MySQL 数据库、添加 MySQL 数据源和构建 MySQL 数据集 3 个步骤。

首先，可以通过 MySQL 客户端，以执行 SQL 语句的方式创建 MySQL 数据库，也可以借助 MySQL Workbench 提供的图形用户界面，以可视化操作的方式完成 MySQL 数据库的创建。以利用 MySQL Workbench 图形用户界面创建务工人员分析 MySQL 数据库为例，单击"新建模式"按钮，在 Name 文本框填写 wugong，并单击"Apply"按钮完成务工人员分析 MySQL 数据库的创建，如图 5-5-1 所示。创建完成后，在 SCHEMAS 侧边栏右击 wugong，然后单击"Set as Default Schema"将 wugong 数据库设置为默认使用的数据库。

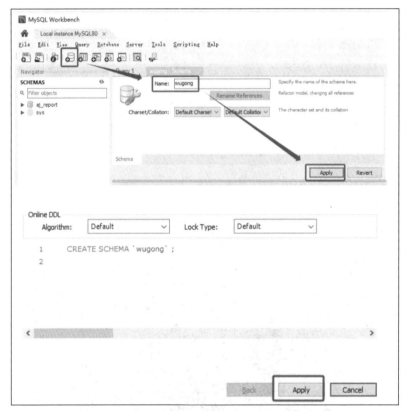

图 5-5-1　创建务工人员分析 MySQL 数据库

下面依次创建务工人员分析场景所需的 3 张数据表（information、behaviour、label），在 SCHEMAS 侧边栏展开 wugong 数据库信息并右击"Tables"，然后单击"Create Table"进入创建表格的配置界面。以务工人员信息表 information 为例，填写 Table Name 为 information，设置所有字段的名称、数据格式和约束（PK 表示主键，NN 表示非空，UQ 表示唯一值），单击"Apply"按钮完成务工人员信息表 information 的创建。按照上述流程，依次完成务工人员行为表 behaviour 和务工人员标签表 label 的创建，如图 5-5-2～图 5-5-4 所示。

图 5-5-2　创建务工人员信息表

图 5-5-3　创建务工人员行为表

图 5-5-4　创建务工人员标签表

在 3 张数据表创建完成后，需要依次导入原始数据，本节提供分别存储 3 张表原始数据的 CSV 文件，并借助 MySQL Workbench 图形用户界面完成数据导入。以务工人员信息表 information 为例，在 SCHEMAS 侧边栏展开 wugong 数据库的 Tables 数据表信息，并右击 "information"，然后单击 "Select Rows - Limit 1000" 查看该表的部分数据。在数据查看界面单击从外部文件导入数据的按钮，选择数据文件，单击 "Next" 按钮，选择将数据导入现存表格 wugong.information，继续单击 "Next" 按钮确认导入编码为 "utf-8" 以及字段对应情况，最后单击 "Next" 按钮开始导入数据并等待数据导入完成。按照上述流程，依次完成务工人员行为表 behaviour 和务工人员标签表 label 的数据导入，如图 5-5-5～图 5-5-10 所示。

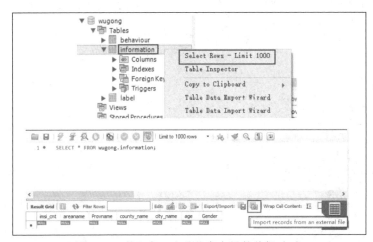

图 5-5-5　导入务工人员信息表原始数据（1）

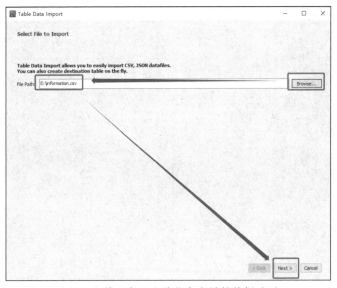

图 5-5-6　导入务工人员信息表原始数据（2）

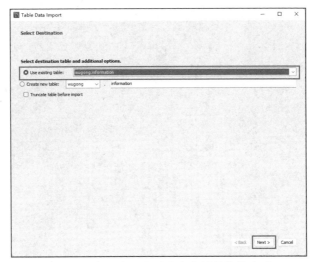

图 5-5-7　导入务工人员信息表原始数据（3）

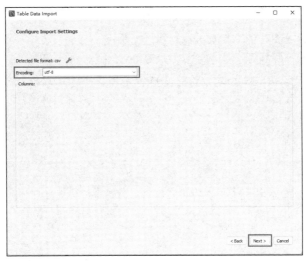

图 5-5-8　导入务工人员信息表原始数据（4）

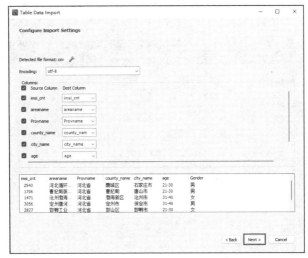

图 5-5-9　导入务工人员信息表原始数据（5）

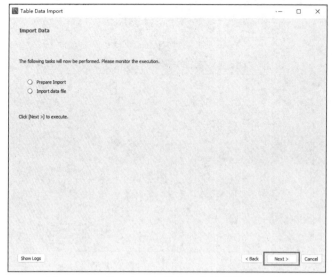

图 5-5-10 导入务工人员信息表原始数据（6）

　　然后，登录已部署成功的 AJ-Report 可视化应用系统，进入"报表设计/数据源"界面，单击"新增"按钮新增数据源，如图 5-5-11 所示。数据源类型选择为"mysql"，数据源编码及数据源名称均填写为"wugong"，"连接串"根据 MySQL 数据库的 IP 地址、端口号和数据库名称进行配置，用户名和密码修改为 MySQL 数据库的用户名和密码。配置完成后单击"测试"按钮，显示"测试成功！"即可单击"确定"按钮，完成 MySQL 数据源的添加，如图 5-5-12 所示。

图 5-5-11 新增数据源界面

图 5-5-12 配置 MySQL 数据源

最后，进入"报表设计/数据集"界面，单击"新增"按钮新增数据集，数据集类型选择"SQL"，数据源选择"wugong"，如图 5-5-13 所示。以添加务工人员学历分布数据集为例，数据集编码可填写为"wugong_education"，数据集名称可填写为"务工人员学历分布"，查询 SQL 语句如下。

图 5-5-13　新增数据集界面

```
SELECT Education AS education_level,COUNT(Imsi_cnt)AS total_count
FROM label
GROUP BY Education
```

配置完成后单击"测试预览"选项卡，若正确返回数据表的所有数据，则可单击"保存"按钮，完成务工人员学历分布数据集的添加，如图 5-5-14 所示。

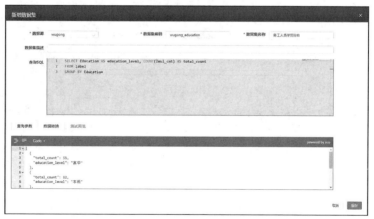

图 5-5-14　配置 MySQL 数据集

按照上述流程依次导入所有务工人员相关统计分析数据集，最终数据集导入情况如图 5-5-15 所示。

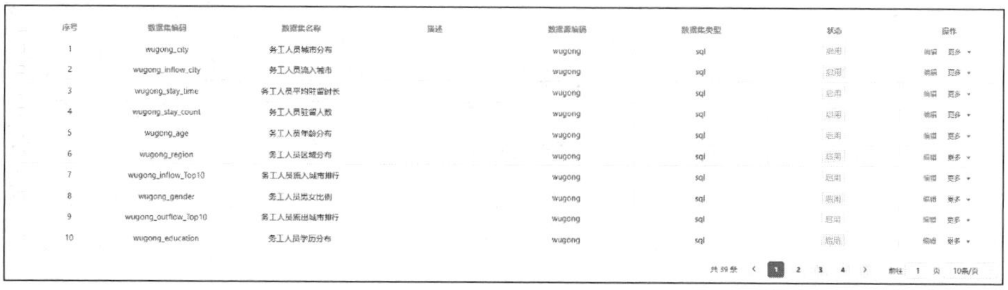

图 5-5-15　务工人员相关统计分析数据集

导入数据集所需的 MySQL 语句如下。

```
-- wugong_education 务工人员学历分布
SELECT Education AS education_level, COUNT(Imsi_cnt) AS total_count
FROM label
GROUP BY Education


-- wugong_outflow_Top10 务工人员流出地市排行
SELECT lc_city AS flow_out_city, SUM(imsi_cnt) AS total_imsi_cnt
FROM behaviour
GROUP BY lc_city
ORDER BY total_imsi_cnt DESC
LIMIT 10


-- wugong_gender_ratio 务工人员男女比例
SELECT gender,
       COUNT(*) AS count,
       (COUNT(*) * 100.0) / (SELECT COUNT(*) FROM information) AS percentage
FROM information
GROUP BY gender;


-- wugong_inflow_Top10 务工人员流入地市排行
SELECT juji_city AS city, SUM(Imsi_cnt) AS total_out_count
FROM behaviour
GROUP BY juji_city
ORDER BY total_out_count DESC
LIMIT 10


-- wugong_region 务工人员区县分布
SELECT county_name, SUM(imsi_cnt) AS total_count
FROM behaviour
GROUP BY county_name


-- wugong_age 务工人员年龄分布
SELECT age, SUM(imsi_cnt) AS total_count
FROM information
GROUP BY age
ORDER BY age


-- wugong_stay_count 务工人员驻留人数
SELECT SUM(imsi_cnt) AS total_resident_count
FROM behaviour

-- wugong_stay_time 务工人员平均驻留时长
SELECT
    AVG(
        CASE
            WHEN LOCATE('-', stay_time) > 0 THEN
                (
                        CAST(SUBSTRING_INDEX(stay_time, '-', 1) AS
DECIMAL(10, 2)) +
                        CAST(SUBSTRING_INDEX(SUBSTRING_INDEX(stay_time,
'-', -1), '小时', 1) AS DECIMAL(10, 2))
                ) / 2
            ELSE
```

```
                    CAST(SUBSTRING_INDEX(stay_time, '小时', 1) AS DECIMAL(10, 2))
            END
    ) AS average_stay_time
FROM behaviour

-- wugong_inflow_city 务工人员流入地市
SELECT lr_city, SUM(imsi_cnt) AS total_worker_count
FROM behaviour
GROUP BY lr_city

-- wugong_city 务工人员地市分布
SELECT city_name, SUM(imsi_cnt) AS Total_Worker
FROM information
GROUP BY city_name
```

5.5.2 数据大屏设计

使用 AJ-Report 可视化应用系统以无代码的方式构建数据大屏，包括新增大屏、设计组件和关联数据 3 个步骤。

首先，进入"报表设计/报表管理"界面，单击"新增"按钮新增报表，"报表名称"填写为"务工人员分析专题"，"报表编码"填写为"wugong"，"报表类型"选择"大屏报表"。配置完成后，单击"保存"按钮完成数据大屏的创建，如图 5-5-16 和图 5-5-17 所示。

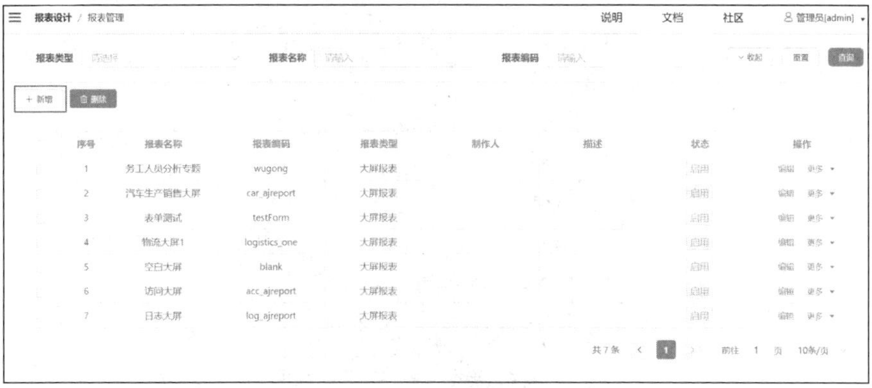

图 5-5-16　新增报表界面

图 5-5-17　新增数据大屏

然后，进入"报表设计/大屏报表"界面，并单击"编辑"图标进入务工人员分析专题大屏的设计界面。对于数据大屏设计，可单击页面顶部工具栏的"导入"图标导入模板 zip 文件，在模板基础上进行增量设计，可大大减少用户的设计工作量。本书提供务工人员可视化分析数据大屏的模板文件 wugong.zip，如图 5-5-18 和图 5-5-19 所示。

图 5-5-18　数据大屏设计入口

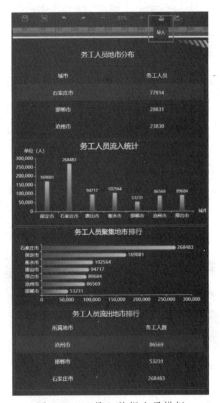

图 5-5-19　导入数据大屏模板

模板导入成功后，可根据需要自由拖拽左侧工具栏的多种组件至大屏相应位置，并对所有组件进行自定义配置，如图 5-5-20 所示。根据组件类型不同，可对字体位置、背景颜色、标题、坐标轴、动画效果等进行配置。

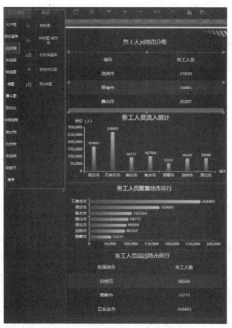

图 5-5-20　设计数据大屏

　　最后，对数据大屏上的所有可视化组件进行数据关联，包括静态数据关联和动态数据关联。对于静态数据关联，只需在代码编辑窗口按照 JSON 格式填写组件依赖的原始数据，如图 5-5-21 和图 5-5-22 所示。以务工人员区域分布柱状图为例，将务工人员区域分布数据集中的数据填写成符合要求的 JSON 格式（data 字段用于绘制柱状数据，axis 字段用于标识 x 轴标签）；对于动态数据关联，需配置刷新时间、关联数据集和可视化组件的数据对应关系。以务工人员流入统计柱状图为例，应配置关联已构建好的务工人员流入地市数据集，并将 total_worker_count 字段关联为柱状数据，lr_city 字段关联为 x 轴字段。建议使用动态数据关联实现 Web 前端数据大屏展示数据与后端 MySQL 数据库的实时同步，能够较好地反映统计分析数据的实时更新情况，如图 5-5-21～图 5-5-23 所示。

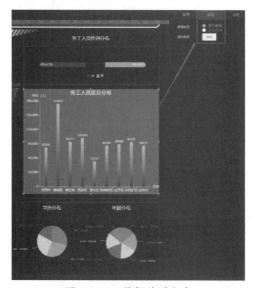

图 5-5-21　数据关联方式

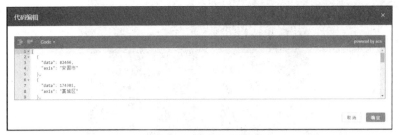

图 5-5-22　静态数据关联

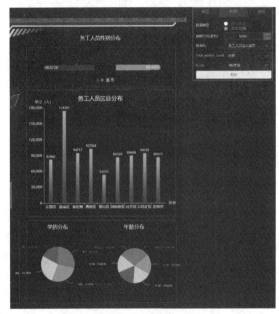

图 5-5-23　动态数据关联

5.5.3　数据大屏发布

数据大屏设计完成后，可进入"报表设计/大屏报表"界面，并单击"预览"图标对设计好的数据大屏进行预览。数据大屏左侧由上至下分别为务工人员地市分布滚动表格、务工人员流入统计柱状图、务工人员聚集地市排行条形图、务工人员流出地市 Top10 滚动表格；右侧由上至下分别为务工人员性别分布柱状对比图、务工人员区县分布柱状图、学历分布饼图和年龄分布饼图；中间由上至下分别为标题、实时日期时间、全国地图、务工人员驻留人数及平均驻留时长。该数据大屏综合使用多种可视化图表，直观地展现多个维度的务工人员统计分析数据，可以帮助用户较为全面地掌握务工人员情况，有助于进一步分析决策。

可将数据大屏进行发布共享，进入"报表设计/大屏报表"界面，并单击"分享"图标创建务工人员分析大屏的链接，使用链接即可查看该数据大屏。在"报表设计/报表分享"界面，可对已创建的链接进行管理，包括删除链接和管理分享链接，如图 5-5-24～图 5-5-26所示。

图 5-5-24　数据大屏分享入口

图 5-5-25　创建分享链接

图 5-5-26　管理分享链接

5.6 本章小结

　　本章主要介绍了大数据可视化的应用场景和相应的技术栈，让读者对大数据可视化有一些理论上的理解。接下来介绍了大数据可视化平台 AJ-Report 的系统架构及使用方式，并通过 AJ-Report 介绍了 Java Web 框架中的 Spring Boot 开发框架以及 Vue 前端工程的搭建方法。最后通过"务工人员可视化分析"，让读者能够在真实场景中感受大数据可视化的实际应用。

5.7 习题

1. 设计除本书提及的场景以外的 3 个大数据可视化应用场景。

2. 设计学生打卡情况分析实例，推断哪些毕业生侧重考研，哪些毕业生侧重就业，并设计可视化方案。

3. BI 的数据可视化过程中应注意哪些规则？请举例说明。